工业和信息化人才培养规划教材　高职高专计算机系列

数据库应用技术
——SQL Server 2008 篇

（第3版）

Database Technology
——SQL Server 2008

延霞 徐守祥 ◎ 主编
徐人凤 ◎ 主审

人民邮电出版社
北京

图书在版编目（CIP）数据

数据库应用技术：SQL Server 2008篇 / 延霞，徐守祥主编. -- 3版. -- 北京：人民邮电出版社，2012.5（2023.1重印）
工业和信息化人才培养规划教材. 高职高专计算机系列
ISBN 978-7-115-27662-9

Ⅰ．①数… Ⅱ．①延… ②徐… Ⅲ．①关系数据库—数据库管理系统，SQL Server 2008—高等职业教育—教材
Ⅳ．①TP311.138

中国版本图书馆CIP数据核字（2012）第057962号

内 容 提 要

本书以 Microsoft 公司的 SQL Server 2008 数据库系统为平台，采用项目驱动式的编写形式，全面介绍了 SQL Server 2008 数据库系统的安装、配置、管理和使用方法，并以网上订单管理系统的数据库开发作为教材的载体，贯穿整本教材，围绕该案例组织教学内容，详细讲述关系数据库系统的基本原理和数据库应用技术，教材最后给出了一个 ASP.NET 的数据库应用开发实例。

本书本着理论与实践一体化的原则，注重数据库应用的实际训练，紧跟数据库应用技术的最新发展，使学生能够及时、准确地掌握数据库应用的最新知识。

本书适合作为高等职业院校数据库相关课程的教材，也可以作为初学者学习数据库技术的入门教材。

◆ 主　编　延　霞　徐守祥
　　主　审　徐人凤
　　责任编辑　王　威
◆ 人民邮电出版社出版发行　　北京市丰台区成寿寺路 11 号
　　邮编　100164　电子邮件　315@ptpress.com.cn
　　网址　https://www.ptpress.com.cn
　　涿州市京南印刷厂印刷
◆ 开本：787×1092　1/16
　　印张：17.75　　　　　　　2012 年 5 月第 3 版
　　字数：454 千字　　　　　　2023 年 1 月河北第 14 次印刷

ISBN 978-7-115-27662-9

定价：35.00 元

读者服务热线：(010)81055256　印装质量热线：(010)81055316
反盗版热线：(010)81055315

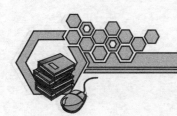

前　言

　　《数据库应用技术——SQL Server 篇》自 2005 年 5 月出版后，2008 年 11 月进行了修订，推出《数据库应用技术——SQL Server 2005 篇》，几年来一直受到许多高等职业院校师生的欢迎。编者结合近几年的课程教学改革实践和广大读者的反馈意见，在保留前两版书特色的基础上，对教材进行了第二次修订，这次修订的主要工作如下。

- 将数据库平台升级为 SQL Server 2008。
- 全面修订了数据库概述部分，针对数据库理论补充和细化了知识点。
- 针对 SQL Server 2008 与 SQL Server 2005 的版本差异内容做了补充和修改。
- 针对面向工作过程的课程改革理念，本书的章节安排更加接近实际项目的开发流程。

　　修订后，本书以 Microsoft 公司的 SQL Server 2008 数据库系统为平台，采用项目驱动式的教材编写思想，介绍了 SQL Server 2008 数据库系统的安装、配置、管理和使用方法，并以网上订单管理系统的开发作为教材的载体，详细讲述了关系数据库系统的基本原理和数据库应用技术，全面讲解了数据库设计、数据查询、视图及索引、SQL 编程、存储过程、触发器、数据库系统安全管理等，并介绍了采用 ASP.NET 的数据库应用技术开发 B/S 结构的网上订单管理系统的实例。

　　本书在内容选择和组织上本着理论与实践一体化的原则，注重数据库应用的实际训练，紧跟数据库应用技术的最新发展，使学生能够及时、准确地掌握数据库应用的最新知识。本书以提高学生的职业能力为目的，从实用角度出发，通过项目应用整合课程内容，以实例训练带动知识学习，重点培养学生动手解决实际问题的能力。本书的参考学时为 60 学时，教师可适当安排实验课和课程实习实训。

　　本书由深圳信息职业技术学院的延霞老师和徐守祥教授担任主编，两名企业数据库应用工程师也参加了本书的编写。徐守祥编写第 3 章~第 11 章的主体部分；延霞编写第 1 章和第 2 章，并负责第 3 章~第 13 章的案例调试及内容修订；两名企业工程师负责全书的实例测试和习题整理工作；深圳职业技术学院的徐人凤高级工程师担任主审。在本书的编写过程中，深圳信息职业技术学院的彭迎春、孙洁、胡林玲等同事提供了大量的相关科技资料，在此我们表示诚挚的谢意！

　　由于编者水平有限，书中难免存在缺点和错误，恳请广大读者批评指正。

编　者

2012 年 2 月

目 录

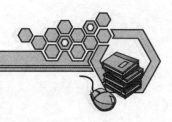

第1章

数据库概述

本章从学习 SQL Server 2008 的开始，首先引入订单管理系统作为数据库的应用实例，通过对系统的使用、功能及涉及的相关数据的介绍，让初学者对数据库的应用有一个感性的认识，然后重点阐述关系数据库的理论基础知识。通过本章的学习，读者应该掌握以下内容。

- 订单管理系统的主要功能
- 数据库基本原理及概念
- 关系型数据库的基本原理与应用
- 关系模型和数据表的对应关系

1.1　订单管理系统概述

订单管理系统应用领域非常广泛，其核心是商品订单数据信息的管理。订单管理系统的功能主要有客户查询商品信息、客户预订商品并提交订单、销售人员处理客户的订单信息、销售人员管理商品信息、客户信息等。通过建设基于互联网的订单管理系统，一方面使得企业商品订单数据信息的统计、查询无纸化操作，降低企业销售运营成本，为企业分析商品销售情况提供数据支持；另一方面扩大了企业商品的销售渠道，使得企业销售额的提高成为可能。

随着企业客户的不断增加以及订单数据的不断增加，订单管理系统需要有一个性能稳定、可靠的数据库来支撑系统的有效运行。本书主要介绍 SQL Server 2008 数据库的开发应用，结合订单管理系统的设计与实现介绍了数据库原理以及 SQL Server 2008 的使用，最后较系统地给出基于 SQL Server 2008 数据库的订单管理系统模型。订单管理系统预览如图 1-1 所示。

图 1-1　订单管理系统模型预览

1.2　数据库基本原理概述

数据库是一门研究数据管理的技术。数据库技术是计算机领域的一个重要分支，随着计算机应用的普及，数据库技术变得越来越重要，掌握数据库系统的基础知识是应用数据库技术的前提。

数据库系统（Database System）是采用数据库技术构建的复杂计算机系统。它是综合了计算机硬件、软件、数据集合和数据库管理人员，遵循数据库规则，向用户和应用程序提供信息服务的集成系统。由数据库、软件系统、硬件系统和数据库管理员四大要素相互紧密结合和依靠，为各类用户提供信息服务。

1.2.1　数据库管理技术发展

数据处理也称为信息处理，就是利用计算机对各种类型的数据进行处理。它包括对数据的采集、整理、存储、分类、排序、检索、维护、加工、统计和传输等一系列操作过程。数据处理的目的是从大量的原始数据中获得所需要的资料并提取有用的数据成分，作为行为和决策的依据。数据库管理技术是应数据处理任务的需要而产生的。数据管理技术的发展可以大致分为人工管理、文件管理、数据库系统管理 3 个阶段。

1. 人工管理阶段

人工管理方式出现在计算机应用于数据管理的初期。由于没有必要的软件、硬件环境的支持，用户只能直接在裸机上操作。用户的应用程序中不仅要设计数据处理的方法，还要指明数据在存储器上的存储地址。在这一管理方式下，用户的应用程序与数据之间相互结合、不可分割，当数据有所变动时程序也必须随之改变，独立性极差；另外，各程序之间的数据不能互相传递，缺少共享性，因而这种管理方式既不灵活也不安全，编程效率极差。

2. 文件管理阶段

这一阶段的主要标志是计算机中有了专门管理数据库的软件——操作系统（文件管理）。文件管理方式是把有关的数据组织成一种文件，这种数据文件可以脱离程序而独立存在，有一个专门的文件管理系统实施统一管理。文件管理系统是一个独立的系统软件，它是应用程序与数据文件之间的一个接口。在这一管理方式下，应用程序通过文件管理系统对数据文件中的数据进行加工处理，应用程序的数据具有一定的独立性，比手工管理方式先进了一步。但由于数据的组织仍然是面向程序，所以存在大量的数据冗余。而且数据的逻辑结构不能方便地修改和扩充，数据逻辑结构的每一点微小改变都会影响到应用程序。

3．数据库系统管理阶段

数据库系统管理方式即对所有的数据实行统一规划管理，形成一个数据中心，构成一个数据仓库，数据库中的数据能够满足所有用户的不同要求，供不同用户共享。在这一管理方式下，应用程序不再只与一个孤立的数据文件相对应，可以取整体数据集的某个子集作为逻辑文件与其相对应，通过数据库管理系统实现逻辑文件与物理数据之间的映射。在数据库系统管理的系统环境下，应用程序对数据的管理和访问灵活方便，而且数据与应用程序之间完全独立，使程序的编制质量和效率都有所提高，由于数据文件之间可以建立关联关系，数据的冗余大大减少，数据的共享性显著增强。

1.2.2　数据模型

数据（Data）是描述事物的符号记录。模型（Model）是现实世界的抽象。数据模型（Data Model）是数据特征的抽象。

数据模型所描述的内容包括 3 个部分：数据结构、数据操作以及数据约束。

（1）数据结构。数据模型中的数据结构主要描述数据的类型、内容、性质以及数据间的联系等。数据结构是数据模型的基础，数据操作和约束都建立在数据结构上。不同的数据结构具有不同的操作和约束。

（2）数据操作。数据模型中数据操作主要描述在相应的数据结构上的操作类型和操作方式。

（3）数据约束。数据模型中的数据约束主要描述数据结构内数据间的语法、词义联系，他们之间的制约和依存关系，以及数据动态变化的规则，以保证数据的正确、有效和相容。

数据模型按不同的应用层次分成 3 种类型，分别是概念数据模型、逻辑数据模型、物理数据模型。

1．概念数据模型（Conceptual Data Model）

简称概念模型，是面向数据库用户的现实世界的模型，主要用来描述世界的概念化结构，它使数据库的设计人员在设计的初始阶段，摆脱计算机系统及数据管理系统（Database Management System，简称 DBMS）的具体技术问题，集中精力分析数据以及数据之间的联系等，与具体的 DBMS 无关。概念数据模型必须换成逻辑数据模型，才能在 DBMS 中实现。

2．逻辑数据模型（Logical Data Model）

简称数据模型，这是用户从数据库中看到的模型，是具体的 DBMS 所支持的数据模型，如网状数据模型（Network Data Model）、层次数据模型（Hierarchical Data Model）等。此模型既要面向用户，又要面向系统，主要用于数据库管理系统（DBMS）的实现。

3．物理数据模型（Physical Data Model）

简称物理模型，是面向计算机物理表示的模型，描述了数据在储存介质上的组织结构，它不但与具体的 DBMS 有关，而且还与操作系统和硬件有关。每一种逻辑数据模型在实现时都有对应的物理数据模型。DBMS 为了保证其独立性与可移植性，大部分物理数据模型的实现工作由系统自动完成，而设计者只设计索引、聚集等特殊结构。

在概念数据模型中最常用的是实体-联系模型（ER模型）。在逻辑数据类型中最常用的是层次模型、网状模型、关系模型，其中应用最广泛的是关系模型。

1.2.3 关系数据库

开发一个数据库系统，首先要将现实世界抽象到数据的世界，即将现实世界用数据进行描述，得到一个现实世界的数据模型。

关系模型是目前描述现实世界的主要的抽象化方法，是具有严格数学理论基础的形式化模型，它将用户数据的逻辑结构归纳为满足一定条件的二维表的形式。由于关系模型概念简单、清晰，用户易懂易用，又有严格的数学基础，因此，20世纪80年代以来推出的数据库管理系统几乎都支持关系模型。同时，关系模型也为关系型数据库的发展奠定了理论基础。

在描述现实世界的过程中，为了分析的方便，可以将这一抽象过程分为两个阶段，如图1-2所示，首先将现实世界抽象为一个信息世界，这种信息的结构不依赖于具体的计算机实现，不依赖于某个DBMS支持的数据模型语言，而是一个概念型的描述，这样的模型称作概念数据模型，简称概念模型或信息模型。此类模型目前比较流行的是实体-联系模型（E-R模型）。另一类模型则是直接面向数据库中数据的逻辑结构，称之为基本数据模型或结构数据模型，简称为结构模型。任何一个数据库系统都有它自身支持的结构数据模型，结构数据模型通常是需要严格形式定义的，以便在机器上实现，它是适合于机器世界的模型。目前最流行的关系模型就属于这类模型。所谓"关系"是指那种虽具有相关性而非从属性的平行的数据之间按照某种联系排列的集合关系。在关系模型中，用二维表来描述客观事物属性的关系。关系型数据库就是支持这种数据模型的数据库系统，例如本书所讨论的SQL Server 2008数据库服务器。

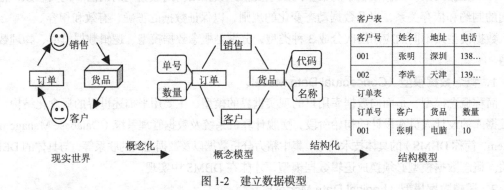

图1-2　建立数据模型

1.3 订单管理系统数据库设计

1.3.1 数据库设计概述

数据库设计（Database Design）是指根据用户的需求，在某一具体的数据库管理系统上，设计数据库的结构和建立数据库的过程。由于数据库应用系统的复杂性，为了支持相关程序运行，数据库设计就变得异常复杂，因此最佳设计不可能一蹴而就，而只能是一种"反复探寻，逐步求精"的过程，也就是规划和结构化数据库中的数据对象以及这些数据对象之间关系的过程。设计步骤如下。

1．需求分析

调查和分析用户的业务活动和数据的使用情况，弄清所用数据的种类、范围、数量以及它们在业务活动中交流的情况，确定用户对数据库系统的使用要求和各种约束条件等，形成用户需求规约。

2．概念设计

概念结构设计阶段的目标是产生整体数据库概念结构，即概念模式。概念模式是整个组织各个用户关心的信息结构。描述概念结构的有力工具是 ER 模型。

3．逻辑设计

ER 模型表示的概念模型是用户的模型。它独立于任何一种数据模型，独立于任何一个具体的数据库管理系统，因此，需要把上述概念模型转换为某个具体的数据库管理系统所支持的数据模型，然后建立用户需要的数据库。

4．物理设计

物理设计是在计算机的物理设备上确定应采取的数据存储结构和存取方法，以及如何分配存储空间等问题。当确定之后，应用系统所选用的 DBMS 提供的数据定义语言把逻辑设计的结果（数据库结构）描述出来，并将源模式变成目标模式。关系型数据库物理设计的主要工作是由系统自动完成的，用户只要关心索引文件的创建即可。

5．验证设计

在上述设计的基础上，收集数据并具体建立一个数据库，运行一些典型的应用任务来验证数据库设计的正确性和合理性。一般一个大型数据库的设计过程往往需要经过多次循环反复。当设计的某步发现问题时，可能就需要返回到前面去进行修改。因此，在做上述数据库设计时就应考虑到今后修改设计的可能性和方便性。

6．运行与维护设计

在数据库系统正式投入运行的过程中，必须不断地对其进行评估、调整与修改。

1.3.2　实体-联系模型（ER 图）

当前常用的概念数据模型是在 1976 年提出的实体（Entity）-联系（Relationship）模型，简称 E-R 模型。E-R 模型描述整个组织的概念模式，不考虑效率和物理数据库的设计。它充分地反映现实世界，易于理解，将现实世界的状态以信息结构的形式很方便地表示出来。

例如，订单管理是销售管理中的中心内容，一个简单的订单管理要涉及到销售、客户、货品、订单、销售部、供应商、仓库等对象，进一步分析还涉及到客户的姓名、地址、联系电话、所订货品名称、订货量等各种数据。在用 E-R 模型对销售过程的分析和描述中，对这些对象以及它们之间的联系给出了确切的定义。主要概念如下。

1．实体

实体是客观存在并可相互区分的事物，可以是人、物等实际对象，也可以是某些概念；可以是事物本身，也可以是指事物与事物之间的联系。对于上例，实际对象的实体可以包括销售、客户、货品等；概念和联系实体则是由于分析和描述问题的需要而人为确定的实体，例如，销售人员和客户之间的联系等。

2. 属性和码

每个实体具有的特性称为属性。一个实体可以由若干个属性来刻画，每个属性都有其取值范围，称为值集或值域。例如，客户实体可以由客户编号、姓名、单位、地址等属性组成。唯一地标识实体的属性或属性组称为实体的码或关键字。例如，属性值"2007102101，王大庆，深圳信息学院软件工程系，深圳市泥岗路 1068 号"组合起来刻画了一个客户实体王大庆。在所有的客户实体中客户编号是唯一的，该属性就是客户实体的一个码或关键字。

3. 实体集

具有相同属性的实体的集合称为实体集。在同一实体集中，每个实体的属性及其值域是相同的，但可能取不同的值。例如，所有的客户组成客户实体集，所有的销售组成销售实体集等。

4. 联系

现实世界中事物之间是有联系的，信息世界中必然要反映这些联系。实体间的联系可分为 3 类：一对一（1:1）、一对多（1:n）和多对多（m:n）。例如，如果一个销售可以向多个客户销售货品，则销售和客户的联系是一对多的；如果每个货品只能来自一个供应商，则货品和供应商的关系则是一对一的。在进行问题分析时，要根据客观实际，抓住问题实质进行现实世界的抽象。

5. ER 图

E-R 模型是用 ER 图来表示的，ER 图的基本图素如图 1-3 所示，ER 图中有如下的约定。

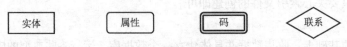

图 1-3　ER 图的基本图素

（1）用长方形表示实体，在框内写上实体名。

（2）用椭圆形表示实体的属性，并用线段把实体与其属性连接起来，双线椭圆表示该属性是实体的码。

（3）用菱形表示实体间的联系，菱形内写上联系名，用线段把菱形分别与有关的实体相连接，在连线旁标上联系的类型，若联系也具有属性，则联系的属性和菱形连接。

图 1-4 所示为用 ER 图表示一个销售订单管理。这是一个简化的销售过程，销售人员简称销售，属于一个销售部，两者之间是一对多的联系。销售和客户存在订货联系，每个销售负责多个客户，两者之间是一对多的联系，同时，联系"订货"也有属性。每个客户可以订购多种货品，同时，每种货品也可以有多个客户订购，所以，客户与货品之间则是多对多的联系。图中用双线椭圆标出了实体或联系的码。

通过本例可以看出，E-R 模型或 ER 图是依赖企业运营方式的，它是企业运营方式的信息化描述。企业规则的变化直接影响着 ER 图的结构和实体间的联系。即使是相同的运营方式，由于系统分析人员的侧重不同，给出的 ER 图也可能是不同的。另外，实体、属性和联系在概念上是有明确区分的，但是对于某个具体的数据对象，它是实体，还是属性或联系，则是相对的，这往往取决于应用背景和分析人员的观点甚至偏爱。事实上，属性和联系都可以看成是实体，把数据区分为实体、属性和联系，不过是便于人们理解而已。

图 1-4 标出了实体或联系的属性，有时为了使 ER 图简洁明了，图中可以省略属性，只画出

实体和联系，将属性以表格的形式另外列出。对于一个复杂系统的分析通常是这样的，如图 1-5 所示，给出的是不包含属性的 ER 图。ER 图直观易懂，是系统开发人员和客户之间很好的沟通媒介。对于客户（系统应用方）来讲，它概括了企业运营的方式和各种联系；对于系统开发人员来讲，它从概念上描述了一个应用系统数据库的信息组织。所以若能准确地画出应用系统的 ER 图，就意味着彻底搞清了问题，以后就可以根据 ER 图，结合具体的 DBMS 的类型，把它演变为该 DBMS 所能支持的结构数据模型。这种逐步推进的方法如今已经普遍用于数据库设计中，画出应用系统的 ER 图成为数据库设计中的一个重要步骤。

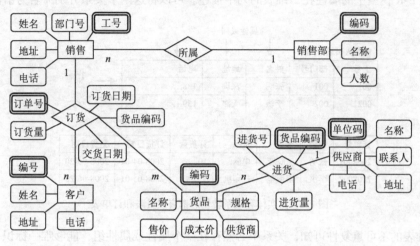

图 1-4　用 ER 图表示的销售订单管理

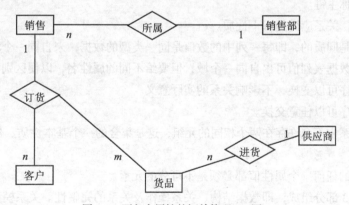

图 1-5　不包含属性的订单管理 ER 图

1.3.3　关系模型

关系模型是对现实世界信息化描述的第 2 个抽象阶段的分析、描述方法，它是在概念数据模型的基础上建立结构数据模型，是用二维表来表示实体集属性间的关系以及实体间联系的形式化模型，它将用户数据的逻辑结构归纳为满足一定条件的二维表的形式。实质上，二维表是集合论中关系的形式化表达。关系模型即是建立在集合代数基础上的，关系理论即是建立在集合代数基础上的理论。

1．关系模型的基本概念

一个关系对应于一张二维表，这个二维表是指含有有限个不重复行的二维表。在对 E-R 模型的抽象上，每个实体集和联系集在这里都转化为关系或二维表，而 E-R 模型中的属性在这里转化为二维表的列，也可称为属性，每个属性的名称称为属性名，也可称为列名。每个属性的取值范围称为该属性的域。二维表中每个属性或列取值后的一行数据称为该二维表的一个元组。

订单管理的实体"销售（人员）"和联系"订货"可以转化为关系模型的二维表，如图 1-6 所示。可见每个销售是销售表中的一个元组，即一行；同样，客户的每次订货联系则反映在订单表中的一行；E-R 模型中的属性在二维表的列中描述。可以将这两个关系分别命名为销售和订货。

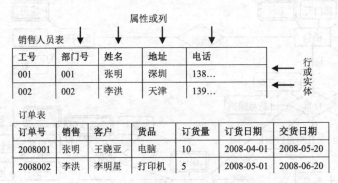

图 1-6　由实体和联系转化的销售人员表和订单表

由二维表的不可重复性可知，关系中必然存在一个属性或属性组，能够唯一标识一个元组，该属性或属性组称为关键字。当关系中存在多个关键字时，称它们为候选关键字，指定其中一个为主关键字，简称主键。

在数据库中，关系应满足以下性质。

（1）表的列是同质的，即每一列中的数值是同一类型的数据，来自同一个域。

（2）不同的数据表列值可出自同一个域，但要给不同的属性名，以便区别。

（3）列的次序可以变换，不影响关系的实际意义。

（4）行的次序可以任意交换。

（5）同一关系中不允许存在两个相同的元组，这是集合的一个基本性质，保证了关系中元组的唯一性。

（6）关系中的任何一个属性值都必须是不可分的元素。

关系模型由 3 部分组成，即数据结构、关系操作及关系的完整性。关系模型中的数据结构就是二维表或关系。

2．关系完整性

关系数据模型的完整性分为以下 4 类。

（1）域完整性。属性值应是域中的值，这是关系模型所确定的。一个属性是否为空（NULL），这是语义决定的，也是域完整性约束的主要内容。例如在销售表中，姓名属性取值是汉字或英文字符串，所以不能取出数值来，同时，由于姓名是一个销售的主要特性，要求每个人一定要有姓名，即姓名属性不能为空。

（2）实体完整性。实体完整性体现在实体的唯一性。一个关系 R 中，假设属性 A 是它的主关键字的组成部分，则属性 A 不能取空值，这就是实体的完整性。

关系数据库中有各种关系，如基本关系（基表）、查询表、视图表等。基表是实际存在的表，它是实际存储数据的逻辑表示；查询表是查询结果对应的表；视图表是由基表或视图表导出的表，是虚表，不对应实际存储的数据。实体完整性是针对基本关系（基表）的。

实体完整性有下列性质。

① 一个基本关系通常对应现实世界的一个实体集。

② 现实世界中实体是可区分的，即它们具有唯一标识。

③ 关系模型中，用主键作为唯一标识。

④ 主键不能为空，如果主键为空，则说明存在某个不可标识的实体，而这和唯一性标识矛盾，即不存在这样的实体。

（3）参照完整性。在如图 1-6 所示的关系中，订单表中的销售、客户和货品属性通常的取值应是相应的编码，例如货品属性实际上应当为货品编码，如图 1-7 所示。但是在这个订单表中并没有货品的详细信息，只是给出了货品的编码，要想得到货品的详细信息，就必须通过这里的货品编码到货品表中去查找，由于货品编码在货品表中是主键，这样能够找到唯一的一行与该货品编码相对应。对于订单表中的货品编码属性，通常定义为是该表的外关键字，简称外键。

订单表

订单号	工号	客户编号	货品编码	订货量	订货日期	交货日期
2008001	001	001	01001	10	2008-04-01	2008-05-20
2008002	002	002	01002	5	2008-05-01	2008-06-20

参照

货品表

货品编码	名称	规格	售价	成本价	供货商
01001	电脑	P5	5100	4600	联想电脑公司
01002	打印机	激光	4300	3900	惠普公司

图 1-7　货品编码在参照完整性中的作用

实体完整性约束的是一个关系内的约束，而参照完整性则是在不同关系之间或同一关系的不同元组之间的约束。在如图 1-7 所示的例子中，如果由订单表的外键值，例如货品编码 01001，在货品表中能够找到唯一的货品，则称为参照完整的，否则，则称为参照不完整的。

（4）用户定义的完整性。用户定义的完整性是针对某一具体数据库的约束条件，是由应用环境决定的，它反映某一具体应用所涉及的数据必须满足的语义要求。例如，在电脑名称中不能出现某个人的名称，虽然从语义上来讲是完全错误的，但是如何建立类似这样的约束检查，对于目前的关系数据库系统来讲是很难实现的。

3．关系操作

关系模型提供了一系列操作的定义，这些操作称为关系代数操作，简称为关系操作。它可分为两类：一类是集合操作；另一类是关系专用的操作。

（1）集合操作。集合操作是把关系看作元组的集合来进行传统的集合运算。在关系数据模型中，要求每个操作的结果仍为关系。为此，参与操作的两个元组必须限定为同类型的，即含有相同的属性，且对应属性的值域相同。图 1-8 所示为以销售人员为例给出的关系集合操作的例子，分别给出了关系的并运算（$R \cup S$）、关系的交运算（$R \cap S$）、关系的差运算（$R-S$）。

$R \cup S$ 是合并 R 和 S，结果表中的元组或属于 R，或属于 S；$R \cap S$ 是 R 和 S 的交，结果表中的

元组必须同时属于 R 和 S；R–S 是 R 与 S 的差，结果表中的元组是 R 中的元组，但是它们不是 S 中的元组。

关系 R

工号	部门号	姓名	地址	电话
001	001	张明	深圳	138…
002	002	李洪	天津	139…
003	001	王名利	北京	135…
004	002	李敏培	上海	136…

关系 S

工号	部门号	姓名	地址	电话
001	001	张明	深圳	138…
002	002	李洪	天津	139…
005	002	高立新	广州	135…

关系 $R \cap S$

工号	部门号	姓名	地址	电话
001	001	张明	深圳	138…
002	002	李洪	天津	139…

关系 $R \cup S$

工号	部门号	姓名	地址	电话
001	001	张明	深圳	138…
002	002	李洪	天津	139…
003	001	王名利	北京	135…
004	002	李敏培	上海	136…
005	002	高立新	广州	135…

关系 $R - S$

工号	部门号	姓名	地址	电话
003	001	王名利	北京	135…
004	002	李敏培	上海	136…

图 1-8　以销售人员关系为例的关系的集合运算

（2）4 种专门的关系操作。4 种专门的关系操作分别为：选择运算、投影运算、连接运算和除运算。

选择运算是从一个关系中选出所有满足指定条件的元组组成新的关系。图 1-9 所示为由关系 R 中选出所有部门号为 001 的销售人员。

关系 R

工号	部门号	姓名	地址	电话
001	001	张明	深圳	138…
002	002	李洪	天津	139…
003	001	王名利	北京	135…
004	002	李敏培	上海	136…

1 号部门
进行选择

选择结果关系 S

工号	部门号	姓名	地址	电话
001	001	张明	深圳	138…
003	001	王名利	北京	135…

图 1-9　选择运算

投影运算和选择运算一样，也是一元关系运算。选择运算选取关系的某些行，而投影运算选取关系的某些列，是从一个关系出发构造其垂直子集的运算。投影运算是从一个给定关系的所有属性中选择某些指定属性，组成一个新的关系。图 1-10 所示为由关系 R 中选出所有销售人员的姓名和地址。

关系 R

工号	部门号	姓名	地址	电话
001	001	张明	深圳	138…
002	002	李洪	天津	139…
003	001	王名利	北京	135…
004	002	李敏培	上海	136…

姓名，地址
进行投影

投影后的关系 S

姓名	地址
张明	深圳
李洪	天津
王名利	北京
李敏培	上海

图 1-10　投影运算

因为投影运算的属性表不一定包含主键，经投影后，结果关系中很可能出现重复元组，消除重复元组后所得关系的元组数将小于原关系的元组数。如果属性表中包含主键，就不会出现重复元组，投影后所得关系的元组数与原关系的一样。

连接运算是二元关系运算，是从两个关系元组的所有组合中选取满足一定条件的元组，由这些元组形成连接运算的结果关系。其中条件表达式涉及到两个关系中属性的比较，该表达式的取值为逻辑的真或假。图 1-11 所示为对订单表和货品表在货品编码相等的条件下进行了连接，在新的关系中仅选出订单号、货品编码、货品名称和售价，即在新关系中再进行一次投影运算，这样得到了所有已订货品的名称和售价。

订单表

订单号	工号	客户编号	货品编码	订货量	订货日期	交货日期
2008001	001	001	01001	10	2008-04-01	2008-05-20
2008002	002	002	01002	5	2008-05-01	2008-06-20

货品表

货品编码	名称	规格	售价	成本价	供货商
01001	电脑	P5	5100	4600	联想电脑公司
01002	打印机	激光	4300	3900	惠普公司
01003	显示器	液晶	2500	2100	三星公司

连接后再投影

已订货品价目表

订单号	货品编码	名称	售价
2008001	01001	电脑	5100
2008002	01002	打印机	4300

图 1-11　连接运算

可以证明，关系代数的操作集{选择，投影，连接，差，并}是完备的操作集，任何其他关系代数操作都可以用这 5 种操作表示。关系的除运算虽然可以由上述运算表示，但为了表达上的方便，还是单列出来。

除运算是二元操作，并且关系 R 和 S 的除运算必须满足以下两个条件。

① 关系 R 中的属性包含关系 S 中的所有属性。

② 关系 R 中有一些属性不出现在关系 S 中。

设 T 是 R 除以 S 的商，R 为 m 元关系，S 为 n 元关系，$m>n$，则 T 是一个 $m-n$ 元关系。T 的属性由 R 中那些不出现在 S 中的属性组成，T 中的元组是 R 中的 $m-n$ 元组，并且采用如下方法选出。

① R 元组中按与 S 元组属性部分不同的 $m-n$ 元组进行分组，即这 $m-n$ 元组相同的归为一组。

② 每组的其余 n 元组，如果满足包含 S 的 n 元组，则取出该组的一个 $m-n$ 元组，添加到 T 中。

至此，已经了解了关系是一个 n 元组的集合，而关系运算则是集合上的一些操作，有关集合的运算构成了一个代数系统。具体的数据库系统将支持这些关系代数的运算。

1.3.4　关系数据库标准语言

使用数据库就要对数据库进行各种各样的操作，因此，DBMS 必须为用户提供相应的命令和语言。关系数据库都配有说明性的关系数据库语言，即用户只需说明需要什么数据，而不必表示如何获得这些数据，系统就会自动完成。目前，最成功、应用最广的首推结构化查询语言，它已成为关系数据库语言的国际标准。

结构化查询语言（Structured Query Language，SQL）于 1974 年由 IBM 公司 San Jose 实验室推出，1987 年，国际标准化组织（ISO）将其批准为国际标准。经过增补和修订，ISO 先后推出了 SQL89 和 SQL92（即 SQL2）标准。在完成 SQL92 标准后，ANSI 和 ISO 即开始合作并于 1999 年发布了增加面向对象功能的 SQL99 标准（也称为 SQL3）。

按照功能，SQL 语言可分为以下 4 大部分。

（1）数据定义语言（Data Definition Language，DDL）。用于定义、删除和修改数据模式，即定义基本表、视图、索引等操作。

（2）查询语言（Query Language，QL）。用于查询数据。

（3）数据操纵语言（Data Manipulation Language，DML）。用于增、删、改数据。

（4）数据控制语言（Data Control Language，DCL）。用于数据访问权限的控制。

SQL 是非过程化的关系数据库的通用语言，它可以用于所有用户的数据库活动类型，包括系统管理员、数据库管理员、应用程序员、决策支持系统人员和其他类型的终端用户。用 SQL 编写的程序可以很方便地进行移植。

SQL 语言是本书的重点内容之一，在后续章节中将以 SQL Server 2008 中的实际应用为背景，进行详细的讨论。

1.3.5　关系模型的规范化

1. 规范化的概念

为了弄清规范化的问题，先看一个具体的例子。图 1-12 所示为一个订货关系，将该关系命名为订单表，它包含的属性有订单号、销售、客户、货品名称、售价、供货商、订货量等，供货商的信息基本包含在该关系表中，不另设供货商表。在这个表中以订单号为主键，在对订货联系的描述上，采取一个客户每订购一样货品，生成一个订单的方式进行记录，这样产生图中的订单表。

订单表

订单号	销售	客户	货品名称	售价	供货商	订货量	订货日期	交货日期
2008001	张明	王晓亚	电脑	5100	联想电脑公司	10	2008-04-01	2008-05-20
2008002	李洪	李明星	打印机	4300	惠普公司	5	2008-05-01	2008-06-20
2008003	王名利	张字阳	显示器	2500	三星公司	3	2008-05-08	2008-07-02

图 1-12　单个关系表示多个实体就会出现数据冗余

实际上一个用户可以订购多个货品，每个货品都有自己的售价和供货商。在这个关系上进行查询是十分简单的，例如，查询订购三星公司货品的客户名单可以用下面的 SQL 语句实现：

```
SELECT 客户  FROM 订单表  WHERE 供货商='三星公司'
```

虽然在这一关系上能方便地查询很多信息，但是在其他方面却有很多问题。首先是数据冗余太多。例如，每个订单中都包含供货商、售价、销售信息，一旦出现一个销售负责多个客户，就会出现销售信息的重复；一旦一个客户订购同一供货商的货品时，就会出现供货商信息的重复；同样，如果一个客户一次订购多个货品时，就会出现客户信息的重复。此外，在做增、删、改操作时还会引发如下的更新异常。

（1）因为存在数据冗余，修改时就容易引起数据的不一致，如当供货商发生变化时，需要修改多个元组中的数据，万一修改不全就会产生不一致，即所谓的修改异常。

（2）如果供货商的货品没人订购，则该货品无法在此记录，即所谓的插入异常。

（3）如果要取消一份订单，那么与这份订单相关的其他信息，如货品、供货商等，都被删去了，这称为删除异常。

引起数据冗余及操作异常的原因在于关系的结构。现实世界中的许多事物可以独立存在、独立地被标识、相互间又密切关联。如果将多个本该是独立存在的、具有不同标识的事物用一个关系描述，那么不可能找到这样一个属性集，它既是这个关系的标识，又是包含在其中的各个不同事物的标识。正是由于标识的不一致，导致操作不协调，从而出现了数据冗余和更新的异常。对关系的适当分解，就可以解决这一问题，而事实上，在进行 ER 模型的建立时，上述问题是通过3 个表来表示的，如图 1-13 所示。这样每个关系的语义清晰、明了了，符合一事一地的原则，使数据冗余最小化，同时也消除了更新异常，这就是关系的规范化。但是关系的规范化并不是永远得益的，对于前面的查询，在规范化后的 3 个关系上进行操作，执行起来反而麻烦了许多，其查询语句为：

```
SELECT 客户表.姓名 FROM 订单表, 客户表, 货品表 WHERE 客户表.编号=订单表.客户编号 AND 订单表.货品编码 =
货品表.货品编码 AND 货品表.供货商='三星公司'
```

订单表

订单号	工号	客户编号	货品编码	订货量	订货日期	交货日期
2008001	001	001	01001	10	2008-04-01	2008-05-20
2008002	002	002	01002	5	2008-05-01	2008-06-20

客户表

编号	姓名	地址	电话
001	王晓亚	深圳	138…
002	李明星	天津	139…
003	任欣	北京	135…
004	朱明	上海	136…
005	章自强	广州	135…

货品表

货品编码	名称	规格	售价	成本价	供货商
01001	电脑	P5	5100	4600	联想电脑公司
01002	打印机	激光	4300	3900	惠普公司
01003	显示器	液晶	2500	2100	三星公司

图 1-13　规范化后的 3 个关系表

现在这个查询中包含了 3 个关系的连接，大大降低了效率，这正是规范化带来的问题。因此，一个关系是否进行规范化，应当本着具体问题具体分析的原则进行处理。事实上，如果在一个关系上主要执行的是查询操作，那么未必一定要规范化，即使有更新操作，通过适当地增加一些关系，或者在应用程序中注意到更新一致性的维护，非规范化的弊端是可以避免的。当然，如果在关系上要进行频繁的更新操作，还是采用规范化的方式好些。

2．函数依赖

关系的规范化，主要是看关系表中的属性对一定的数据依赖条件的依赖程度。这些条件主要是函数依赖条件。在概念上，函数依赖是指一个或一组属性的取值可以决定其他属性的取值，反之，被决定的其他属性是依赖于这一个或一组属性的。例如，销售人员的工号，可以决定一个销售的部门号、姓名、地址、电话。如果不用工号，则需要一组属性拼起来才能决定一个销售人员的所有属性，即工号起到主键的作用。

一个关系满足函数依赖，是指作为主键能够决定关系中的任意两个元组，只要两个元组的主键相同，所有其他属性的值也一定相同，从主键的定义来看，这是一个显然的结果。然而，属性间的函数依赖完全由现实世界决定，关系中的函数依赖只是系统分析的描述。现实世界的函数依赖关系会因为解决问题的不同需要和系统分析人员的思路差异，产生不同的关系描述，这就是进行规范化的复杂之所在。

回顾图 1-12 所示单个关系表示多个实体的例子，订单表（订单号、销售、客户、货品名称、售价、供货商、订货量）从现实世界进行分析可知，订单号决定货品，这里记作：

$$订单号→货品；$$

同样有：

$$订单号→订货量；$$
$$货品→供货商；$$

对于这种情景，称供货商不完全地函数依赖或部分地函数依赖订单号。而订货量是完全函数依赖订单号的。显然，用这种关系来描述现实世界，在一个关系中存在着订单号→货品→供货商的函数依赖，称供货商传递函数依赖订单号，简称传递依赖订单号。

3．关系的 1NF、2NF、3NF

从概念上说，规范化遵循的是一事一地的原则，就是将描述一个独立事物的属性组成一个关系。归结起来则是属性如何聚合、关系如何分解的问题。根据一个关系满足数据依赖的程度不同，可规范化为第一范式（1NF）、第二范式（2NF）、第三范式（3NF）。从理论研究上还有其他范式，但实际意义不大，这里不作讨论。

（1）第一范式（1NF）。要求组成关系的所有属性都是原子属性，即属性的不可分性。目前建立关系结构的形式必须要求属性的不可分性，当前的数据库语言也是在这个前提下建立的。例如，如果将姓名作为销售人员的一个属性，在数据库的语言当中，就不能分别处理"姓"和"名"。

（2）第二范式（2NF）。要求关系在满足第一范式的前提下，除去所有不完全依于主键的属性，即要求关系的所有非主属性（不属于主键属性集中的属性）都完全函数依赖于主键。

（3）第三范式（3NF）。要求关系在满足第二范式的前提下，除去所有传递依赖于主键的属性。即关系中不含有对主键的部分依赖和传递依赖。如图 1-13 所示，规范化后的 3 个关系都满足第三范式。

习题

1．订单管理系统的功能有哪些？

2．说明 ER 模型的作用。

3．什么是关系模型？关系的完整性包括哪些内容？

4．按照功能，SQL 语言分为哪 4 部分？

5．规范化范式是依据什么来划分的？它与一事一地的原则有什么联系？

第2章

SQL Server 2008 概述

数据库技术出现于 20 世纪 60 年代,主要用来满足管理信息系统对数据管理的要求。40 多年来,数据库技术在理论和实现上都有了很大的发展,已经成了绝大多数 IT 解决方案的基础。数据库系统支持的数据模型由层次型、网状型发展到目前较流行的关系型。SQL Server 2008 就是运行在网络环境下的关系型数据库管理系统(RDBMS)。本章主要介绍 SQL Server 2008 的基本概念。通过本章的学习,读者应该掌握以下内容。

- SQL Server 2008 的运行和应用环境
- SQL Server 2008 的安装
- SQL Server 2008 的管理及开发工具

2.1 SQL Server 2008 简介

Microsoft SQL Server 2008 是美国 Microsoft 公司研制和发布的分布式关系型数据库管理系统,可以支持企业、部门以及个人等各种用户完成信息系统、电子商务、决策支持、商业智能等工作。Microsoft SQL Server 2008 系统在易用性、可用性、可管理性、可编程性、动态开发、运行性能等方面有突出的优点。本章将对 Microsoft SQL Server 2008 系统进行概述,以使用户对该系统有整体的认识和了解,为后面各章的深入学习奠定坚实的基础。

2.1.1 SQL Server 2008 的发展及特性

表 2-1 列出了 SQL Server 发展过程中的主要版本及其性能上的变化。

表 2-1　　　　　　　　　　　　　　　　SQL Server 的发展

时　间	版　本	主　要　变　化
1988 年	SQL Server 的第一个版本	由 Sybase 公司和 Microsoft 公司共同开发，为 OS/2 操作系统平台设计
1995 年	SQL Server 6.0 版	该版本极大地改善了数据库的性能，提供了内置的复制功能，实现了中央管理
1996 年	SQL Server 6.5 版	对原版本中的问题进行了改善，提供了一些新功能
1997 年	SQL Server 6.5 企业版	强化了企业的应用功能
1998 年	SQL Server 7.0 版	对数据库的引擎进行了优化
2000 年	SQL Server 2000 版	提高了对电子商务和数据仓库的支持
2005 年	SQL Server 2005 版	采用真正的表和索引数据分区技术，增强了可编程性，从数据库转变为整合许多数据分析服务的数据平台
2008 年	SQL Server 2008 版	对数据库镜像进行了增强，增加了 SQL Server 审核功能，增强了可编程性，增加了新的加密函数、透明数据加密、可扩展密钥管理功能。

Microsoft SQL Server 2008 系统提供了多个不同的版本，不同的应用需求，往往需要安装不同的版本。既有 32 位的版本，也有 64 位的版本，既有正式使用的服务器版本，也有满足特殊需要的专业版本。其中，服务器版本包括了企业版和标准版，专业版本主要包括开发人员版、工作组版、Web 版、Express 版、Compact 版等。另外，还有企业评估版。

（1）企业版可以用作一个企业的数据库服务器。这种版本支持 Microsoft SQL Server 2008 系统所有的功能，包括支持 OLTP 系统和 OLAP 系统，例如支持协服务器功能、数据分区、数据库快照、数据库在线维护、网络存储、故障切换等。企业版是功能最齐、性能最高的数据库，也是价格最昂贵的数据库系统。作为完整的数据库解决方案，企业版应该是大型企业首选的数据库产品。

（2）标准版可以用作一般企业的数据库服务器，它包括电子商务、数据仓库、业务流程等最基本的功能，例如支持分析服务、集成服务、报表服务等，支持服务器的群集和数据库镜像等功能。虽然标准版的功能不像企业版的功能那样齐全，但是它所具有的功能已经能够满足普通企业的一般需求。该版本最多支持 4 个 CPU，既可以用于 64 位的平台环境，也可以用于 32 位的平台环境。如果综合考虑企业需要处理的业务功能和财务状况，使用标准版的数据库产品是一种明智的选择。

（3）开发人员版的主要用户是独立软件供应商、创建和测试数据库应用程序的开发人员、系统集成商等。这种版本不适用于普通的数据库用户。从功能上讲，该版本等价于企业版，但在开发查询等方面有很大的性能限制。用户可以根据需要升级到其他版。从法律角度来看，该版本的产品不能在生产环境中部署和使用。

（4）工作组版是一个入门级的数据库产品，它提供了数据库的核心管理功能，可以为小型企业或部门提供数据管理服务。该版本与企业版的主要差别是没有商业智能功能和高的可伸缩性功能，但是可以轻松地升级至标准版或企业版。该版本的数据库产品最多支持两个 CPU 和 2GB 的 RAM。当然，与企业版或标准版相比，工作组版具有价格上的优势。

（5）Web 版本主要是满足网站开发和管理的需要。从总拥有成本方面来讲，SQL Server 2008 Web 是一个不错的选择。

（6）Microsoft SQL Server 2008 系统的 Express 版本是一个免费的、与 Visual Studio 2008 集成的数据库产品，Microsoft SQL Server 2008 系统的 Express 版本是低端 ISV、低端服务器用户、创建 Web 应用程序的非专业开发人员以及创建客户端应用程序的编程爱好者的理想选择。

（7）对于基于 Windows 平台的移动设备、桌面等嵌入式用户来讲， Microsoft SQL Server Compact 是一个很好的数据库选择。

（8）企业评估版是一种可以从微软网站上免费下载的数据库版本。这种版本主要用来测试 Microsoft SQL Server 2008 的功能。虽然这种企业评估版具有 Microsoft SQL Server 2008 的所有功能，但是其运行时间只有 120 天。

SQL Server 2008 的新特性主要体现在安全性、可用性、易管理性、可扩展性、商业智能等方面，对企业的数据存储和应用需求提供了更强大的支持和便利。表 2-2 列出了 SQL Server 2008 的特性。

表 2-2　　　　　　　　　　　　　　　　SQL Server 2008 的特性

SQL Server 集成服务	SSIS（SQL Server 集成服务）是一个嵌入式应用程序，用于开发和执行 ETL（解压缩、转换和加载）包。SSIS 代替了 SQL 2000 的 DTS。整合服务功能既包含了实现简单的导入导出包所必需的 Wizard 向导插件、工具以及任务，也有非常复杂的数据清理功能。SQL Server 2008 SSIS 的功能有很大的改进和增强，比如它的执行程序能够更好地并行执行。在 SSIS 2005 中，数据管道不能跨越两个处理器。而 SSIS 2008 能够在多处理器机器上跨越两个处理器。而且它在处理大件包上面的性能得到了提高。SSIS 引擎更加稳定，锁死率更低。
分析服务	SSAS（SQL Server 分析服务）也得到了很大的改进和增强。IB 堆叠做出了改进，性能得到很大提高，而硬件商品能够为 Scale out 管理工具所使用。Block Computation 也增强了立体分析的性能。
报表服务	SSRS（SQL Server 报表服务）的处理能力和性能得到改进，使得大型报表不再耗费所有可用内存。另外，在报表的设计和完成之间有了更好的一致性。SQL SSRS 2008 还包含了跨越表格和矩阵的 TABLIX。Application Embedding 允许用户单击报表中的 URL 链接调用应用程序。
Microsoft Office 2007	SQL Server 2008 能够与 Microsoft Office 2007 完美地结合。例如，SQL Server Reporting Server 能够直接把报表导出成为 Word 文档。而且使用 Report Authoring 工具，Word 和 Excel 都可以作为 SSRS 报表的模板。Excel SSAS 新添了一个数据挖掘插件，提高了其性能。

2.1.2　SQL Server 2008 的环境要求

环境要求是指系统安装时对硬件、操作系统、网络等环境的要求，这些要求也是 Microsoft SQL Server 系统运行所必须的条件。在 32 位平台上和 64 位平台上安装 Microsoft SQL Server 2008 系统对环境的要求是不同的。表 2-3 列出了 SQL Server 2008 R2 Enterprise（32 位）运行的系统要求。

表 2-3　　　　　　　　　SQL Server 2008 R2 Enterprise（32 位）运行的系统要求

组　　件	要　　求
处理器	处理器类型： Pentium III 兼容处理器或速度更快的处理器 处理器速度： 最低，1.0 GHz 建议，2.0 GHz 或更快

组　件	要　求
操作系统	Windows Server 2003 SP2 Datacenter Windows Server 2003 SP2 Enterprise Windows Server 2003 SP2 Standard Windows Server 2003 SP2 64 位 x64 Datacenter Windows Server 2003 SP2 64 位 x64 Enterprise Windows Server 2003 SP2 64 位 x64 Standard Windows Server 2003 R2 SP2 Datacenter Windows Server 2003 R2 SP2 Enterprise Windows Server 2003 R2 SP2 Standard Windows Server 2003 R2 SP2 64 位 x64 Datacenter Windows Server 2003 R2 SP2 64 位 x64 Enterprise Windows Server 2003 R2 SP2 64 位 x64 Standard Windows Server 2008 SP2 Datacenter Windows Server 2008 SP2 Datacenter（不带 Hyper-V） Windows Server 2008 SP2 Enterprise Windows Server 2008 SP2 Enterprise（不带 Hyper-V） Windows Server 2008 SP2 Standard Windows Server 2008 SP2 Standard（不带 Hyper-V） Windows Server 2008 SP2 Web Windows Server 2008 SP2 x64 Datacenter Windows Server 2008 SP2 x64 Datacenter（不带 Hyper-V） Windows Server 2008 SP2 x64 Enterprise Windows Server 2008 SP2 x64 Enterprise（不带 Hyper-V） Windows Server 2008 SP2 x64 Standard Windows Server 2008 SP2 x64 Standard（不带 Hyper-V） Windows Server 2008 SP2 x64 Web Windows 2008 R2 64 位 x64 Datacenter Windows 2008 R2 64 位 x64 Enterprise Windows 2008 R2 64 位 x64 Standard Windows 2008 R2 64 位 x64 Web Windows Server 2008 R2 x64 for Windows Essential Server Solutions
内存	RAM： 最小，1 GB 推荐，4 GB 或更多 最高，2 TB（SQL Server Enterprise Edition 最多支持 2 TB 的 RAM 或操作系统最大值，取两者中的较低者）。

表 2-4 列出了 SQL Server 2008 R2 Standard（32 位）运行的系统要求。

表 2-4　　　　　　　　　　SQL Server 2008 R2 Standard（32 位）运行的系统要求

组　件	要　求
处理器	处理器类型： Pentium III 兼容处理器或速度更快的处理器 处理器速度： 最低，1.0 GHz 建议，2.0 GHz 或更快

组　　件	要　　求
操作系统	Windows XP Professional SP3
	Windows XP SP3 Tablet
	Windows XP SP2 x64 Professional
	Windows XP SP3 Media Center 2002
	Windows XP SP3 Media Center 2004
	Windows XP SP3 Media Center 2005
	Windows XP Professional SP3 Reduced Media
	Windows Server 2003 SP2 Datacenter
	Windows Server 2003 SP2 Enterprise
	Windows Server 2003 SP2 Standard
	Windows Server 2003 SP2 64 位 x64 Datacenter
	Windows Server 2003 SP2 64 位 x64 Enterprise
	Windows Server 2003 SP2 64 位 x64 Standard
	Windows Server 2003 R2 SP2 Datacenter
	Windows Server 2003 R2 SP2 Enterprise
	Windows Server 2003 R2 SP2 Standard
	Windows Server 2003 R2 SP2 64 位 x64 Datacenter
	Windows Server 2003 R2 SP2 64 位 x64 Enterprise
	Windows Server 2003 R2 SP2 64 位 x64 Standard
	Windows Vista SP2 Ultimate
	Windows Vista SP2 Enterprise
	Windows Vista SP2 Business
	Windows Vista SP2 Ultimate x64
	Windows Vista SP2 Enterprise x64
	Windows Vista SP2 Business x64
	Windows Server 2008 SP2 Datacenter
	Windows Server 2008 SP2 Datacenter（不带 Hyper-V）
	Windows Server 2008 SP2 Enterprise
	Windows Server 2008 SP2 Enterprise（不带 Hyper-V）
	Windows Server 2008 SP2 Standard Server
	Windows Server 2008 SP2 Standard Server（不带 Hyper-V）
	Windows Server 2008 SP2 Web
	Windows Server 2008 SP2 x64 Datacenter
	Windows Server 2008 SP2 x64 Datacenter（不带 Hyper-V）
	Windows Server 2008 SP2 x64 Enterprise
	Windows Server 2008 SP2 x64 Enterprise（不带 Hyper-V）
	Windows Server 2008 SP2 x64 Standard
	Windows Server 2008 SP2 x64 Standard（不带 Hyper-V）
	Windows Server 2008 SP2 x64 Web
	Windows Server 2008 SP2 for Windows Essential Server Solutions
	Windows Server 2008 R2 x64 for Windows Essential Server Solutions
	Windows Server 2008 SP2 x64 Foundation Server
	Windows 7 Ultimate
	Windows 7 Enterprise
	Windows 7 Professional
	Windows 7 x64 Ultimate
	Windows 7 x64 Enterprise
	Windows 7 x64 Professional

组　　件	要　　求
操作系统	Windows Server 2008 R2 64 位 x64 Datacenter Windows Server 2008 R2 64 位 x64 Enterprise Windows Server 2008 R2 64 位 x64 Standard Windows Server 2008 R2 64 位 x64 Web Windows Server 2008 R2 64 位 Foundation Server
内存	RAM： 最小，1 GB 推荐，4 GB 或更多 最高，64 GB

表 2-5 列出了 SQL Server 2008 R2 Developer（32 位）运行的系统要求。

表 2-5　　　　　　　　　SQL Server 2008 R2 Developer（32 位）运行的系统要求

组　　件	要　　求
处理器	处理器类型： Pentium III 兼容处理器或速度更快的处理器 处理器速度： 最低，1.0 GHz 建议，2.0 GHz 或更快
操作系统	Windows XP Home Edition SP3 Windows XP Professional SP3 Windows XP Tablet SP3 Windows XP Professional x64 SP2 Windows XP SP3 Media Center 2002 Windows XP SP3 Media Center 2004 Windows XP SP3 Media Center 2005 Windows XP Professional SP3 Reduced Media Windows XP Home Edition SP3 Reduced Media Windows Server 2003 SP2 Datacenter Windows Server 2003 SP2 Enterprise Windows Server 2003 SP2 Standard Windows Server 2003 SP2 64 位 x64 Datacenter Windows Server 2003 SP2 64 位 x64 Enterprise Windows Server 2003 SP2 64 位 x64 Standard Windows Server 2003 R2 SP2 Datacenter Windows Server 2003 R2 SP2 Enterprise Windows Server 2003 R2 SP2 Standard Windows Server 2003 R2 SP2 64 位 x64 Datacenter Windows Server 2003 R2 SP2 64 位 x64 Enterprise Windows Server 2003 R2 SP2 64 位 x64 Standard Windows Vista SP2 Ultimate Windows Vista SP2 Home Premium Windows Vista SP2 Home Basic Windows Vista SP2 Enterprise

组　　件	要　　求
操作系统	Windows Vista SP2 Business Windows Vista SP2 Ultimate 64 位 x64 Windows Vista SP2 Home Premium 64 位 x64 Windows Vista SP2 Home Basic 64 位 x64 Windows Vista SP2 Enterprise 64 位 x64 Windows Vista SP2 Business 64 位 x64 Windows Server 2008 SP2 Datacenter Windows Server 2008 SP2 Datacenter（不带 Hyper-V） Windows Server 2008 SP2 Enterprise Windows Server 2008 SP2 Enterprise（不带 Hyper-V） Windows Server 2008 SP2 Standard Windows Server 2008 SP2 Standard（不带 Hyper-V） Windows Server 2008 SP2 Web Windows Server 2008 SP2 Datacenter Windows Server 2008 SP2 Datacenter（不带 Hyper-V） Windows Server 2008 SP2 Enterprise Windows Server 2008 SP2 Enterprise（不带 Hyper-V） Windows Server 2008 SP2 64 位 x64 Standard Windows Server 2008 SP2 64 位 x64 Standard（不带 Hyper-V） Windows Server 2008 SP2 64 位 x64 Web Windows 7 Ultimate Windows 7 Home Premium Windows 7 Home Basic Windows 7 Enterprise Windows 7 Professional Windows 7 x64 Ultimate Windows 7 x64 Home Premium Windows 7 x64 Home Basic Windows 7 x64 Enterprise Windows 7 x64 Professional Windows Server 2008 R2 64 位 x64 Datacenter Windows Server 2008 R2 64 位 x64 Enterprise Windows Server 2008 R2 64 位 x64 Standard Windows Server 2008 R2 64 位 x64 Web Windows Server 2008 R2 x64 for Windows Essential Server Solutions
内存	RAM： 最小，1 GB 推荐，4 GB 或更多 最大，操作系统最大内存

表 2-6 列出了 SQL Server 2008 R2 Web（32 位）运行的系统要求。

表 2-6　　　　　　　　　SQL Server 2008 R2 Web（32 位）运行的系统要求

组　件	要　求
处理器	处理器类型： Pentium III 兼容处理器或速度更快的处理器 处理器速度： 最低，1.0 GHz 建议，2.0 GHz 或更快
操作系统	Windows Server 2003 SP2 Datacenter Windows Server 2003 SP2 Enterprise Windows Server 2003 SP2 Standard Windows Server 2003 SP2 64 位 x64 Datacenter Windows Server 2003 SP2 64 位 x64 Enterprise Windows Server 2003 SP2 64 位 x64 Standard Windows Server 2003 SP2 Small Business Server R2 Premium Windows Server 2003 R2 SP2 Datacenter Windows Server 2003 R2 SP2 Enterprise Windows Server 2003 R2 SP2 Standard Windows Server 2003 R2 SP2 64 位 x64 Datacenter Windows Server 2003 R2 SP2 64 位 x64 Enterprise Windows Server 2003 R2 SP2 64 位 x64 Standard Windows Server 2008 SP2 Datacenter Windows Server 2008 SP2 Datacenter（不带 Hyper-V） Windows Server 2008 SP2 Enterprise Windows Server 2008 SP2 Enterprise（不带 Hyper-V） Windows Server 2008 SP2 Standard Server Windows Server 2008 SP2 Standard Server（不带 Hyper-V） Windows Server 2008 SP2 Web Windows Server 2008 SP2 x64 Datacenter Windows Server 2008 SP2 x64 Datacenter（不带 Hyper-V） Windows Server 2008 SP2 x64 Enterprise Windows Server 2008 SP2 x64 Enterprise（不带 Hyper-V） Windows Server 2008 SP2 x64 Standard Windows Server 2008 SP2 x64 Standard（不带 Hyper-V） Windows Server 2008 SP2 x64 Web Windows 2008 R2 64 位 x64 Datacenter Windows 2008 R2 64 位 x64 Enterprise Windows 2008 R2 64 位 x64 Standard Windows 2008 R2 64 位 x64 Web Windows Server 2008 R2 x64 for Windows Essential Server Solutions Windows 2008 R2 64 位 x64 Foundation Server
内存	RAM： 最小，1 GB 推荐，4 GB 或更多 最大，对于数据库引擎为 64 GB，对于 Reporting Services 为 4 GB

2.2 SQL Server 2008 的安装

本书是以 SQL Server 2008 开发版进行数据库系统的管理和应用学习的，因此，不作特殊说明的情况下，所用的讨论均是指开发版。在教学环境中，建议将学生分为 6～7 个人一组，每个组有一个系统管理员，假定一个学习班的学生有 36～42 人，则一个班的学生分为 6 组。下面我们将按照这样的应用环境进行 SQL Server 2008 开发版的安装和配置。

2.2.1 SQL Server 2008 的应用环境设计

Microsoft SQL Server 2008 系统允许在一个计算机上执行多次安装，每一次安装都生成一个实例。采用这种多实例机制，当某实例发生故障时，其他实例依然正常运行并提供数据库服务，确保整个应用系统始终处于正常状态，大大提高了系统的可用性。在安装过程中，可以设置 Microsoft SQL Server 2008 实例名称。如果是第一次安装，可以使用默认的实例名称，也可以自己指定实例名称。如果当前服务器上已经安装了一个默认的 Microsoft SQL Server 2008 实例，那么再次安装系统时必须指定一个实例名称。

表 2-7 给出了 SQL Server 2008 系统的安装运行规划，在数据库服务器上建立 6 个 SQL Server 2008 服务器实例，每个组对应一个实例，让大家感受协同工作的氛围。同时，为了练习安装和配置，每个同学可以在自己的计算机上安装自己设计的应用环境。

表 2-7　　　　　　　　　　　　SQL Server 2008 的安装运行规划

小　　组	组　　1	组　　2	组　　3	组　　4	组　　5	组　　6
数据库服务器实例名	SQLSVR1	SQLSVR2	SQLSVR3	SQLSVR4	SQLSVR5	SQLSVR6
学生账号	stu01	stu02	stu03	stu04	stu05	stu06
sa 密码	sys01	sys02	sys03	sys04	sys05	sys06
文件目录	SQL Server 2008 在安装过程中，为每个服务器组件生成一个实例 ID。SQL Server 2008 版本中的服务器组件是数据库引擎、Analysis Services 和 Reporting Services。实例 ID 的格式为 MSSQL.n，其中 n 是安装组件的序号。实例 ID 用在文件目录和注册表根目录中。第一个生成的实例 ID 为 MSSQL.1，其他实例的 ID 号依次递增，如 MSSQL.2，MSSQL.3 等					

2.2.2 SQL Server 2008 的身份验证模式

图 2-1 所示为 SQL Server 2008 身份验证中的各种用户关系，每个用户，包括网络用户和本地用户，在访问数据库之前，都必须经过两个阶段的安全性验证。第 1 个阶段是身份验证，验证用户是否具有"连接权"，即是否允许用户访问 SQL Server 2008 服务器实例，对应到连接权的用户称为登录名。也就是说，网络用户或本地用户要想访问 SQL Server 2008 服务器实例，必须获得该服务器实例上登录名的身份。登录名的有效范围是在一个服务器实例内，所以，同一台计算机上两个服务器实例的登录名是互不相干的。第 2 个阶段是数据库的访问权，验证连接到服务器实例的用户，即已登录到服务器实例的用户，是否具有"访问权"，也就是说，用户是否可以在相应的

数据库中进行操作。在 SQL Server 2008 中，用户必须具备一定的数据库访问权限才能进行相应的数据库操作，一个登录用户要想能够对数据库进行访问，必须获得相应的数据库角色。

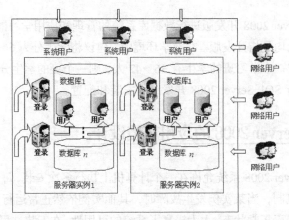

图 2-1　SQL Server 2008 身份验证中的用户关系

在安装 Microsoft SQL Server 2008 系统的过程中，需要指定系统的身份验证模式。身份验证模式是一种安全模式，用于验证客户端与服务器之间的连接。Microsoft SQL Server 2008 系统提供了两种身份验证模式，即 Windows 身份验证模式和混合模式。在 Windows 身份验证模式中，用户通过 Microsoft Windows 用户账户连接时，SQL Server 使用 Windows 操作系统中的信息验证账户名和密码。在混合验证模式中，允许用户使用 Windows 身份验证或 SQL Server 身份验证进行连接。当连接建立之后，系统的安全机制对于 Windows 身份验证模式和混合模式都是一样的。

SQL Server 身份验证的优点：

（1）允许 SQL Server 支持那些需要进行 SQL Server 身份验证的旧版应用程序和由第三方提供的应用程序。

（2）允许 SQL Server 支持具有混合操作系统的环境，在这种环境中并不是所有用户均由 Windows 域进行验证。

（3）允许用户从未知的或不可信的域进行连接。例如，既定客户使用指定的 SQL Server 登录名进行连接以接收其订单状态的应用程序。

（4）允许 SQL Server 支持基于 Web 的应用程序，在这些应用程序中用户可创建自己的标识。

（5）允许软件开发人员通过使用基于已知的预设 SQL Server 登录名的复杂权限层次结构来分发应用程序。

2.2.3　SQL Server 2008 的安装

下面根据在 2.2.1 节中设计的应用环境，介绍在 Windows 7 上进行 SQL Server 2008 开发版的多实例安装。

（1）运行开发版安装程序，在安装盘的根目录中存放着自动启动程序，如果不是自动启动，则先运行位于 SQL Server 2008 安装光盘上的安装程序，这时出现如图 2-2 所示的安装启动界面。这里左侧选择"安装"，右侧选择"全新安装或向现有安装添加功能"来安装一个服务器实例。

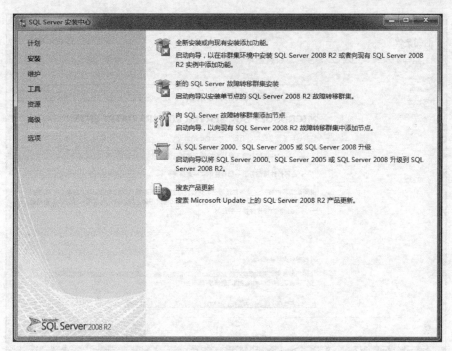

图 2-2　SQL Server 2008 安装启动界面

（2）安装程序支持规则通过后，出现界面如图 2-3 所示界面，要求输入"产品密钥"，输入后，单击"下一步"按钮。

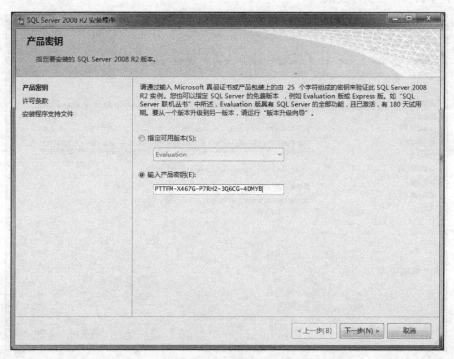

图 2-3　"产品密钥"界面

（3）出现如图 2-4 所示"许可条款"界面，选择"我接受许可条款"复选框，单击"下一步"按钮，进入"安装程序支持文件"界面。

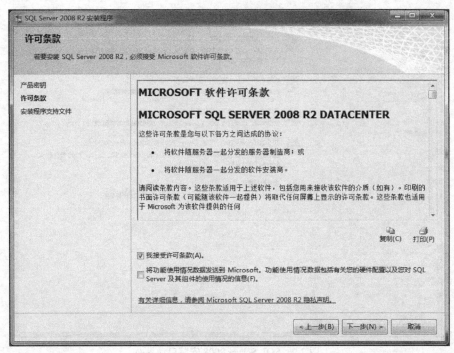

图 2-4 "许可条款"界面

（4）单击"安装"按钮之后，进入"设置角色"界面，如图 2-5 所示。选择"SQL Server 功能安装"，单击"下一步"按钮。

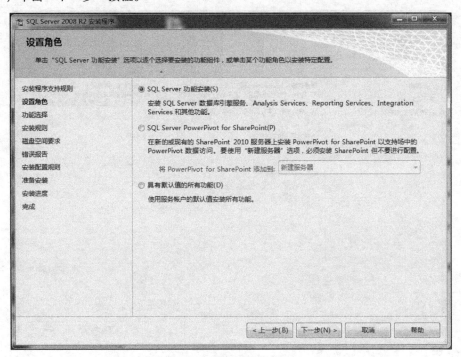

图 2-5 "设置角色"界面

（5）出现如图 2-6 所示"功能选择"界面，可以根据自己的需要选择要安装的功能，此处选择了"全选"，然后单击"下一步"按钮。

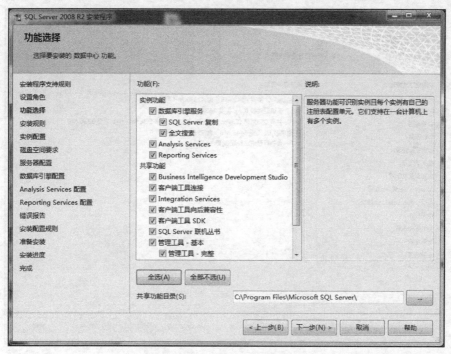

图 2-6　"功能选择"界面

（6）出现如图 2-7 所示"实例配置"界面，第一次安装默认情况下将安装"默认实例"，此处根据安装的要求，在进行多实例安装的时候，选择"命名实例"，输入新建实例名称，同时可以修改"实例根目录"。单击"下一步"按钮，出现界面如图 2-8 所示"磁盘空间要求"界面。如果磁盘空间没有问题，则继续单击"下一步"按钮。

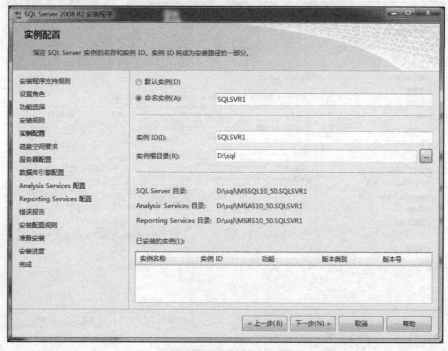

图 2-7　"实例配置"界面

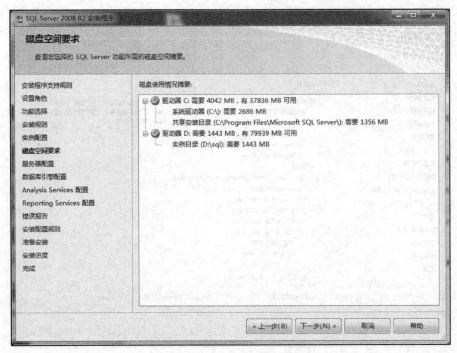

图 2-8　"磁盘空间要求"界面

（7）出现如图 2-9 所示"服务器配置"界面，从该界面上可以看出，可以为 5 个服务单独设置启动账户，这些服务包括 SQL Server 代理、SQL Server Database Engine、SQL Server Analysis Services、SQL Server Reporting Services 和 SQL Server Integration Services。也可以为这些服务设置一个公共的账户。还可以指定这些服务是否自动启动。单击"下一步"按钮。

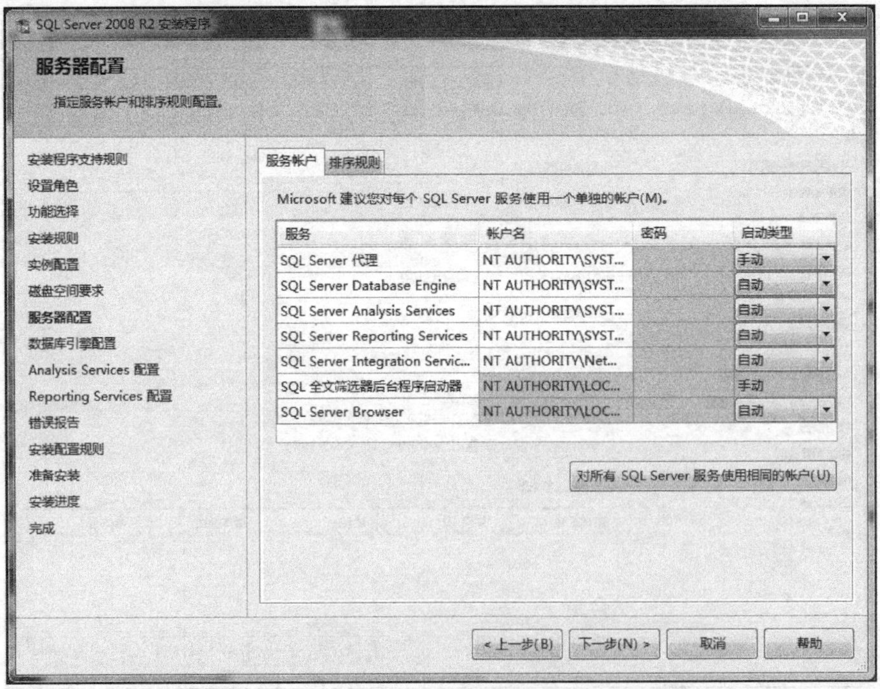

图 2-9　"服务器配置"界面

（8）出现如图 2-10 所示"数据库引擎配置"界面。为了方便开发和教学，这里选择混合模式，且密码不为空。输入系统管理员账户 sa 的密码，指定 SQL Server 管理员，设置完成后单击"下一步"按钮。

（9）添加 Analysis Services 账户管理用户，如图 2-11 所示。

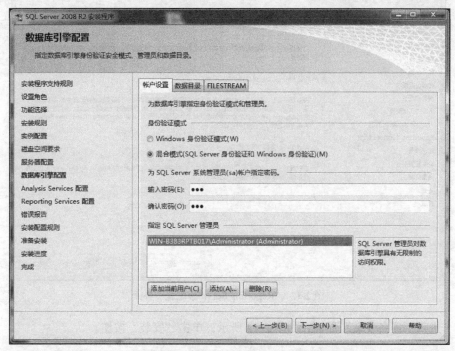

图 2-10　"数据库引擎配置"界面

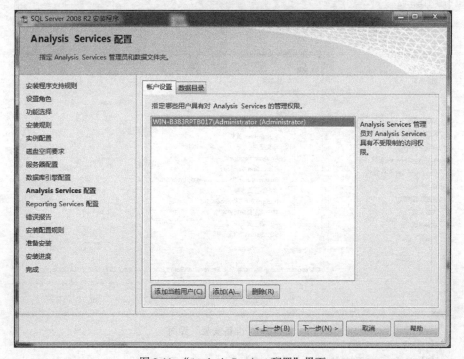

图 2-11　"Analysis Services 配置"界面

（10）在"Reporting Services 配置"界面中选择默认项，如图 2-12 所示，单击"下一步"。

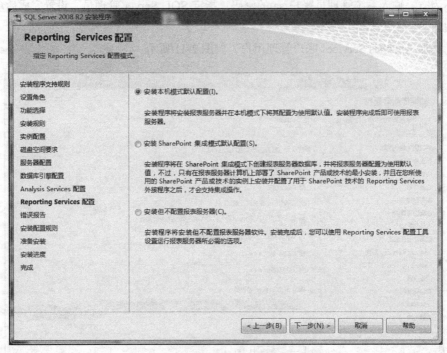

图 2-12 "Reporting Services 配置"界面

（11）进入"准备安装"界面，如图 2-13 所示，单击"安装"按钮。

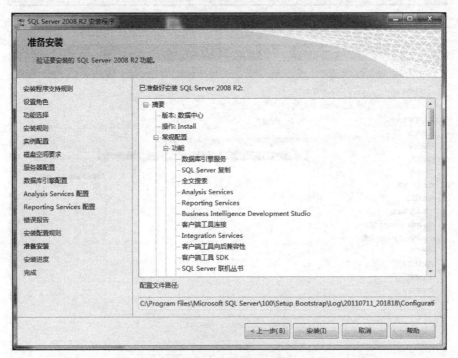

图 2-13 "准备安装"界面

（12）安装完成，如果安装成功，则出现如图 2-14 所示界面。

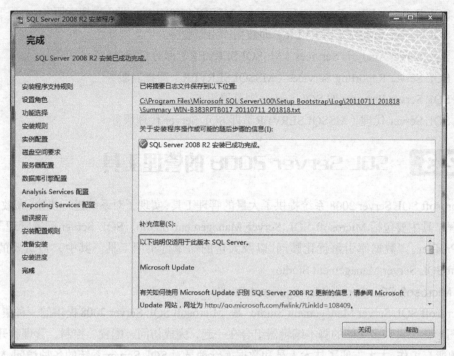

图 2-14 "安装完成"界面

安装完成后，打开系统"开始"菜单，在所有程序中可以看到已安装好的 SQL Server 应用程序，通过 SQL Server Management Studio 启动 SQL Server 2008，如图 2-15 所示。

图 2-15 启动 SQL Server 2008 管理界面

在 Microsoft SQL Server 2008 系统中，可以通过"计算机管理"工具或"SQL Server 配置管理器"查看和控制 SQL Server 的服务。Microsoft SQL Server 2008 系统的 7 个服务分别如下。

● SQL Server Integration Services 即集成服务

- SQL Full-text Filter Daemon Launcher（MSSQLSERVER）即全文搜索服务
- SQL Server（MSSQLSERVER）即数据库引擎服务
- SQL Server Analysis Services（MSSQLSERVER）即分析服务
- SQL Server Reporting Services（MSSQLSERVER）即报表服务
- SQL Server Browser 即 SQL Server 浏览器服务
- SQL Server 代理（MSSQLSERVER）即 SQL Server 代理服务

2.3 SQL Server 2008 的管理工具

Microsoft SQL Server 2008 系统提供了大量的管理工具，实现了对系统进行快速、高效的管理。这些管理工具主要包括 Microsoft SQL Server Management Studio、SQL Server 配置管理器、SQL Server Profiler、"数据库引擎优化顾问"以及大量的命令行实用工具。其中，最重要的工具是 Microsoft SQL Server Management Studio。

1. Microsoft SQL Server Management Studio

Microsoft SQL Server Management Studio 是 Microsoft SQL Server 2008 提供的一种集成环境，将各种图形化工具和多功能的脚本编辑器组合在一起，完成访问、配置、控制、管理和开发 SQL Server 的所有工作，大大方便了技术人员和数据库管理员对 SQL Server 系统的各种访问。Microsoft SQL Server Management Studio 启动后主窗口如图 2-16 所示。

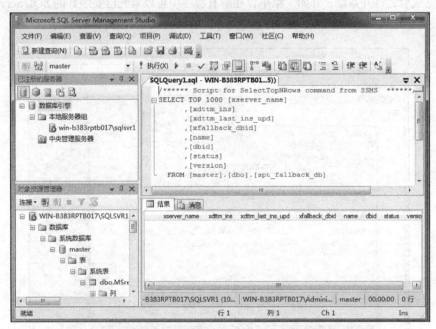

图 2-16 Microsoft SQL Server Management Studio 启动界面

Microsoft SQL Server 7 和 2000 版本中的 SQL server Enterprise Manager 和 Query Analyzer 都被 Microsoft SQL Server 2005/2008 中的 Microsoft SQL Server Management Studio 工具替代了。使用 Microsoft SQL Server Management Studio 还可以管理 Microsoft SQL Server 7/2000/2005 实例。

Microsoft SQL Server Management Studio 由多个管理和开发工具组成，主要包括"已注册的服务器"窗口、"对象资源管理器"窗口、"查询编辑器窗口"、"模板资源管理器"窗口、"解决方案资源管理器"窗口等。

"已注册的服务器"窗口见上图 2-16 中的左上角,可以完成注册服务器和将服务器组合成逻辑组的功能。通过该窗口可以选择数据库引擎服务器、分析服务器、报表服务器、集成服务器等。可以选中某服务器,执行查看服务器属性、启动和停止服务器、新建服务器组、导入导出服务器信息等操作。

"对象资源管理器"窗口位于上图 2-16 中的左下角,可以完成类似 SQL Server Enterprise Manager 工具的操作,包括注册服务器,启动和停止服务器,配置服务器属性,创建数据库以及创建表、视图、存储过程等数据库对象,生成 Transact-SQL 对象创建脚本,创建登录账户,管理数据库对象权限,配置和管理复制、监视服务器活动,查看系统日志等。

"查询编辑器"是以前版本中的 Query Analyzer 工具的替代物,它位于图 2-16 的中部。用于编写和运行 Transact-SQL 脚本。与 Query Analyzer 工具总是工作在连接模式下不同,"查询编辑器"既可以工作在连接模式下,也可以工作在断开模式下。

另外,还有"模板资源管理器"窗口,该工具提供了执行常用操作的模板。用户可以在此模板的基础上编写符合自己要求的脚本。

2. SQL Server 配置管理器

在 Microsoft SQL Server 2008 系统中,可以通过"计算机管理"工具或"SQL Server 配置管理器"查看和控制 SQL Server 的服务。

在桌面上,选择"我的电脑"|"管理"命令,可以看到如图 2-17 所示的"计算机管理"窗口。在该窗口中,可以通过"SQL Server 配置管理器"节点中的"SQL Server 服务"子节点查看到 Microsoft SQL Server 2008 系统的所有服务及其运行状态。在图 2-17 中列出了 Microsoft SQL Server 2008 系统的 7 个服务。

图 2-17 "计算机管理"窗口中的 SQL Server 服务

在如图 2-17 所示的窗口右端服务列表中,通过右键单击某个服务名称,可以查看该服务的属性,以及启动、停止、暂停、重新启动相应的服务。

3．SQL Server Profiler

使用摄像机可以记录一个场景的所有过程，以后可以反复地观看。能否对 Microsoft SQL Server 2008 系统的运行过程进行摄录呢？答案是肯定的。使用 SQL Server Profiler 可以完成这种摄录操作。SQL Server Profiler 也称为 SQL Server 事件探查器，用于监视 SQL Server 数据库引擎和 Analysis Services 的实例，并捕获数据库服务器在运行过程中发生的事件，将事件数据保存在文件或表中供用户分析。

从 Microsoft SQL Server Management Studio 窗口的"工具"菜单中即可运行 SQL Server Profiler。SQL Server Profiler 的运行窗口如图 2-18 所示。

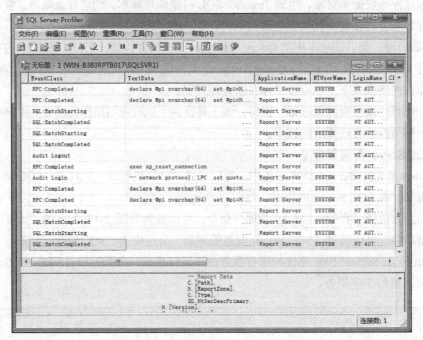

图 2-18　SQL Server Profiler 运行窗口

SQL Server Profiler 是用于从服务器中捕获 SQL Server 2008 事件的工具。这些事件可以是连接服务器、登录系统、执行 Transact-SQL 语句等操作。这些事件被保存在一个跟踪文件中，以便日后对该文件进行分析或用来重播指定的系列步骤，从而有效地发现系统中性能比较差的查询语句等相关问题。

4．数据库引擎优化顾问

数据库引擎优化顾问（Database Engine Tuning Advisor）是一个性能优化工具，数据库管理员可以通过该工具完成对数据库的性能优化。数据库引擎优化顾问启动后先对数据库的访问情况进行评估，找出导致数据库性能降低的原因，然后给出数据库优化的建议。借助数据库引擎优化顾问，用户不必详细了解数据库的结构就可以选择和创建最佳的索引、索引视图、分区等。从 Microsoft SQL Server Management Studio 窗口的"工具"菜单中即可运行数据库引擎优化顾问，数据库引擎优化顾问的运行如图 2-19 所示。

使用数据库引擎优化顾问工具可以执行下列操作。

● 通过使用查询优化器分析工作负荷中的查询，推荐数据库的最佳索引组合。

图 2-19　"数据库引擎优化顾问"界面

- 为工作负荷中引用的数据库推荐对齐分区和非对齐分区。
- 推荐工作负荷中引用的数据库的索引视图。
- 分析所建议的更改将会产生的影响，包括索引的使用、查询在工作负荷中的性能。
- 推荐为执行一个小型的问题查询集而对数据库进行优化的方法。
- 允许通过指定磁盘空间约束等选项对推荐进行自定义。
- 提供对所给工作负荷的建议执行效果的汇总报告。

除了以上工具外，在 Microsoft SQL Server 2008 系统中，还提供了大量的命令行实用工具。这些命令行实用工具包括 bcp、dta、dtexec、dtutil、Microsoft.Analysis Services.Deployment、nscontrol、osql、profiler90、rs、rsconfig、rskeymgmt、sac、sqlagent90、sqlcmd、SQLdiag、sqlmaint、sqlservr、sqlwb 和 tablediff 等。

习题

1. SQL Server 2008 有哪些新增特性？
2. SQL Server 2008 安装的软件和硬件环境是什么？
3. SQL Server 2008 有哪些版本？有哪些服务组件？
4. 什么是实例？经常提到的 SQL Server 2008 服务器和服务器实例是否具有相同的含义？
5. 默认实例和命名实例有何差别？在安装和使用上有何不同？
6. SQL Server 2008 的安全性验证分为哪两个阶段？
7. SQL Server 2008 有哪些主要的实用工具？每个工具都有什么用途？

第3章

管理数据库

创建和修改数据库是进行数据库应用的基础。本章主要介绍数据库的基本操作。通过本章的学习，读者应该掌握以下内容。

- 运用 SQL Server Management Studio 和 SQL 语言建立和管理数据库
- 查看和修改数据库选项

3.1 SQL Server 2008 数据库概念

SQL Server 2008 是采用 SQL 语言的关系数据库管理系统，了解它的数据组织结构和存储方式，对管理和使用该数据库是十分重要的。

3.1.1 数据库文件分类

在默认方式下，创建的数据库都包含一个主数据文件和一个事务日志文件，如果需要，可以包含辅助数据文件和多个事务日志文件。这些文件的默认存放位置是 C:\Program Files\Microsoft SQL Server \MSSQL10_50.SQLSVR1\MSSQL\DATA 文件夹，当然，不同的 SQL Server 2008 实例存放在不同的默认文件夹中，用户创建数据库或者添加新的文件时，可以更改数据文件和日志文件的路径。图 3-1 所示为一个示例数据库的文件路径。

不能将 SQL Server 2008 数据文件和事务日志文件存放在压缩的文件系统上。

下面分别说明 SQL Server 2008 数据库的 3 类文件。

1. 主数据文件（Primary File）

主数据文件是数据库的起点，指向数据库中文件的其他部分，同时也用来存放用户数据。每个数据库都有一个且仅有一个主数据文件，推荐的主数据文件扩展名为.mdf。

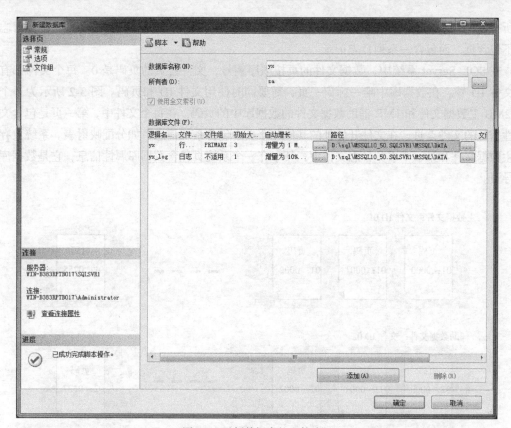

图 3-1　示例数据库的文件路径

2．辅助数据文件（Secondary File）

辅助数据文件专门用来存放数据。有些数据库可能没有辅助数据文件，而有些数据库可能有多个辅助数据文件。辅助数据文件的扩展名为.ndf。使用辅助数据文件可以扩大数据库的存储空间。如果数据库只有主数据文件，那么该数据库的最大容量受整个磁盘空间的限制；若数据库使用了辅助数据文件，则可以将该文件建立在不同的磁盘上，这样数据库的容量则不再受一个磁盘空间的限制了。

3．事务日志文件（Transaction Log File）

事务日志文件存放恢复数据库所需的所有信息。凡是对数据库中的数据进行的修改操作，如INSERT、UPDATE、DELETE 等 SQL 语句，都会记录在事务日志文件中。当数据库遭到破坏时，可以利用事务日志文件恢复数据库的内容。每个数据库至少有一个事务日志文件，也可以有多个事务日志文件，其扩展名为.ldf。

用户在创建数据库时，新数据库的第一部分内容通过复制系统数据库 model 中的内容创建，剩余部分由空页填充。上述 3 类文件的扩展名不是强制的，但是建议使用这些扩展名以帮助标识文件的用途。

3.1.2　页

页是数据库存储的基本单位，是一块大小为 8KB 的连续磁盘空间，即 1MB 空间可以存储 128 个页。每页的开始部分是 96 字节的页首，用于存储系统信息，如页的类型、页的可用空间、该页的所有者 ID 等。页根据功能划分为数据页、索引页、文本页和图像页等 8 个类型。事务日志文件不包含页，而包含一系列日志记录。

在 SQL Server 系统中，数据文件的页按顺序编号，文件首页的页码是 0。每个文件都有一个文件 ID 号。在数据库中唯一标识一页，需要同时使用文件 ID 和页码。图 3-2 所示为一个包含 2MB 主数据文件和 1MB 辅助数据文件的数据库中的页码。在每个文件中，第一页是包含文件特性信息的文件首页，在文件开始处的其他几个页中包含系统信息，如分配映射表。系统页存储在主数据文件和第一个事务日志文件中，其中有一个系统页包含数据库属性信息，它是数据库的引导页。

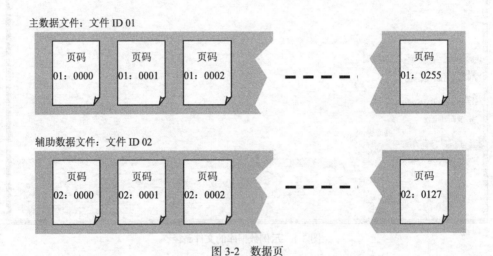

图 3-2   数据页

在 SQL Server 系统中，表中行的最大字节数为 8060，数据页包含除 text、ntext 和 image 数据字段外的所有数据，text、ntext 和 image 数据存储在专用的页中。一个行不能跨越数据页进行拆分。更改和插入数据时，如果需要存储大量数据，表中相应的字段类型应为 text、ntext 或 image 大对象数据字段。

用户通过系统存储过程 sp_spaceused 可以查看数据库、表或其他数据对象使用的存储空间。

3.1.3   数据库文件组

出于分配和管理上的需要，可以将数据库文件分成不同的文件组。有些系统可以通过控制在特定磁盘上放置的数据和索引来提高数据库系统的性能。文件组可以对此功能提供帮助。系统管理员可以为每个磁盘创建文件组，然后将特定的表、索引或表中的 text、ntext 或 image 数据定位到这些文件组上。数据库有以下两种类型的文件组。

（1）主文件组。包含主数据文件和任何没有明确指派给其他文件组的其他文件。系统表的所有页均分配在主文件组中。

（2）用户定义的文件组。是在 CREATE DATABASE 或 ALTER DATABASE 语句中，使用 FILEGROUP 关键字指定的文件组。

在 SQL Server 系统中，每个数据库只有一个文件组是默认文件组。默认情况下，主文件组同时也是默认文件组。当创建表或索引时，如果没有指定文件组，则将从默认的主文件组中为它分配页。因此许多系统不需要指定用户定义的文件组。在这种情况下，所有文件都包含在主文件组中，而且数据库系统可以在数据库内的任何位置分配空间。文件组不是在多个磁盘之间分配 I/O 的唯一方法。图 3-3 所示为数据库文件和文件组之间的关系。

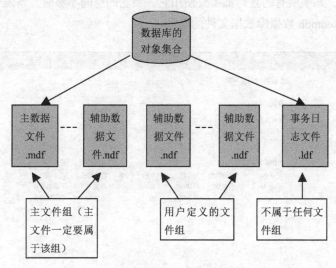

图 3-3　数据库的文件及其组的关系

3.2　系统数据库及其表

在进行 SQL Server 2008 安装时，程序自动安装了 4 个系统数据库，包括 master、model、msdb 和 tempdb，这里对 4 个系统数据库分别进行介绍。

1．master 数据库

master 数据库记录 SQL Server 2008 的所有系统级信息，包括实例范围的元数据、端点、连接服务器和系统配置等初始化信息。除此之外，master 数据库还记录实例中所有的数据库名称和数据库文件的位置等信息。因此，如果 master 数据库不可用，则 SQL Server 2008 无法启动。在使用 master 数据库的过程中，建议：

（1）执行创建新数据库、改变配置值或修改登录账号等操作，master 数据库会被修改，应尽快备份 master 数据库。

（2）不要在 master 数据库中创建对象，否则必须频繁地备份 master 数据库。

2．model 数据库

model 数据库是 SQL Server 2008 中所有用户数据库和 tempdb 的模板数据库。当用户创建一个数据库时，model 数据库的内容会自动复制到该数据库中。但是，每个表及其他数据库对象的内容反映的是新建数据库的信息。通过修改模板数据库，用户可以对所有新建数据库建立一个自定义的配置，可以将每个新建数据库所需的数据对象创建到 model 中。

3．msdb 数据库

msdb 数据库用于存储作业、报警以及操作员信息，SQL Server 2008 代理服务通过这些信息调度作业、监视数据库系统的错误触发报警，并将作业或报警的消息传递给操作员。

4．tempdb 数据库

tempdb 数据库保存所有的临时表和临时存储过程，以及其他的临时存储空间。例如，存放用户通过游标筛选出来的数据、数据排序所需的临时工作空间等。tempdb 数据库在 SQL Server 2008 每次启动时都重新建立，因此该数据库在系统启动时总是干净的。tempdb 是 SQL Server 2008 中负担最重的数据库，几乎所有的查询都需要使用它，当它的空间不够时，系统会自动扩展它的大小。图 3-4 所示为 tempdb 数据库数据文件的属性。

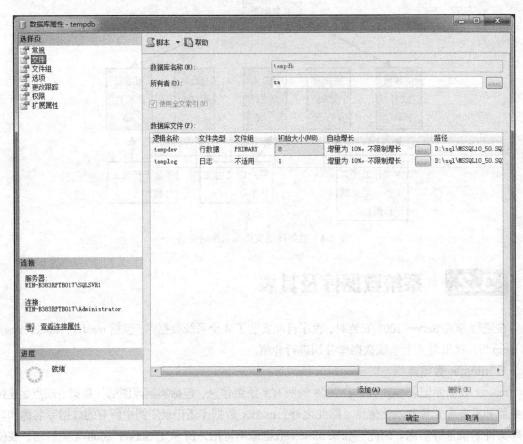

图 3-4　tempdb 数据库数据文件的属性

3.3　创建数据库

一个数据库是包含表、视图、存储过程等数据库对象的容器，数据库中的各种数据库对象都是保存在数据库的数据文件中。图 3-5 所示为数据库及其对象的结构关系。

这里创建一个销售管理的数据库，名称为 marketing，该数据库作为本书的主要实例将贯穿本书的全部过程，销售管理以订单管理为核心，该实例旨在讲解数据库的管理与应用，是一个简化的系统。

图 3-5　数据库及其对象的结构关系

3.3.1　创建数据库应具备的条件

创建数据库的登录账户必须具有 sysadmin 或 dbcreator 的服务器角色,如图 3-6 所示。可以看到登录账户 stu01 具有 dbcreator 的服务器角色,因此,它能够创建数据库。为了操作的方便,数据库 marketing 的文件都放在该 SQL Server 实例的默认文件夹中,数据文件名和事务日志文件名都选择系统的默认设置。当然,用户可以根据实际情况自行确定这些参数,尤其是数据库的初始容量、最大容量、增量等参数,用户要根据数据库的用途事先计划好。

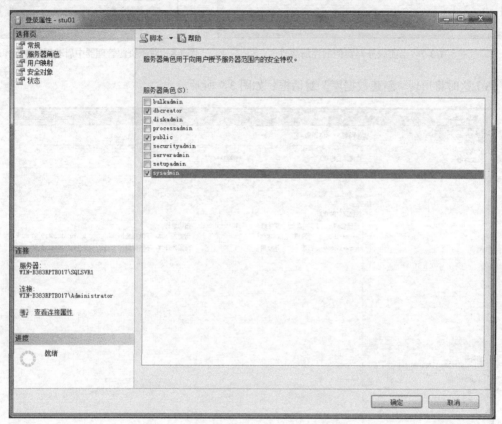

图 3-6　创建数据库的登录账户的服务器角色

在 SQL Server 2008 中,可以使用 SQL Server Management Studio 或执行 CREATE DATABASE 语句法来创建数据库,下面将对这两种方法进行详细介绍。

3.3.2　在图形界面下创建数据库

在 SQL Server Management Studio 下创建数据库的过程如下。

(1)由操作系统程序菜单中启动"SQL Server Management Studio",这时的 SQL Server 2008 实例是第 1 组学生的 SQLSRV1。该服务器实例的注册属性如图 3-7 所示,使用的登录账户是 stu01。

(2)在对象资源管理器的树型界面中,展开到服务器 SQLSRV1,选中"数据库"节点,单击鼠标右键,在弹出的快捷菜单中选择"新建数据库"命令,如图 3-8 所示。

图 3-7　当前服务器实例的注册属性　　　　图 3-8　对象资源管理器中启动创建数据库过程

（3）这时将出现"新建数据库"对话框，如图 3-9 所示。

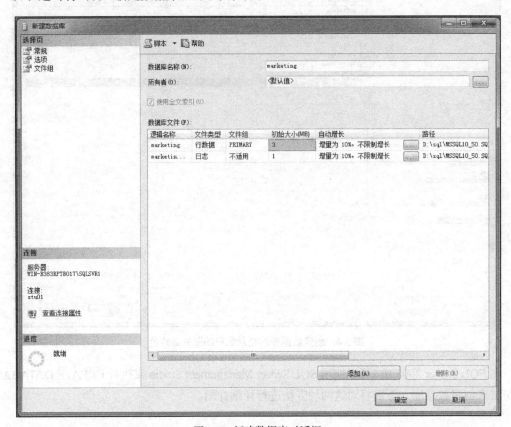

图 3-9　新建数据库对话框

　　对话框中有 3 个标签，在"常规"标签中的"数据库名称"文本框中输入要创建的数据库名
marketing。在"数据库文件"中可以看到逻辑名称、文件类型、文件组、初始大小以及路径等信
息。用户也可以根据自己的需要对逻辑名称、路径和初始大小进行相应的修改，并可以进行添加
数据文件，将数据存在多个文件上。值得注意的是，主数据文件只能属于 PRIMARY 文件组，即
数据库第 1 个数据文件的文件组 PRIMARY 不能更改；辅助数据文件的扩展名最好指定为.ndf，
默认时辅助数据文件也属于该组，但辅助数据文件可以修改所属的文件组，方法很简单，只要在

文件组列直接输入想要的文件组名即可。

数据文件的空间属性可以通过相应的复选框和按钮设置。这里选择的是系统的默认设置，文件按 1MB 的比例自动增长，并且增长不受限制，如图 3-10 所示。用户同样可以设置事务日志文件的相应选项，如图 3-11 所示。但是要注意，事务日志文件是不能属于任何文件组的。

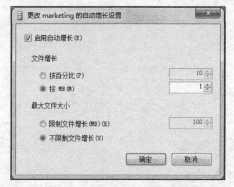

图 3-10　数据文件增长设置窗口

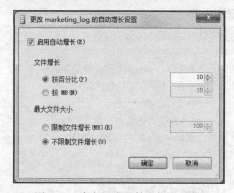

图 3-11　事务日志文件增长设置窗口

（4）单击"确定"按钮，关闭"新建数据库"对话框。此时，在 SQL Server Management Studio 对象资源管理器中可以看到新创建的数据库 marketing，如图 3-12 所示。在当前数据库服务器实例 SQLSRV1 的默认数据库文件目录下，可以见到 marketing 数据库的数据文件和事务日志文件，如图 3-13 所示。如果不能找到该数据库，可以在选定"数据库"文件夹后，单击工具条上的刷新按钮 。

图 3-12　新建的数据库 marketing

名称	修改日期	类型	大小
marketing.mdf	2011/7/31 21:40	SQL Server Database Primary Data File	3,072 KB
marketing_log.ldf	2011/7/31 21:40	SQL Server Database Transaction Log File	1,024 KB
master.mdf	2011/7/30 22:25	SQL Server Database Primary Data File	4,096 KB
mastlog.ldf	2011/7/30 22:25	SQL Server Database Transaction Log File	1,280 KB
model.mdf	2011/7/30 22:25	SQL Server Database Primary Data File	2,304 KB
modellog.ldf	2011/7/30 22:25	SQL Server Database Transaction Log File	768 KB
MSDBData.mdf	2011/7/30 22:25	SQL Server Database Primary Data File	15,104 KB
MSDBLog.ldf	2011/7/30 22:25	SQL Server Database Transaction Log File	3,136 KB
ReportServer$SQLSVR1.mdf	2011/7/30 22:25	SQL Server Database Primary Data File	4,352 KB
ReportServer$SQLSVR1_log.LDF	2011/7/30 22:25	SQL Server Database Transaction Log File	6,400 KB
ReportServer$SQLSVR1TempDB.mdf	2011/7/30 22:25	SQL Server Database Primary Data File	2,304 KB
ReportServer$SQLSVR1TempDB_log.LDF	2011/7/30 22:25	SQL Server Database Transaction Log File	832 KB
tempdb.mdf	2011/7/31 17:26	SQL Server Database Primary Data File	8,192 KB
templog.ldf	2011/7/31 18:57	SQL Server Database Transaction Log File	768 KB

图 3-13　marketing 数据库的数据文件和事务日志文件

3.3.3　用 SQL 命令创建数据库

CREATE DATABASE 命令用来创建一个新数据库和存储该数据库的文件。CREATE DATABASE 的语法如下。

```
CREATE DATABASE 数据库名
[ON
{[PRIMARY]([NAME=数据文件的逻辑名,]
FILENAME='数据文件的物理名'
[,SIZE=文件的初始大小]
[,MAXSIZE=文件的最大容量]
[,FILEGROWTH=文件空间的增量])
}[, . . .n]]
[LOG ON
{([NANE=日志文件的逻辑名,]
FILENAME='逻辑文件的物理名'
[,SIZE=文件的初始大小])
[,MAXSIZE=文件的最大容量]
[,FILEGROWTH=文件空间的增量])
}[, . . .n]]
```

其中各项的含义如下。

（1）PRIMARY。该选项用于指定主文件组中的主数据文件。一个数据库只能有一个主数据文件。如果没有使用 PRIMARY 关键字，则列在语句中的第 1 个文件就是主数据文件。

（2）NAME。用于指定数据库文件的逻辑名，在 SQL Server 中可以使用该名称来访问相应的文件。

（3）FILENAME。用于指定数据库在操作系统下的文件名称和所在路径，该路径必须存在。

（4）SIZE。用于指定数据库操作系统文件的大小，计量单位可以是 MB 或 KB。如果没有指定计量单位，系统默认是 MB。数据库文件不能小于 1MB。如果主文件中没有提供 SIZE 参数，SQL Server 将使用 model 数据库中的主文件大小。如果辅助数据文件或事务日志文件没有指定 SIZE 参数，则 SQL Server 2008 将使文件大小为 1 MB。

（5）MAXSIZE。指定数据库操作系统文件可以增长的最大尺寸。计量单位可以是 MB 或 KB，如果没有指定计量单位，系统默认是 MB。如果没有给出可以增长的最大尺寸而是用 UNLIMITED 关键字，则文件的增长是没有限制的，可以占满整个磁盘空间。

（6）FILEGROWTH。用于指定文件的增量，该选项指定的数据值为零时，表示文件不能增长。该选项可以使用 MB、KB 或百分比指定。

SQL 语句在书写时不区分大小写，为了清晰起见，本书用大写表示系统保留字，用小写表示用户自定义的名称。一条语句可以写在多行上，但是不能多条语句写在一行上。

下面给出使用 CREATE DATABASE 命令创建数据库的实例。

例 3-1　在 SQL 查询设计器的查询窗口中，使用 CREATE DATABASE 命令创建一个名为 stu01db 的数据库，包含一个主数据文件和一个事务日志文件。主数据文件的逻辑名为"stu01data"，物理文件名为"stu01data.mdf"，初始容量为 5MB，最大容量为 10MB，每次的增量为 20%。事务日志文件的逻辑名为"stu01log"，物理文件名为"stu01log.ldf"，初始容量为 5MB，最大容量不受限制，每次的增量为 2MB。这两个文件都放在当前服务器实例的默认数据库文件夹中。

解答如下。

采用典型的由 SQL Server Management Studio 中启动"查询设计器"的方法。注意：此时的登录账户就是服务器注册的登录账户。

在查询设计器的编辑窗口中输入如下语句。

```
CREATE DATABASE [stu01db] ON    - -数据库名为 stu01db
PRIMARY                         - -主文件组上的主数据文件为 stu01data
( NAME = N'stu01db', FILENAME = N'F:\SQL2008\MSSQL.6\MSSQL\DATA\stu01db.mdf' ,
SIZE = 3072KB ,                 - 初始空间为 3MB
FILEGROWTH = 1024KB )           - 空间增量为 1M
LOG ON                          - 事务日志文件不分组
( NAME = N'stu01db_log', FILENAME = N'F:\SQL2008\MSSQL.6\MSSQL\DATA\stu01db_log.ldf' ,
SIZE = 1024KB,                  - 初始空间为 1MB
FILEGROWTH = 10%)               - 按空间增长每次 10%
GO
```

语句输入完成后按下【F5】键，或单击工具栏中的运行按钮 ![执行(X)]，将执行所输入的语句。运行结果如图 3-14 所示，在 SQL 查询设计器的结果窗口中显示创建 stu01db 数据库成功。

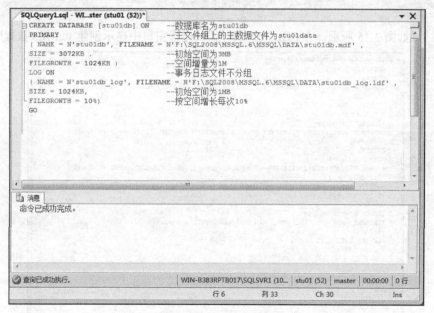

图 3-14　创建 stu01db 数据库

例 3-2　重新建立例 3-1 的数据库，增加两个辅助数据文件，并且将这两个辅助数据文件划归到新的文件组 stufgrp 中。两个辅助数据文件的逻辑名为 stu01sf01 和 stu01sf02，物理文件名分别为 stu01sf01.ndf 和 stu01sf02.ndf，初始容量均为 1MB，均按 10%增长，且最大容量都限定在 5MB，这两个文件和主文件放在相同的文件夹中。

解答如下。

由于是重新建立，所以在建立前，先在对象资源管理器中将先前建立的数据库删除，具体做法见 3.4 节。然后新建查询，在查询设计器的编辑窗口中输入如下语句。

```
CREATE DATABASE [stu01db] ON    - -数据库名为 stu01db
PRIMARY                         - -主文件组上的主数据文件为 stu01data
(NAME= N'stu01db', FILENAME= N'F:\SQL2008\MSSQL.6\MSSQL\DATA\stu01db.mdf',
```

```
SIZE=5MB,                                    --初始空间为 5MB
MAXSIZE=10MB,                                --最大空间为 10MB
FILEGROWTH=20%),                             --空间增量为 20%

FILEGROUP stufgrp                            --辅助数据文件的组名为 stufgrp, 建立的文件为 stu01sf01
(NAME= N'stu01sf01', FILENAME= N'F:\SQL2008\MSSQL.6\MSSQL\DATA\stu01sf01.ndf',
SIZE=1MB,                                    --初始空间为 1MB
MAXSIZE=5MB,                                 --最大空间为 5MB
FILEGROWTH=10%),                             --按空间增长每次 10%

(NAME= N'stu01sf02', FILENAME= N'F:\SQL2008\MSSQL.6\MSSQL\DATA\stu01sf02.ndf',
SIZE=1MB,                                    --初始空间为 1MB
MAXSIZE=5MB,                                 --最大空间为 5MB
FILEGROWTH=10%)                              --按空间增长每次 10%

LOG ON                                       --事务日志文件不分组
(NAME= N'stu01db_log',                       --事务日志文件名
FILENAME= N'F:\SQL2008\MSSQL.6\MSSQL\DATA\stu01db_log.ldf',
SIZE=5MB,                                    --初始空间为 5MB
MAXSIZE=UNLIMITED,                           --最大空间不受限
FILEGROWTH=2MB)                              --按空间增长每次 2MB
GO
```

运行结果如图 3-15 所示，在 SQL 查询设计器的结果窗口中显示创建 stu01db 数据库成功。

图 3-15　创建含有 3 个数据文件两个文件组的数据库

3.3.4　事务日志

　　每个 SQL Server 2008 数据库都有事务日志，它记录所有事务和每个事务对数据库的修改，记录数据的更改信息，以便在撤销所做的更改时具有足够的信息。例如应用程序发出 ROLLBACK 语句，就使用事务日志记录回滚未完成的事务所做的修改。还能够在恢复数据库时将数据还原到故障点。

　　事务是数据处理的工作单元，如果某一事务成功，则在该事务中进行的所有数据更改均会提交，永久地记录在数据库中。如果事务遇到错误且必须进行回滚，则所有的数据更改均被取消。

事务机制就是保证处理单元内的处理步骤或者全部成功或者全部撤销。

SQL Server 2008 事务以以下 3 种模式运行。

- 自动提交事务。指每条单独的 SQL 语句都是一个事务。

- 显式事务。指每个事务均以 BEGIN TRANSANCTION 语句显式开始，以 COMMIT 或 ROLLBACK 语句显式结束。

- 隐式事务。以隐式事务模式操作时，SQL Server 2008 将在提交和回滚当前事务后自动启用下一个新事务，它无须描述事务的开始，只有事务的结束即可。

在对数据的修改发生后，在数据写入磁盘之前，SQL Server 2008 将把相关的修改写入事务日志，目的是当数据库服务器或者客户端发生故障的时候，能够还原损失的数据。

事务日志不是作为一个表实现的，而是以一个文件或一组文件实现的。

记录事务日志的作用有如下几个方面。

（1）恢复某个事务。如果应用程序发出 ROLLBACK 语句或者 SQL Server 2008 检测到错误，例如客户端与数据库服务器连接突然断开，就使用事务日志记录回滚未完成的事务所做的修改。

（2）SQL Server 2008 启动时恢复所有未完成的事务。当运行 SQL Server 2008 的服务程序发生故障时，数据库可能还没有将修改的数据从高速缓存中写入数据文件，这时的数据文件内有未完成的事务所做的修改。当数据库服务器重新启动时，它对每个数据库执行恢复操作，即前滚事务日志中记录的、可能尚未写入数据文件的每个修改。然后回滚在事务日志中找到的每个未完成的事务，以确保数据库的完整性。

（3）将还原的数据库前滚到故障点。丢失数据库后（在没有 RAID 驱动器的服务器上，硬盘出现故障时可能会出现这种情况），可以将数据库还原到故障点。首先还原上一次的完整数据库备份或差异数据库备份，然后将事务日志备份序列还原到故障点。当还原每个事务日志备份时，SQL Server 2008 重新应用日志中记录的所有修改，前滚所有的事务。当最后的事务日志还原后，SQL Server 2008 将使用日志信息回滚到该点未完成的所有事务。

3.3.5　查看数据库信息

对已有数据库，可以使用 SQL Server Management Studio 和 Transact-SQL 语句来查看数据库的基本信息、维护信息和空间使用情况。

1．用 SQL Server Management Studio 查看数据库信息

（1）在对象资源管理器中，选择"数据库"节点，右键单击要查看信息的数据库名，然后在弹出的菜单中，单击"属性"项，则得到要查看数据库的相关信息。图 3-16 所示为数据库 marketing 的属性框。

（2）在数据库属性对话框中，单击"常规"、"文件"、"文件组"、"选项"、"权限"、"扩展属性"、"镜像"、"事务日志传送"标签，可查看数据库的相应信息和修改相应参数。

2．使用 Transact-SQL 语句查看数据库信息

在 Transact-SQL 中，存在多种查看数据库信息的语句，最常用的方法是调用系统存储过程 sp_helpdb。其语法格式为：

```
[EXECUTE] sp_helpdb [数据库名]
```

在调用时如果省略"数据库名"选项，则可以查看所有数据库的定义信息。"EXECUTE"可缩写为"EXEC"，如果该语句是一个批处理的第一句，那么它可以省略。

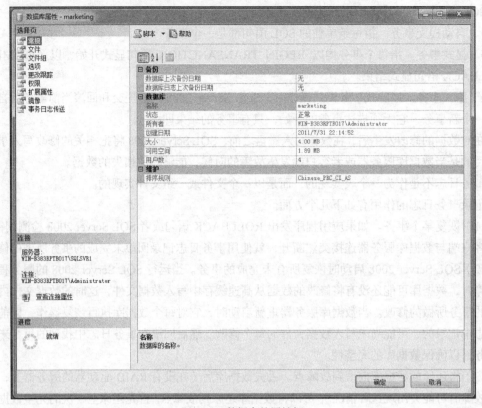

图 3-16 数据库的属性框

例 3-3 查看数据库 marketing 的信息和所有数据库的信息。

代码如下。

```
EXEC sp_helpdb marketing
EXEC sp_helpdb
```

在查询设计器中输入上述语句，单击"执行"按钮 ！执行(X)，运行结果如图 3-17 所示。

图 3-17 查看数据库信息的运行结果

3.4 管理和维护数据库

随着数据库的增长和修改，用户需要以自动或手动方式对数据库进行有效的管理和维护，这里介绍其中的主要操作。

3.4.1 打开数据库

在查询设计器中，可以利用 USE 命令打开并切换至不同的数据库，当然，可以通过对象资源管理器指定登录账户默认连接的数据库。依次展开对象资源管理器"安全性"→"登录名"节点，右键单击要查看的登录名，如图 3-18 所示。

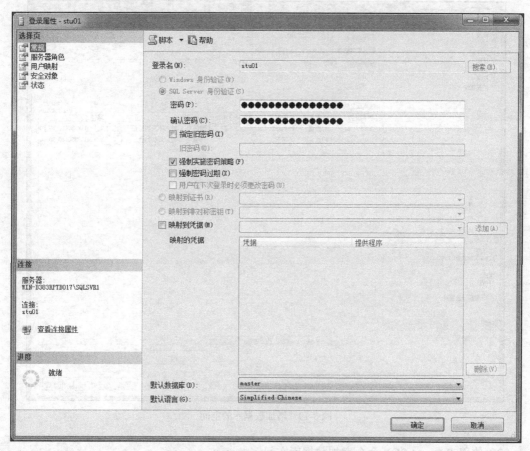

图 3-18　指定登录账户的默认连接数据库

在查询设计器中以 Transact-SQL 方式打开并切换数据库的命令格式如下。

```
USE database_name
```

其中 database_name 为要打开并切换的数据库名。

3.4.2　增减数据库空间

1．增加数据库空间

随着数据量和日志量的不断增加，会出现数据库和事务日志的存储空间不够的问题，因而要增加数据库的可用空间。SQL Server 2008 可通过 Management Studio 或 Transact-SQL 命令两种方式增加数据库的可用空间。

（1）使用 SQL Server Management Studio 增加数据库空间。

按照 3.3.5 中的方式得到需要增加空间的数据库的"属性"对话框，选择"文件"标签，在属性页中，修改对应数据库的"初始大小"或"自动增长"等选项，如图 3-19 所示。注意：重新指定的数据库空间必须大于现有空间，否则 SQL Server 将报错。

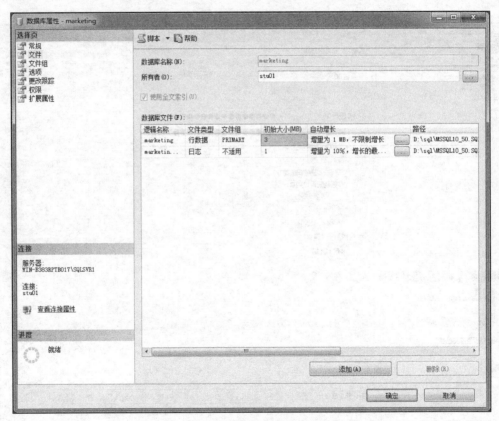

图 3-19　增加数据库的空间

（2）使用 Transact-SQL 命令增加数据库空间。

在查询设计器中，通过 Transact-SQL 命令增加数据库空间的命令语句格式如下。

```
ALTER DATABASE 数据库名
MODIFY FILE
(NAME=逻辑文件名,
SIZE=文件大小,
MAXSIZE=增长限制
)
```

例 3-4　将数据库 stu01db 的数据文件 stu01sf01 的初始空间和最大空间分别由原来的 1MB 和 5MB 修改为 2MB 和 6MB。

在查询设计器中录入如下代码，运行结果如图 3-20 所示。

```
ALTER DATABASE [stu01db]
MODIFY FILE
(NAME=N'stu01sf01',
SIZE=2048KB,
MAXSIZE=6144KB)
```

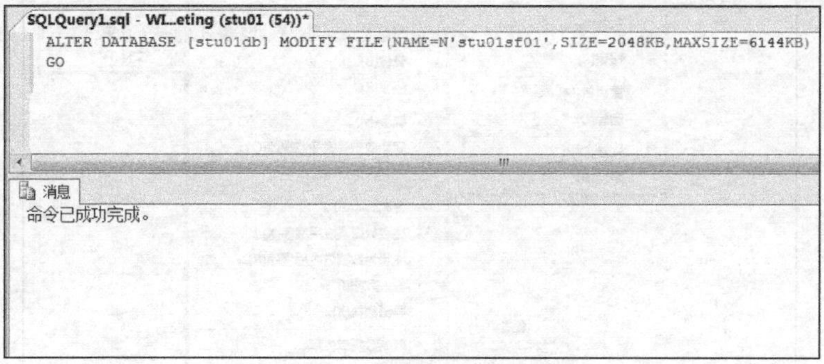

图 3-20　增加数据库文件的大小

以上是通过增加数据库文件大小的方法来增加数据库的空间，当然也可以通过增加数据库文件的数量的方式来增加数据库的空间，通过 SQL Server Management Studio 方式在进入数据库属性对话框后选择"文件"标签，在数据库文件的空白栏中依次添加新的文件即可。而通过 Transact-SQL 命令语句的方式其语法格式如下。

```
ALTER DATABASE 数据库名
ADD FILE | ADD LOG FILE
(NAME=逻辑文件名,
FILENAME=物理文件名
SIZE=文件大小,
MAXSIZE=增长限制
)
```

可参考创建数据库的命令。

2．缩减数据库空间

与增加数据库空间类似，同样有两种方法来缩减数据库空间：一种是缩减数据库文件的大小；另一种是删除未用或清空的数据库文件。使用时要综合运用，下面说明它的两种实现方式。

（1）使用 SQL Server Management Studio 缩减数据库空间。

首先以具有 sa 权限的身份登录到 SQL Server 2008，如图 3-21 所示，打开数据库收缩功能。

弹出的"收缩数据库"对话框如图 3-22 所示。选择"在释放未使用的空间前重新组织文件"，输入收缩比例，单击"确定"按钮，数据库收缩完毕。

如果希望指定详细的文件收缩选项，则选择收缩"文件"按钮，进入"收缩文件"对话框，如图 3-23 所示。选择清空数据文件 stu01sf01。这种方法也为删除数据库文件提供了条件。

（2）使用 Transact-SQL 命令缩减数据库空间。

使用 Transact-SQL 的 DBCC SHRINKDATABASE 命令缩减数据库空间的语法格式如下。

```
DBCC SHRINKDATABASE (数据库名[, 新的大小])
```

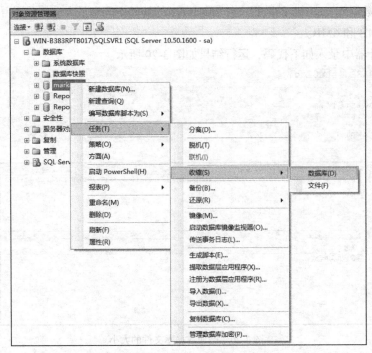

图 3-21　打开数据库收缩功能

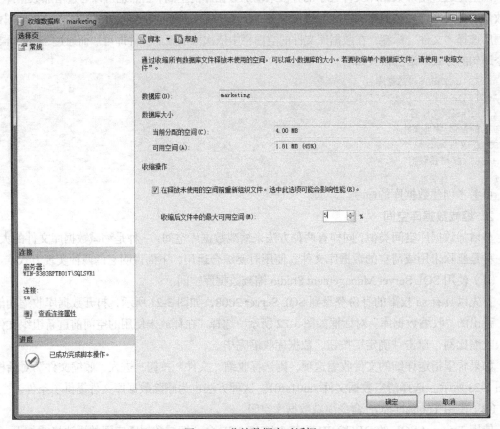

图 3-22　收缩数据库对话框

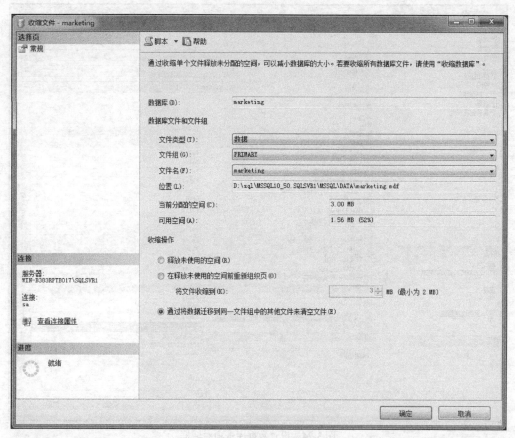

图 3-23　收缩文件对话框

　　　　在使用该命令之前应当先用 sp_dboption 命令，将想要缩减空间的数据库设定为单用户模式，缩减完成后再恢复。命令如下。

```
EXEC sp_dboption 'stu01db', 'single user', TRUE
EXEC sp_dboption 'stu01db', 'single user', FALSE
```

参见 3.4.3 节数据库选项的设定与修改。

3.4.3　数据库选项的设定与修改

首先应注意，修改数据库的选项要有 sa，dbo 的权限。

1．使用 SQL Server Management Studio 查看和设置数据库选项

在对象资源管理器中，调出相应数据库的属性对话框，选择"选项"标签，按说明查看和设置相应的数据库选项。例如在限制访问项中设置为单用户方式或只读方式等，如图 3-24 所示。

2．使用 Transact-SQL 命令查看和设置数据库选项

在查询设计器中，使用 Transact-SQL 命令修改数据库选项的语法格式如下。

```
sp_dboption [数据库名, 选项名, { TRUE | FALSE }]
```

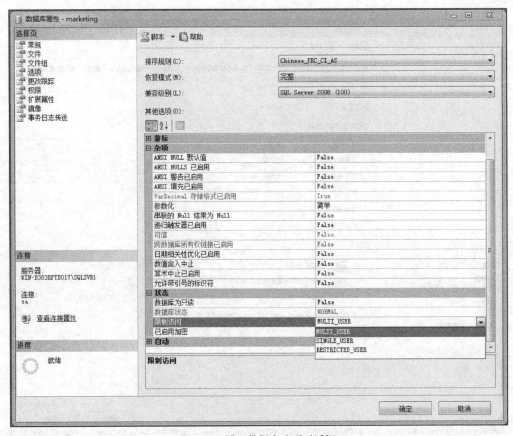

图 3-24　设置数据库选项对话框

例如下列命令将数据库 stu01db 设置为单用户，并且只读。

```
EXEC sp_dboption stu01db, 'single user', TRUE
EXEC sp_dboption stu01db, 'read only', TRUE
```

3.4.4　更改数据库名称

通过在查询设计器中，执行存储过程 sp_renamedb，用户可以修改数据库名，命令格式如下。

```
sp_rename 旧名, 新名
```

更改数据库的名字一定要有数据库管理员或数据库所有者的权限。

3.4.5　查看 SQL Server 上共有几个数据库

在对象资源管理器中展开数据库节点，可以很直观看到数据库的个数。在查询设计器中，通过执行如下语句同样能获得数据库的个数，如图 3-25 所示。

```
USE master
GO
SELECT NAME FROM sysdatabases
```

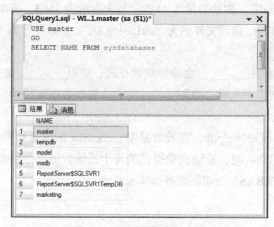

图 3-25　查看数据库的个数

3.4.6　删除数据库

从 SQL Server 2008 中删除一个数据库，将删除该数据库中的所有对象，释放出该数据库所占用的所有磁盘空间。当数据库处于正在使用、正在被恢复和正在参与复制 3 种状态之一时，不能删除该数据库。

1．使用 SQL Server Management Studio 删除数据库

打开对象资源管理器，依次打开到"数据库"节点，右键单击要删除的数据库，在弹出的菜单中，选择"删除"命令，然后出现"删除数据库"对话框，单击"确定"按钮，即完成指定数据库的删除。

2．使用 DROP DATABASE 语句删除数据库

在查询设计器中，输入并执行 DROP DATABASE 语句，删除指定的数据库。语句格式为：

```
DROP DATABASE 数据库名[, . . . n]
```

在删除数据库之前，要确认被删除的数据库。在用 DROP DATABASE 命令删除时不再出现提示信息，一经删除就不能恢复了。

例 3-5　使用 DROP DATABASE 语句删除数据库 stu01db，在查询设计器中，输入下面的语句：

```
DROP DATABASE stu01db
```

若要删除的数据库正在被使用，则可以先断开服务器与该用户的连接，然后删除该数据库。

习题

1．在 SQL Server 2008 中数据库文件有哪 3 类？各有什么作用？

2．SQL Server 2008 中数据文件是如何存储的？

3．SQL Server 2008 中创建、查看、打开、删除数据库的方法有哪些？

4．在 SQL 查询设计器的查询窗口中，使用 CREATE DATABASE 命令创建一个名为 stuDB 的数据库，包含一个主数据文件和一个事务日志文件。主数据文件的逻辑名为"stuDBdata"，物

理文件名为 "stuDBdata.mdf"，初始容量为 1MB，最大容量为 5MB，每次的增量为 10%。事务日志文件的逻辑名为 stuDBlog，物理文件名为 "stuDBlog.ldf"，初始容量为 1MB，最大容量为 5MB，每次的增量为 1MB。

5. 通过 SQL 语句，使用_____命令创建数据库，使用_____命令查看数据库定义信息，使用_____命令设置数据库选项，使用_____命令修改数据库结构，使用_____命令删除数据库。

6. 使用系统存储过程 sp_helpdb，查看数据库 marketing 的信息和所有数据库的信息。

7. 安装 SQL Server 2008 时，系统自动提供的 4 个系统数据库分别是什么？各起什么作用？

8. 使用 DROP DATABASE 语句删除数据库 stuDB。

第4章

管理数据表

表是对现实世界的抽象描述中，将概念数据模型转换成结构数据模型的产物，是关系模型的主要元素。在数据库中，表是由数据按一定的顺序和格式构成的数据集合，是数据库的主要对象。本章主要介绍数据库中的表。通过本章的学习，读者应该掌握以下内容。

- 表的基本概念
- 运用 SQL Server Management Studio 和 SQL 语言建立、修改和管理表
- 对数据表的数据操作
- 使用约束来保证数据的完整性

4.1 表的基本概念

SQL Server 2008 中支持的表是关系模型中表的实现和具体化，它是相关联的行和列的集合，用来存储数据库中的所有数据，是数据库中最重要的对象。

4.1.1 订单管理中的数据要求

1. 实体、记录、行

在 1.3.3 节的关系模型讨论中，已经知道了如何建立表的结构，由系统分析产生的概念数据模型——ER 图中的实体和联系集合可以对应地构造出关系表。表是按行、列结构存储数据的，因此，ER 图中的实体或联系用表的一行来描述，也称为一条记录。如图 4-1 所示。

2. 属性、字段、列

同样，在 ER 图中的实体或联系的属性，在表中作为列，也称为一个字段。可见在系统分析中的属性描述实体或联系，在表中的表现就是由列构成表中的一行，即一个实体或联系在表中由列所描述，即对应一条记录。如图 4-1 所示。

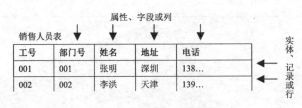

图4-1　表的行、列说明

4.1.2　数据表的三个键

由关系模型的讨论可知，在一个表中可以通过一列或几列数据的组合来唯一地标识表中的一条记录。这种用来标识表中记录的列或列的组合称为关键字。在 SQL Server 2008 中对主键、唯一键和外键给出了具体的要求，它们将作为对表的约束。

（1）主键。

主键具有以下特性。

① 每个表只能定义一个主键，它是表中记录的标识。

② 主键列可以由一个或多个列组成。

③ 主键值不能为空。

④ 主键值不重复。若主键值是多列组成时，某一列的值可以重复，但多列组合后的值不能重复。

⑤ image 和 text 类型的列不能作主键。

例如图 4-1 中，销售人员表的"工号"列是该表的主键，即是表中每行的标识。

（2）唯一键。

唯一键是表中没有被选为主键的关键字，它限定了除主键以外的列或多列值的不重复，同样保证了数据的唯一性，和主键的区别如下。

① 每个表可以有多个唯一键。

② 唯一键的列值可以为空，但只能有一个空。

例如图 4-1 中，销售人员表的"电话"列，可以作为该表的唯一键，即只要有号码则号码不同。

（3）外键。

外键从字面可以理解为在外面是关键字，也就是说它在另一个表中是关键字。由前面关系模型的讨论可知，外键是用来建立数据库中多个表之间的关联的，它有如下特点。

① 外键列可以由一列或多列组成。

② 外键列的取值可以为空，可以重复，但必须是它所引用列（参照列）的值之一。

③ 引用列必须是其所在表的主键或唯一键。

例如图 4-1 中，销售人员表的"部门号"列，可以作为该表的外键，它所引用的列在部门表中是主键。并且销售人员表和部门人员表中对应行的该列值相等。

4.2　创建表

表是一个数据库中的重要组成部分，创建了数据库后就可以在上面建立表，这里将创建在第 1 章分析的订单管理系统所涉及的表。

4.2.1　使用图形界面创建表

使用图形界面创建表的操作步骤如下。

（1）打开对象资源管理器，选中上一章所建的数据库"marketing"，右键单击"表"节点，单击弹出菜单中的"新建表"命令，如图 4-2 所示。

（2）此时将出现如图 4-3 所示的表设计器窗口。该窗口是专门用来建立表结构的，左边的一列"列名"用来指定要建表的列名；接着是"数据类型"，用来指定该列的数据类型；然后是"允许空"，说明该列的值是否为空，允许为空则选中该列的复选框，出现"对号"标记。

图 4-2　"新建表"菜单

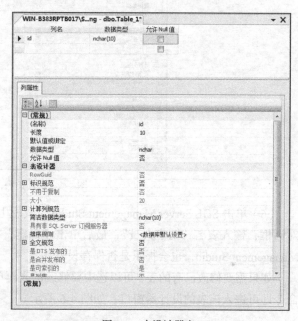

图 4-3　表设计器窗口

"列名"也称字段名，应符合命名规则：最长 128 个字符；可以包含汉字、英文字母、数字、下划线等；在同一个表中，字段名必须唯一。

"数据类型"列必须是下拉表中的类型之一，可以是系统数据类型或用户定义的数据类型，当数据库中存在用户定义的数据类型时，则这些数据类型也会自动地出现在这个下拉表中。

在表设计器窗口的列属性选项中，可以设置当前字段的附加属性，如长度、默认值、标识、标识种子及标识递增量等。"长度"对于字符型等部分数据类型，只需输入字节的长度。对于整型等部分数据类型，其长度是系统确定的，用户不能修改。对于 numeric 等部分数据类型，还需要指定"精度"和"小数位"。后面将通过例子说明其作用。

（3）按照设计要求首先建立销售人员表，在"列名"中输入"工号"，"数据类型"中选择"int"，在列属性"允许空"中选择否。在下一行输入"部门号"，但是允许为空。

（4）继续设置列，在"列名"中输入"姓名"，数据类型框中选择"varchar（50）"，在长度中输入"10"，不允许空。如此进行，分别建立好"地址"列和"电话"列。

（5）将"工号"列设置为该表的"主键"并作为记录的"标识"，首先选中"工号"所在的行，然后单击 SQL Server Management Studio 工具栏上的"🔑"（钥匙）按钮，完成了"主键"的设置，在工号的左边则会显示出一个小的钥匙图标，如图 4-4 所示。接着在下部附加属性的"标识"行中选择"是"，标识的种子设置为 1，递增量设置为 1，完成了"标识"的设置后如图 4-4 所示。

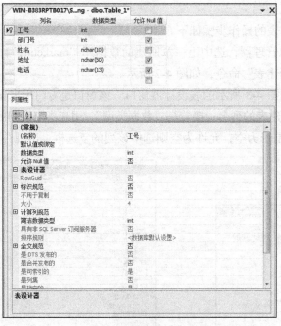

图 4-4　设计销售人员表

（6）单击 SQL Server Management Studio 工具栏上的""按钮，出现如图 4-5 所示对话框，输入表名"销售人员"，最后单击"确定"按钮完成。如果直接选择关闭 SQL Server Management Studio，也会提示是否保存设计。

如果需要修改已有的表，可以选中要修改的表再单击鼠标右键，在弹出的菜单中选择"设计"命令即可进入该表的设计器窗口，如图 4-6 所示。

图 4-5　为创建的表命名 　　　　　　　图 4-6　重新进入表设计器窗口

4.2.2　使用 CREATE TABLE 语句创建表

在查询设计器中，使用 Transact-SQL 语句也可以创建表，创建表命令的基本语法如下。

```
CREATE TABLE 表名
{(列名 列属性 列约束)} [, ...]
```

其中，列属性的格式为：

```
数据类型[(长度)] [NULL | NOT NULL] [IDENTITY(初始值, 步长)]
```

列约束的格式为：

```
[CONSTRAINT 约束名] PRIMARY KEY [(列名)]                  :指定主键
[CONSTRAINT 约束名] UNIQUE KEY [(列名)]                   :指定唯一键
[CONSTRAINT 约束名] FOREIGEN KEY [(外键列)] REFERENCES 引用表名 (引用列)
[CONSTRAINT 约束名] CHECK (检查表达式)                    :指定检查约束
[CONSTRAINT 约束名] DEFAULT 默认值                        :指定默认值
```

约束的使用将在 4.6 节中讨论。

例 4-1　使用 Transact-SQL 语句，在查询设计器中建立订单管理的部门信息表。参见图 1-4 给出的销售订单管理 ER 图。部门信息表的列的特性为：部门"编号"作为主键和标识，部门"名称"不能为空，"经理"指经理的工号可以为空，部门"人数"可以为空。

打开查询设计器，输入如下 Transact-SQL 语句。

```
USE marketing
GO
    建立部门信息表
CREATE TABLE 部门信息
(
编号 INT PRIMARY KEY IDENTITY(1,1),              - -主键和标识
名称 VARCHAR(20) NOT NULL,                        - -非空属性
经理 INT FOREIGN KEY REFERENCES 销售人员(工号),   - -定义外键
人数 INT
)
GO
```

运行结果如图 4-7 所示。

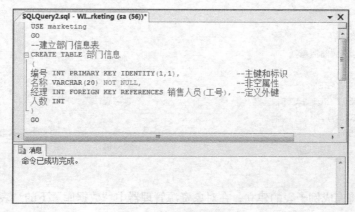

图 4-7　建立部门信息表

例 4-2 下面给出的是创建其他数据表的程序。

```sql
USE marketing
GO
- -建立客户基本信息表
CREATE TABLE 客户信息
(
编号 INT PRIMARY KEY,                                  - -主键
姓名 VARCHAR(10) NOT NULL,                              - -非空属性
地址 VARCHAR(50),
电话 VARCHAR(13) UNIQUE                                 - -唯一键
)
GO
- -建立货品基本信息表
CREATE TABLE 货品信息
(
编码 INT PRIMARY KEY,                                  - -主键
名称 VARCHAR(20) NOT NULL,                              - -非空属性
库存量 INT,
供应商编码 INT,
状态 BIT CONSTRAINT defaStatu DEFAULT 1,               - -默认约束1表示可出售
售价 MONEY,
成本价 MONEY
)
GO
- -建立订单信息表
CREATE TABLE 订单信息
(
订单号 INT PRIMARY KEY,
销售工号 INT,
货品编码 INT CONSTRAINT goodno
    FOREIGN KEY REFERENCES 货品信息(编码),             - -命名外键
客户编号 INT CONSTRAINT custono
    FOREIGN KEY REFERENCES 客户信息(编号),             - -命名外键
数量 INT NOT NULL CHECK(数量>0),                       - -检查约束
总金额 MONEY,
订货日期 DATETIME DEFAULT getdate(),                    - -默认约束
交货日期 DATETIME
)
GO
- -建立供应商信息表
CREATE TABLE 供应商信息
(
编码 INT PRIMARY KEY,                                  - -主键
名称 VARCHAR(50) NOT NULL,                              - -非空属性
联系人 VARCHAR(10),
地址 VARCHAR(50),
电话 VARCHAR(13) UNIQUE                                 - -唯一键
)
GO
```

运行结束后将完成例子表的建立,在对象资源管理器中"数据库"下的"表"节点项可以见到如图4-8所示的表。

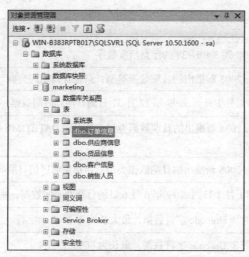

图 4-8　实例数据库的表

4.3　表中的数据类型

数据类型是数据库对象的一个属性，SQL Server 2008 提供了一系列系统定义的数据类型，用户也可以根据需要在系统数据类型的基础上创建自己定义的数据类型。

数据类型实际上包括如下几个属性。

（1）数据类别。如字符型、整数型、数字型等。

（2）存储的数据值的长度或大小。

（3）数值的精度。

（4）数值的小数位数。

表 4-1 列出了 SQL Server 2008 所支持的数据类型。

表 4-1　　　　　　　　　　　SQL Server 2008 所支持的数据类型

数 据 类 型	说　　　明
bigint	从 -2^{63}（-9223372036854775808）到 $2^{63}-1$（9223372036854775807）的整型数据（所有数字）
int	从 -2^{31}（-2147483648）到 $2^{31}-1$（2147483647）的整型数据（所有数字）
smallint	从 -2^{15}（-32768）到 $2^{15}-1$（32767）的整数数据
tinyint	从 0 到 255 的整数数据
bit	1 或 0 的整数数据
decimal	从 $-10^{38}+1$ 到 $10^{38}-1$ 的固定精度和小数位的数字数据
numeric	功能上等同于 decimal
money	货币数据值介于 -2^{63} 与 $2^{63}-1$ 之间，精确到货币单位的 10/1000
smallmoney	货币数据值介于 -214748.3648 与 $+214748.3647$ 之间，精确到货币单位的 10/1000
float	从 $-1.79E+308$ 到 $1.79E+308$ 的浮点精度数字

数 据 类 型	说　　明
real	从−3.40E+38 到 3.40E+38 的浮点精度数字
date	SQL Server 2008 新推出的日期数据类型：只包含日期的类型
datetime	从 1753 年 1 月 1 日到 9999 年 12 月 31 日的日期和时间数据，精确到 3%秒（或 3.33 毫秒）
datetime2	SQL Server 2008 新推出的日期数据类型：具有比 DATETIME 类型更精确的秒和年范围的日期/时间类型
datetimeoffset	SQL Server 2008 新推出的日期数据类型：可辨别时区的日期/时间类型
smalldatetime	从 1900 年 1 月 1 日到 2079 年 6 月 6 日的日期和时间数据，精确到分钟
char	固定长度的非 Unicode 字符数据，最大长度为 8000 个字符
varchar	可变长度的非 Unicode 字符数据，最长为 8000 个字符
text	可变长度的非 Unicode 字符数据，最大长度为 $2^{31}-1$（2147483647）个字符
nchar	固定长度的 Unicode 字符数据，最大长度为 4000 个字符
nvarchar	可变长度的 Unicode 数据，最大长度为 4000 字符。sysname 是系统提供用户定义的数据类型，在功能上等同于 nvarchar（128），用于引用数据库对象名
ntext	可变长度的 Unicode 数据，最大长度为 $2^{30}-1$（1073741823）个字符
binary	固定长度的二进制数据，最大长度为 8000 个字节
varbinary	可变长度的二进制数据，最大长度为 8000 个字节
image	可变长度的二进制数据，最大长度为 $2^{31}-1$（2147483647）个字节
geography	SQL Server 2008 新推出的支持空间数据存储的空间数据类型——大地向量空间类型
geometry	SQL Server 2008 新推出的支持空间数据存储的空间数据类型——几何平面向量空间类型
sql_variant	一种存储 SQL Server 支持的各种数据类型（text、ntext、timestamp 和 sql_variant 除外）值的数据类型
hierarchyid	SQL Server 2008 新推出的原生分层结构数据，可以用于存储树形数据结构
time	SQL Server 2008 新推出的时间数据类型：只包含时间的类型
timestamp	数据库范围的唯一数字，每次更新行时也进行更新
uniqueidentifier	全局唯一标识符（GUID）
xml	存储 XML 数据的数据类型。存储的 xml 数据类型表示实例大小不能超过 2GB

4.4　表的管理和维护

可以查看、修改或删除已有的表，例如查看、修改表的列信息、表上的约束信息以及与其他表的依赖关系等。可以使用 SQL Server Management Studio 或通过 SQL Server 2008 提供的系统存储过程来完成这些工作。对于较复杂的表管理在后续章节中将进一步讨论。

4.4.1　查看表的定义信息

在数据库中创建一个用户表以后，SQL Server 2008 就在系统表 sysobjects 中记录下表的名称、对象 ID、表类型、创建时间以及所有者等信息，并在系统表 syscolumns 中记录下字段 ID、字段的数据类型以及字段长度等信息。可以通过 SQL Server Management Studio 的图形界面或 SQL Server 2008 的系统存储过程 sp_helpdb 查看这些信息。

1. 使用 SQL Server Management Studio 查看表结构

（1）在对象资源管理器中依次展开"服务器" → "数据库"，选中要使用的数据库，如 marketing。

（2）展开该数据库中的 ⊞ ▭ ▦ 节点，选中要查看的表，例如"订单信息"表，单击鼠标右键，从弹出的菜单中选择"属性"命令，则显示出如图 4-9 所示的窗口，从中可以查看表的名称、所有者、创建日期以及表权限、扩展属性等信息。单击"确定"按钮，关闭该窗口。

图 4-9　查看表结构

2. 使用存储过程查看表结构

使用存储过程 sp_help 查看表结构的语法格式为：

```
[EXECUTE] sp_help [表名]
```

如果省略"表名"则显示该数据库中所有表对象的信息。"EXECUTE"的缩写为"EXEC"，若该语句处在批处理的第一行时可以省略"EXEC"。

例如查看销售信息表的结构，可以使用下面的语句。

```
EXEC sp_help 销售人员
```

在查询设计器中的运行结果如图 4-10 所示。

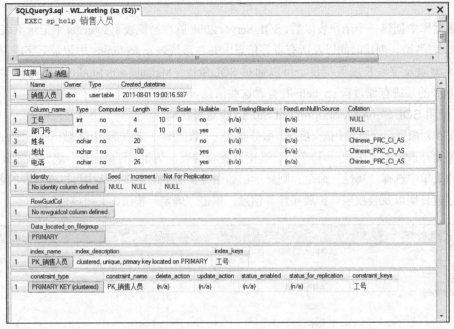

图 4-10   sp_help 显示的表结构信息

4.4.2   修改表

1．使用 SQL Server Management Studio 修改表

（1）在对象资源管理器中依次展开"服务器"→"数据库"，选中要使用的数据库，如 marketing。

（2）展开该数据库中的 节点，选中要查看的表，例如"销售人员"表，单击鼠标右键，从弹出的菜单中选择"设计"命令，则打开表设计器窗口。该窗口和创建表时所显示的内容是一样的，所做的工作也基本相同。

（3）图 4-11 所示为该窗口及其所有弹出菜单命令，图中的弹出菜单是在要操作的行上单击鼠标右键得到的。在该窗口中，可以修改各字段的定义，重新设置字段名、字段长度、是否允许为空、是否为标识等。

（4）添加新字段。如果要在表中追加字段，将光标移到最后一个字段下面的行中，就可直接定义新的字段；如果要在一个现有字段的前面插入一个字段，则在这个现有字段所在的行上单击鼠标右键，然后选择"插入列"命令，在此之前插入一个空字段定义行。

（5）同样，可以删除字段、修改各种约束等。

2．使用 SQL 语句修改表

（1）添加新字段。通过在 ALTER TABLE 语句中使用 ADD 子句，可以在表中增加一个或多个字段，其语法格式如下。

```
ALTER TABLE 表名
    ADD 列名 数据类型[（长度）] [NULL | NOT NULL]
```

参见例 4-3。

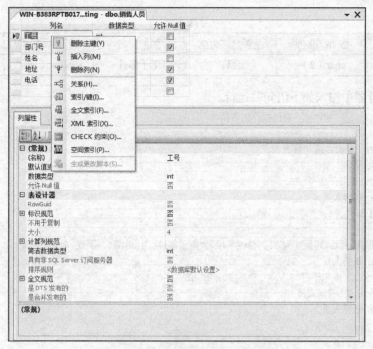

图 4-11　表设计器窗口及其所有弹出菜单命令

注意　　向已有记录的表中添加列时，新添加的字段通常设置为允许为空，否则必须为该列指定默认值。这样 SQL Server 2008 就将默认值赋给现有记录的新添字段，否则新添字段的操作将失败。

（2）修改字段的属性。通过在 ALTER TABLE 语句中使用 ALTER COLUMN 子句，可以修改列的数据类型、长度等属性，其语法格式如下。

```
ALTER TABLE 表名
    ALTER COLUMN 列名 数据类型[（长度）] [NULL | NOT NULL]
```

注意　　将一个原来允许为空的列改为不允许为空时，必须满足列中没有存放空值的记录的要求，以及在该列上没有创建索引。

更改字段的名字使用存储过程 sp_rename 来实现，参见例 4-3。

（3）删除字段

通过在 ALTER TABLE 语句中使用 DROP COLUMN 子句，可以删除表中的字段，其语法格式如下。

```
ALTER TABLE 表名
    DROP COLUMN 列名
```

注意　　在删除列时，必须先删除基于该列的索引和约束后，才能删除该列。

例 4-3　在销售人员表中增加性别和电子邮件两个字段，其定义如表 4-2 所示。然后修改电子邮件字段的列长度为 40，将字段名"电子邮件"改名为"电邮"，最后使用 DROP COLUMN 命令删除"电邮"字段。

表 4-2   字段定义

列　　名	类 型 说 明	是否允许为空	列　　名	类 型 说 明	是否允许为空
性别	char（2）	允许	电子邮件	varchar（50）	允许

在查询设计器中输入如下语句并运行。

```
USE marketing        - -自己操作的数据库
GO
- -使用 ALTER TABLE 语句修改表
ALTER TABLE 销售人员
    ADD 性别 CHAR(2) NULL
ALTER TABLE 销售人员
    ADD 电子邮件 VARCHAR(50) NULL
GO
- -修改电子邮件字段的列长度为 40，修改字段名"电子邮件"为"电邮"，删除"电邮"字段
ALTER TABLE 销售人员
    ALTER COLUMN 电子邮件 VARCHAR(40) NULL
EXEC sp_rename '销售人员.电子邮件', '电邮', 'COLUMN'
ALTER TABLE 销售人员
    DROP COLUMN 电邮
GO
```

4.4.3　删除表

当不再需要某个表时，可以将其删除。一旦删除了一个表，则它的结构、数据、约束、索引等都将永久地被删除。

1. 使用 SQL Server Management Studio 删除表

例 4-4 使用 SQL Server Management Studio 删除 marketing 数据库中的"部门信息"表。

操作步骤如下。

（1）在对象资源管理器中展开到包含要删除表的数据库 marketing，在该数据库的表中选中要删除的"部门信息"表。

（2）单击鼠标右键，在弹出的菜单中单击"删除"命令。

（3）单击"确定"按钮，删除完成。

> 如果一个表被其他表通过外键方式引用，那么必须先删除设置了"外键约束"的表，或删除其外键约束，否则，操作将失败。本例中如果"销售人员"表引用了"部门号"列，则不能进行该表的删除操作，必须先将该引用删除。

另外，为保证本书的连贯性，删除后请运行相应的实例批文件恢复。

2. 使用 SQL 语句删除表

删除表命令基本语法如下。

```
DROP TABLE 表名[,...n]
```

> 使用 SQL Server Management Studio 或用 DROP TABLE 语句均不能删除系统表。

4.4.4　查看表之间的依赖关系

数据库中包含许多数据对象，它们之间会有着密切的联系，因此，了解表之间的依赖关系是非常重要的。通过 SQL Server Management Studio 可以在不同的时刻查看表之间的关系。

1．直接查看关系

（1）在对象资源管理器中选中要查看的表，单击鼠标右键，在弹出的菜单中选择"查看依赖关系"，如图 4-12 所示，打开"部门信息"表的对象依赖关系。

（2）在打开的对象依赖关系窗口中可以看到"销售人员"表依赖于"部门信息"表，同时，"订单信息"表又依赖于"销售人员"表，如图 4-13 所示。

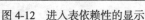
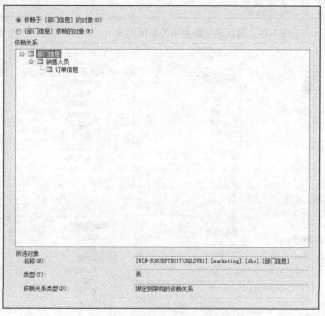

图 4-12　进入表依赖性的显示　　　　　图 4-13　部门信息表的依赖性

2．设计表时查看关系

在设计表时同样可以通过设计器窗口选择"关系"命令进行查看。

3．创建数据库关系图

创建数据库关系图是最直观地查看表之间关系的方法。

（1）在对象资源管理器中选中要建立关系图的数据库，右击"数据库关系图"，在弹出的菜单中选择"新建数据库关系图"命令，则激活建立关系图的向导，如图 4-14 所示。

（2）按照向导进入"添加表"对话框，如图 4-15 所示，这里可以自己添加相关的表。例如选择"订单信息"表。

（3）由于已经将"订单信息"表和其他的所有表都建立了直接或间接的关系，在这里选择将已定义的所有表都添加了进去。

（4）单击"关闭"，经过适当地调整位置，则得到如图 4-16 所示的关系图。在图中用锁链端表示外键所在的表，用钥匙端表示主键或唯一键所在的表，即分别表示引用方和被引用方。

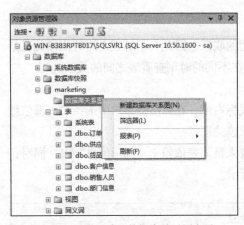

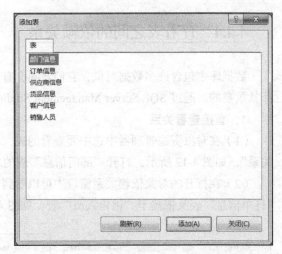

图 4-14　激活建立数据库关系图向导　　　　图 4-15　以"订单信息"表为中心建立关系图

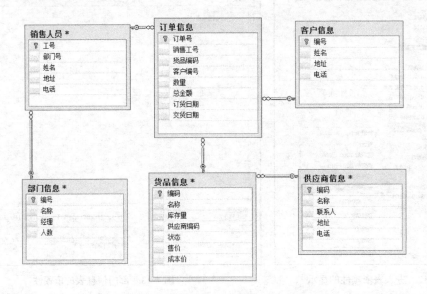

图 4-16　以"订单信息"表为中心的数据库关系图

有关关系的建立与管理将在 4.6 节中详细讨论。

4.5　表数据的添加、修改和删除

新创建的表中是不含有数据的，下面介绍如何向表中添加数据，以及如何维护表中的数据，一些复杂的数据维护操作将在下一章中讨论。

4.5.1　向表中添加数据

1. 使用 SQL Server Management Studio 添加数据

这里以"部门信息"表为例，使用 SQL Server Management Studio 向表中添加数据。

（1）在对象资源管理器中，选中要添加数据的"部门信息"表。单击鼠标右键，在弹出的菜单中选择命令"编辑前 200 行"，如图 4-17 所示。

（2）显示如图 4-18 所示的数据录入窗口，在这个窗口中录入数据。注意：在开始录入时，通常先去掉交叉引用的外键关系，以免录入数据验证时产生数据参照不完整的错误。

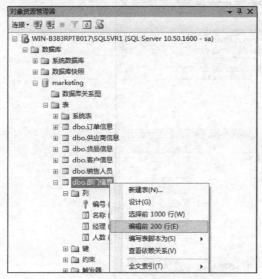

图 4-17 用来选择"编辑表"命令的菜单　　　图 4-18 向表中录入数据的窗口

（3）输入数据完毕后，关闭窗口，保存数据。

2. 使用 INSERT 语句

INSERT 语句用来向表中或视图中输入新的数据行。INSERT 语句的简单语法格式如下。

```
INSERT [INTO] 表名
{ [(字段列表)]
{ VALUES （相应的值列表）
```

字段的个数必须与 VALUES 子句中给出的值的个数相同；数据类型必须和字段的数据类型相对应。

在大型数据库中，为了保证数据的安全性，只有数据库和数据库对象的所有者及被授予权限的用户才能对数据库进行增加、修改和删除的操作。

例 4-5　向"销售人员"表中录入 3 行数据。

这里使用不同的方法添加新行，录入第 1 行时给出了表的字段名列表，在 VALUES 中没有按照表中列的定义顺序给出值，而是按照字段名列表的顺序给出的。在第 2 行和第 3 行中则是按照表中列的定义顺序给出值，并且录入数据的类型要和对应列的定义相同。注意：这里没有录入工号，因为它是标识列，是自动产生数据的。运行结果如图 4-19 所示。

在查询设计器中运行如下命令。

```
USE marketing
GO
INSERT 销售人员(工号,部门号, 姓名, 性别, 地址, 电话)
VALUES (1,1,'王晓明','男','深圳罗湖','075525859203')
INSERT 销售人员(工号,部门号, 姓名, 性别, 地址, 电话)
VALUES (2,2,'吴小丽','女','江西南昌','13902017387')
```

```
INSERT 销售人员(工号,部门号, 姓名, 性别, 地址, 电话)
VALUES (3,2,'章明敏','男','深圳福田','075585859203')
GO
SELECT * FROM 销售人员
GO
```

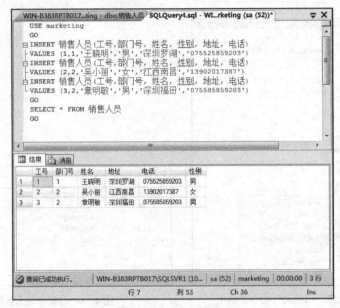

图 4-19　向表中添加多条记录

4.5.2　修改表中的数据

修改表中的数据的方法有两种：使用 UPDATE 语句和使用 SQL Server Management Studio。使用 SQL Server Management Studio 的方法在输入数据时已作介绍，只需在要修改的地方进行修改即可，这里不再详述。

UPDATE 语句用来修改表中已经存在的数据。UPDATE 语句既可以一次修改一行数据，也可以一次修改多行数据，甚至可以一次修改表中的全部数据行。UPDATE 语句使用 WHERE 子句指定要修改的行，使用 SET 子句给出新的数据。新数据可以是常量，也可以是指定的表达式，还可以是 FROM 子句来自其他表的数据。

UPDATE 语句的语法格式如下。

```
UPDATE 表名 SET
{列名 = { 表达式 | DEFAULT | NULL }[ ,...n ]}
[FROM 另一表名 [ ,...n ]]
[WHERE <检索条件表达式> ]
```

在使用 UPDATE 语句时，如果没有使用 WHERE 子句，那么就对表中所有的行进行修改。如果使用 UPDATE 语句修改数据时与数据完整性约束有冲突，修改就不会发生。

例 4-6　将"销售人员"表中工号为 2 的销售人员的"姓名"和"地址"修改为"张明英"和"北京市朝阳区"。

检索条件可表示为：WHERE 工号=2；设置新数据表示为：SET 姓名='张明英'，地址=　'北京市朝阳区'。

在查询设计器中运行如下命令，结果如图 4-20 所示。

```
USE marketing
GO
UPDATE 销售人员
SET 姓名='张明英'，地址='北京市朝阳区'
WHERE 工号=2          --由于工号是整型数字这里不用单引号
GO
```

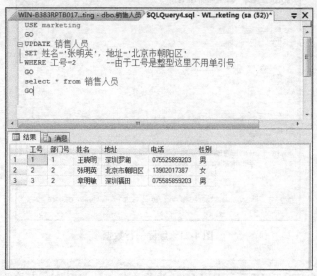

图 4-20　按检索条件修改表中数据

4.5.3　删除表中的数据

随着数据库的使用和对数据的修改，表中可能存在着一些无用的数据，这些数据不仅占用空间，还会影响修改和查询的速度，所以要及时删除它们。DELETE 语句用来从表中删除数据，可以一次从表中删除一行或者多行数据。也可以用 TRUNCATE TABLE 语句从表中快速删除所有记录。通过 SQL Server Management Studio 也可以方便地删除数据，使用 SQL Server Management Studio 的方法在输入数据时已作介绍，只需先选中要删除的行，然后单击鼠标右键，在弹出的菜单中选择"删除"命令即可，这里不再详述。

DELETE 语句的简化语法格式如下。

```
DELETE [FROM] 表名 [WHERE {<检索条件表达式>}]
```

例 4-7　从"部门信息"表中删除"经理"号为 2 的记录。

在查询设计器中运行如下命令。

```
USE marketing
GO
DELETE 部门信息
WHERE 经理=2
GO
```

运行结果如图 4-21 所示，已删除一行数据。

TRUNCATE TABLE 语句删除表中所有记录的语法格式如下。

```
TRUNCATE TABLE 表名
```

该语句的功能是删除表中的所有记录，与不带 WHERE 子句的"DELETE 表名"功能相似，不同的是 DELETE 语句在删除每一行时都要把删除操作记录到日志中，而 TRUNCATE TABLE 语句则是通过释放表数据页面的方法来删除表中的数据，它只将对数据页面的释放操作记录到日志中，所以 TRUNCATE TABLE 语句执行速度快，删除数据不可恢复，而 DELETE 语句操作可以通过事务回滚，恢复删除的操作。

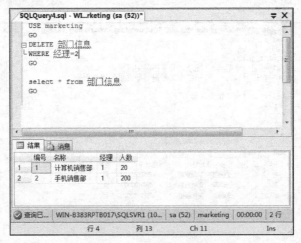

图 4-21　删除一行数据

　　　　TRUNCATE TABLE 和 DELETE 两条语句都只是删除表中的数据，表的结构是不受影响的，删空后该表是一个空表，而 DROP TABLE 语句是删除表结构和所有记录，并释放该表所占的存储空间。

例如删除"供应商信息"表中的所有记录，语句如下。

```
USE marketing
TRUNCATE TABLE 供应商信息
```

如果该表被其他表建立了外键引用，则无法删除该表的记录，如果要删除记录，则先要删除引用表的 FOREIGN KEY 约束引用。这里，如果"货品信息"表引用了该表，则该表无法完成记录删除。

4.6　使用约束

约束是实现数据完整性的有效手段，约束包括主键（PRIMARY KEY）约束、唯一键（UNIQUE）约束、检查（CHECK）约束、默认值（DEFAULT）约束、外键约束和级联参照完整性约束。在 4.2.2 节中已经给出了用 Transact-SQL 语句在创建表时建立约束的语法，这里将以实例的方式说明添加约束的方法和约束的使用。

4.6.1　主键（PRIMARY KEY）约束

例 4-8　将"销售人员"表中的"工号"主键删除，然后再添加上，写出相应的 SQL 语句。
在建表时已经将"工号"定义为主键，通过删除主键约束直接删除主键，然后再添加主键。

```
EXECUTE SP_HELP 销售人员        - -查看主键名
GO
```

```
ALTER TABLE 销售人员                – –删除主键约束
    DROP
    CONSTRAINT PK_销售人员
GO
ALTER TABLE 销售人员                – –添加"工号"列为主键
    ADD
    CONSTRAINT PK_销售人员 PRIMARY KEY(工号)
GO
```

例 4-9　在 SQL Server Management Studio 下，将"销售人员"表中的"工号"主键删除，然后再添加上。

操作步骤如下。

（1）在对象资源管理器中，依次展开数据库"marketing"、"表"，选中要修改的表"销售人员"，单击鼠标右键，在弹出的快捷菜单中选择"修改"命令，则打开表设计器。

（2）选中要设置主键的列"工号"，单击工具栏上的钥匙按钮 删除或添加主键。也可以单击鼠标右键，在弹出的快捷菜单中选择"设置主键"命令建立主键；然后单击鼠标右键，在弹出的快捷菜单中选择"移除主键"命令删除主键。

向表中添加主键约束时，SQL Server 2008 将检查现有记录的列值，以确保现有数据符合主键的规则，所以在添加主键之前要保证主键列没有空值和重复值。

4.6.2　唯一键（UNIQUE）约束

例 4-10　将"销售人员"表中的"电话"列定义为唯一键，写出相应的 SQL 语句。

由于原来没有定义该列为唯一键，这里直接由下列语句完成。

```
ALTER TABLE 销售人员                – –添加"电话"列为唯一键
    ADD
    CONSTRAINT IX_销售人员 UNIQUE(电话)
```

在 SQL Server Management Studio 中建立和删除唯一键的方法参照建立主键的方法，不同的是在弹出的快捷菜单中选择"索引/键"命令，然后在弹出的窗口中添加或删除唯一键。如图 4-22 所示。

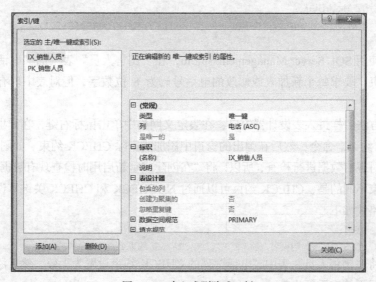

图 4-22　建立或删除唯一键

和添加主键一样，向表中添加唯一键约束时，SQL Server 2008 也将检查现有记录的列值，以确保现有数据符合唯一键的规则，所以在添加唯一键之前要保证唯一键列没有重复值，但可以有空值。

4.6.3 检查（CHECK）约束

CHECK 约束通过限制可输入或修改的一列或多列的值来强制实现域完整性，它作用于插入（INSERT）和修改（UPDATE）语句。

在默认情况下，检查（CHECK）约束同时作用于新数据和表中已有的老数据，可以通过关键字 WITH NOCHECK 禁止 CHECK 约束检查表中已有的数据。当然，用户对禁止检查应该确信是合理的。例如，电话升位前的旧电话号码，作为历史记录应当保持不变。

例 4-11 在"销售人员"表中的"电话"列添加检查（CHECK）约束，要求每个新加入或修改的电话号码为 8 位数字，但对表中现有的记录不进行检查，写出相应的 SQL 语句。

由于对表中现有的记录不进行检查，所以在添加约束时要使用关键字 WITH NOCHECK ADD，有下列的 SQL 语句。

```
ALTER TABLE 销售人员              - -不检查现有数据
    WITH NOCHECK ADD
    CONSTRAINT CK_销售人员
    CHECK ([电话] LIKE '[0-9][0-9][0-9][0-9][0-9][0-9][0-9][0-9]')
GO
```

如果要删除检查约束使用下面的 SQL 语句。

```
ALTER TABLE 销售人员              - -删除检查约束
    DROP
    CONSTRAINT CK_销售人员
```

如果同时要求对现有的数据也进行检查则使用下面的 SQL 语句。

```
ALTER TABLE 销售人员              - -检查现有数据
    ADD
    CONSTRAINT CK_销售人员
    CHECK ([电话] LIKE '[0-9][0-9][0-9][0-9][0-9][0-9][0-9][0-9]')
GO
```

例 4-12 使用 SQL Server Management Studio，在"销售人员"表中的"电话"列添加检查（CHECK）约束，要求每个新加入或修改的电话号码为 8 位数字，但对表中现有的记录不进行检查。

和前面的方法一样进入表设计器窗口，在表定义网格中单击鼠标右键，在弹出的快捷菜单中选择"CHECK 约束"命令，然后在弹出的窗口中添加或删除 CHECK 约束。如图 4-23 所示。由于本例要求不对现有数据进行检查，所以，将"在创建或重新启用时检查现有数据"选项设置否。

与其他约束不同的是，CHECK 约束可以通过 NOCHECK 和 CHECK 关键字设置为无效或重新有效，语法格式如下。

```
ALTER TABLE 表名
    NOCHECK CONSTRAINT 约束名 | CHECK CONSTRAINT 约束名
```

例 4-13 将"销售人员"表中"电话"列的 CHECK 约束设置为无效，然后添加一个 6 位的电话号码，然后再使它重新生效。

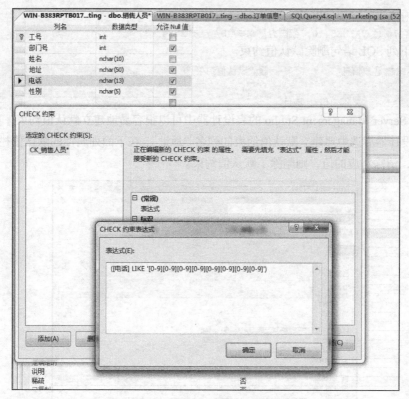

图 4-23　建立和删除检查约束

有下列的 SQL 语句。

```
ALTER TABLE 销售人员          --检查约束无效
    NOCHECK CONSTRAINT CK_销售人员
INSERT 销售人员 VALUES(7,1,'詹国力','上海浦东开发区','123456','男')
ALTER TABLE 销售人员          --检查约束再生效
    CHECK CONSTRAINT CK_销售人员
```

注意

WITH NOCHECK ADD 是指建立检查约束时不对现有数据进行检查，而 NOCHECK CONSTRAINT 是使当前存在的一个 CHECK 约束无效。

在添加或修改数据时，只要数据不满足 CHECK 约束则不能完成相应的操作，数据库系统将指出错误原因。

4.6.4　默认值（DEFAULT）约束

默认值约束的作用就是当向表中添加数据时，如果某列没有指定具体的数值而是指定了关键字 DEFAULT，则该列值将自动添加为默认值。

例 4-14　在"客户信息"表的"地址"列添加一个 DEFAULT 约束，默认值为"深圳市"，然后添加一个新客户。

有下列的 SQL 语句。

```
ALTER TABLE 客户信息          --添加默认值约束
    ADD
```

```
        CONSTRAINT DEF_客户信息_地址 DEFAULT '深圳市' FOR 地址
    INSERT 客户信息 VALUES(10,'黎国力',DEFAULT,'81273456')
```

可以用下列 SQL 语句删除默认值约束。

```
ALTER TABLE 客户信息              - -删除默认值约束
    DROP
    CONSTRAINT DF_客户信息_地址
```

在 SQL Server Management Studio 的表设计器中可以很容易地建立默认值约束，如图 4-24 所示。进入表设计器后选中要建立默认值约束的列名"地址"，在下面列属性的默认值栏中添上要定义的值即可，清除对应的值，则删除了默认值约束。

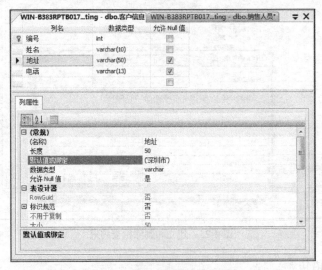

图 4-24　建立或删除默认值约束

和检查约束一样，默认值约束也是强制实现域完整性的一种手段。DEFAULT 约束不能添加到时间戳 TIMESTAMP 数据类型的列或标识列上；也不能添加到已经具有默认值设置的列上，不论该默认值是通过约束还是绑定实现的。

4.6.5　外键（FOREIGN KEY）约束

外键（FOREIGN KEY）约束是为了强制实现表之间的参照完整性，外键 FOREIGN KEY 可以和主表的主键或唯一键对应，外键约束不允许为空值，但是，如果组合外键的某列含有空值，则将跳过该外键约束的检验。

例 4-15　"销售人员"和"部门信息"两表之间是存在相互参照的关系的，在"部门信息"表中，经理字段存放的是经理在"销售人员"表中的"工号"，也就是说，部门经理同时也是销售人员。所以，要在"部门信息"表中建立一个外键，其主键为"销售人员"表中的工号。

有下列的 SQL 语句。

```
ALTER TABLE 部门信息              - -建立外键
    ADD
    CONSTRAINT FK_部门信息_销售人员 FOREIGN KEY (经理)
    REFERENCES 销售人员 (工号)
GO
```

由于工号 1 是经理，在外键表"部门信息"中有引用则不能删除。

```
DELETE FROM 销售人员 WHERE 工号=1 - -由于有外键约束不能删除
```

该删除命令的报错信息为：

DELETE 语句与 COLUMN REFERENCE 约束 'FK_部门信息_销售人员' 冲突。该冲突发生于数据库 'marketing'，表 '部门信息'，column '经理'。语句已终止。

由于工号 7 不是经理，在外键表"部门信息"中没有引用则能够删除。

```
DELETE FROM 销售人员 WHERE 工号=7
```

如果删除了外键约束则可以删除工号为 1 的销售人员信息。

```
ALTER TABLE 部门信息          - -删除外键约束
    DROP
    CONSTRAINT FK_部门信息_销售人员
```

删除了外键约束后则可以删除该记录：

```
DELETE FROM 销售人员 WHERE 工号=1
```

再增加外键约束就会出错，因为刚才删掉了外键引用：

```
ALTER TABLE 部门信息          - -建立外键
    ADD
    CONSTRAINT FK_部门信息_销售人员 FOREIGN KEY (经理)
    REFERENCES 销售人员 (工号)
```

该语句的报错信息为：

ALTER TABLE 语句与 COLUMN FOREIGN KEY 约束 'FK_部门信息_销售人员' 冲突。该冲突发生于数据库 'marketing'，表 '销售人员'，column '工号'。

为了先建立外建约束可以设置不对现有数据进行检查：

```
ALTER TABLE 部门信息          - -建立外键
    WITH NOCHECK ADD
    CONSTRAINT FK_部门信息_销售人员 FOREIGN KEY (经理)
    REFERENCES 销售人员 (工号)
```

该语句则执行成功；然后再增加工号为 1 的销售人员信息，她在部门信息表中是经理。

```
INSERT 销售人员 VALUES(1,1,'李茉莉','北京市朝阳区','45672349','女')
```

　　这里使用 WITH NOCHECK ADD 关键字来增加约束，该关键字仅对 CHECK 和外键约束起作用，对其他约束不起作用。

在 SQL Server Management Studio 的表设计器中也可以建立外键约束，如图 4-25 所示。

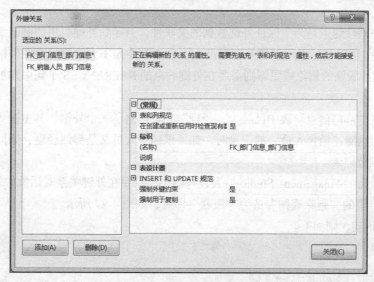

图 4-25　建立或删除外键约束

（1）进入表设计器后在表定义的网格中单击鼠标右键，在弹出的快捷菜单中选择"关系"命令；然后，弹出建立关系的属性窗口，在这里可以建立需要的外键。

（2）在外键关系对话框中，单击"表和列规范"的选择按钮 ...，进入表和列对话框，根据实际的需要进行相应的设置，具体如图4-26所示。这里"部门信息"是外键表，其字段"经理"引用了主表"销售人员"的"工号"字段，单击"确定"按钮完成设置，返回外键关系对话框。

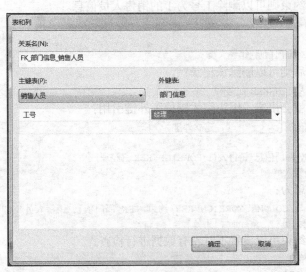

图 4-26　表和列对话框

（3）如果不要求对现有数据进行检验，可以在外键关系对话框中将"在创建或重新启用时检查现存数据"选择"否"。

（4）外键的名字可以自动产生或手工指定，如果要删除已有的外键，则选定了外键名称后，单击"删除"按钮即可。

4.6.6　级联参照完整性约束

级联参照完整性约束是为了保证外键数据的关联性。当删除外键引用的键记录时，为了防止孤立外键的产生，同时删除引用它的外键记录。在4.6.5节中是不允许删除存在外键引用的主键记录的。要实现这种级联的删除或更新则需要在外键约束的REFRENCES子句中添加级联参照完整性约束。

例4-16　在"部门信息"表中已经为"经理"字段建立了一个外键，其主键为"销售人员"表中的工号，当删除"销售人员"的记录时，如果该销售人员又是部门经理，则同时删除"部门信息"表中的相应记录。

在SQL Server Management Studio的表设计器中，只要在外键关系对话框中将"INSERT和UPDATE规范"里的"删除规则"选为"级联"即可，如图4-27所示。

使用SQL语句，则如下。

```
ALTER TABLE 部门信息          - -删除外键约束
    DROP
    CONSTRAINT FK_部门信息_销售人员
GO
```

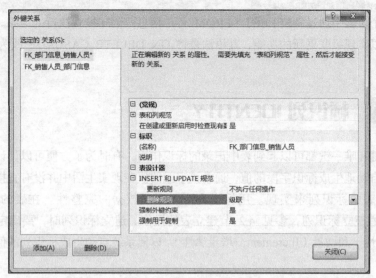

图 4-27 级联删除相关记录

建立新的带级联参照完整性约束的外键约束。

```
ALTER TABLE 部门信息          - -建立外键
    ADD
    CONSTRAINT FK_部门信息_销售人员 FOREIGN KEY (经理)
    REFERENCES 销售人员(工号) ON DELETE CASCADE
```

当删除工号=1 的销售人员信息则同时删除了"部门信息"表中的相应记录，即部门 1 的记录；但是在这里，由于部门 1 的部门号同时又是被"销售人员"表的"部门号"字段引用，所以在执行工号 1 的销售人员删除时仍然会报错，从而不能执行删除。按照实际的惯例，一个销售人员一旦离开，如果他是部门经理，首先应当指定新的部门经理，而不会将整个部门都撤掉，所以下面的语句则能够正常执行。

```
UPDATE 部门信息 SET 经理=4 WHERE 经理=1
DELETE FROM 销售人员 WHERE 工号=1
```

例 4-17 在"订单信息"表中为 "客户编号"字段重新建立了一个带有级联删除功能的外键，其主键为"客户信息"表中的"编号"字段，这样当删除"客户信息"的记录时，如果该客户有订单，则同时删除"订单信息"表中的相应记录。

首先删除旧的外键，建立新外键，然后删除一个有订单的客户信息进行验证。SQL 语句如下。

```
ALTER TABLE 订单信息          - -删除外键约束
    DROP
    CONSTRAINT custono
```

建立新的带级联参照完整性约束的外键约束。

```
ALTER TABLE 订单信息          - -建立外键
    ADD
    CONSTRAINT custono FOREIGN KEY (客户编号)
    REFERENCES 客户信息(编号) ON DELETE CASCADE
```

找到一个有订单的客户编号。

```
SELECT 客户编号 FROM 订单信息
```

由客户信息表中删除编号=3 的客户信息，则级联删除约束将自动删除"订单信息"表中的相应记录。

```
DELETE FROM 客户信息 WHERE 编号=3
```

可以在每个步骤中通过"SELECT＊FROM 订单信息"语句检查执行的结果。

类似地可以实现级联更新的功能，其语法是将 ON DELETE CASCADE 改为 ON UPDATE CASCADE。

4.7　标识列 IDENTITY

表中的主键和唯一键都可以起到表中记录的标识作用，有时为了方便可以让计算机为表中的记录按照要求自动地生成标识字段的值，通常该字段的值在现实生活中并没有直接的意义。这样的字段可以用表的标识列来实现。用标识列可以实现数据的完整性。在表的建立时，使用 IDENTITY 属性建立标识列，参见 4.2 节建立表的操作。建立标识列时，要确定标识列的初值（Seed—种子属性）和增量（Increment—增量属性），以便系统自动生成标识列的值，两者的默认值均为 1。

一个表只能有一列定为标识属性，而该列必须以 decimal、int、numeric、smallint、bigint 或 tinyint 数据类型定义。标识列不允许出现空值，也不能有默认值的约束或对象。

语法格式如下。

```
IDENTITY [(种子,增量)]
```

标识列值的形成是按照用户确定的初值和增量进行的，如果在经常进行删除操作的表中定义了标识列，那么在标识值之间就会产生不连续现象。如果要求不能出现这种不连续的值，那么就不能使用标识列属性。或者通过 SET IDENTITY_INSERT ON 来显式地输入标识值，以填补断续的标识列值。但是要求先对标识值进行计算，否则会产生错误。总之，经常出现删除操作的表最好不要使用标识列。

习题

1. 如何理解表中记录和实体的对应关系？为什么说关系也是实体？在表中如何表示？

2. 说明主键、唯一键和外键的作用。说明它们在保证数据完整性中的应用方法。

3. 参照完整性要求有关联的两个或两个以上表之间数据的_____。参照完整性可以通过建立_____和_____来实现。

4. 创建表用_____语句，向表中添加记录用_____语句，查看表的定义信息用_____语句，修改表用_____语句，删除表用_____语句。

5. 使用 SQL 语句，参照客户信息表建立深圳客户信息表。客户编号采用自动递增的方式产生，客户的默认地址为"深圳市福田区"，客户的电话号码只能是数字。

6. 在深圳客户信息表中增加性别和电子邮件两个字段。然后，修改电子邮件字段的列长度为50，将字段名"电子邮件"改名为"电邮"，最后使用 DROP COLUMN 命令删除"性别"字段。

7. SQL Server 2008 中有哪些类型数据？

8. 定义一个数据类型 mywww，使用的系统数据类型为 VARCHAR（30），且不允许为空，同时将网址规则 rl_www 绑定在该类型上。在"供应商信息"表上增加网址字段，其类型为 mywww。

9. 数据完整性包括哪些？如何实现？

10. 将"客户信息"表中的"电话"列定义为唯一键，写出相应的 SQL 语句。

11. 在"客户信息"表中的"电话"列添加 CHECK 约束，要求每个新加入或修改的电话号码为 8 位数字，但对表中现有的记录不进行检查，写出相应的 SQL 语句。

12. 在"货品信息"表中为"供应商编码"字段建立一个带有级联删除功能的外键，其主键为"供应商信息"表中的"编码"字段，这样当删除"供应商信息"的记录时，如果该记录的供应商有货品，则同时删除"货品信息"表中的相应记录。

13. 修改上题的外键功能，使其做到不进行级联删除，只是当进行删除时阻止其删除操作。

14. 创建地址的默认值对象 df_addr 为"深圳市罗湖区"，并将它绑定到"供应商信息"表和"销售人员"表的"地址"列。

15. 删除上题建立的默认值 df_addr，注意删除时必须先进行解绑。

16. 说明使用标识列的优缺点。

第5章

查询数据

查询数据是数据库系统应用的主要内容，保存数据就是为了使用，要使用就要首先查找到需要的数据。查询主要是根据用户提供的限定条件，从可用的数据表或视图中返回用户需要的数据表，执行查询的语句是 SELECT 语句。本章主要介绍数据查询。通过本章的学习，读者应该掌握以下内容。

* 数据查询的各种语句
* 运用 SQL Server Management Studio 和基本的 SELECT 语句查询表中的数据
* 数据维护的基本方法

为了使本章的查询语句有适当的数据语句，在本章内容开始之前，先将下列语句在查询设计器下运行。

例 5-1 建立订单管理系统的基本数据。

在 SQL Server Management Studio 中单击 ![新建查询(N)] 打开查询设计器，运行下面的添加数据语句。

```
- -5.1 select 查询语句数据准备。
USE marketing
GO
- -向"供应商信息"表中插入数据为查询做准备
DELETE 供应商信息
INSERT 供应商信息 (编码, 名称, 联系人, 地址, 电话)
    VALUES (1,'朝阳文具实业公司','郑敏敏', '哈尔滨市开发区','25152454')
INSERT 供应商信息 (编码, 名称, 联系人, 地址, 电话)
    VALUES (2,'狂想电脑公司', '赵明英', '上海市浦东开发区','85475825')
INSERT 供应商信息 (编码, 名称, 联系人, 地址, 电话)
     VALUES (3,'翱飞信息公司', '章程东', '深圳市龙岗区','3567288')
INSERT 供应商信息 (编码, 名称, 联系人, 地址, 电话)
     VALUES (4,'神力电脑', '王提新', '重庆市长安路','95865241')
INSERT 供应商信息 (编码, 名称, 联系人, 地址, 电话)
     VALUES (5,'飞翔汽车销售集团', '许守国', '天津市南开区','4567282')
INSERT 供应商信息 (编码, 名称, 联系人, 地址, 电话)
     VALUES (6,'导向打印机销售公司', '王打印', '深圳市福田区','8596325')
```

```
- -向"货品信息"表中插入数据为查询做准备
DELETE 货品信息
INSERT 货品信息 (编码, 名称, 库存量, 供应商编码, 状态, 售价, 成本价)
    VALUES (01, '电脑台',80,01,1,1500,1100)
INSERT 货品信息 (编码, 名称, 库存量, 供应商编码, 状态, 售价, 成本价)
    VALUES (02, '打印机',900,06,1,800, 600)
INSERT 货品信息 (编码, 名称, 库存量, 供应商编码, 状态, 售价, 成本价)
    VALUES (03, '移动办公软件',100, 03,1,8000, 6000)
INSERT 货品信息 (编码, 名称, 库存量, 供应商编码, 状态, 售价, 成本价)
    VALUES (04, '计算机',368,02,1,3000, 2100)
INSERT 货品信息 (编码, 名称, 库存量, 供应商编码, 状态, 售价, 成本价)
    VALUES (05, '威驰轿车', 20, 05,1,140000, 90000)
INSERT 货品信息 (编码, 名称, 库存量, 供应商编码, 状态, 售价, 成本价)
    VALUES (06, '电脑', 20, 4,1,140000, 90000)
- -先向"部门信息"表中插入数据为查询做准备
DELETE 部门信息
INSERT 部门信息 (编号, 名称, 经理, 人数)
    VALUES (1, '计算机销售部', 1,10)
INSERT 部门信息 (编号, 名称, 经理, 人数)
    VALUES (2, '手机销售部', 2,200)
INSERT 部门信息 (编号, 名称, 经理, 人数)
    VALUES (3, '打印机销售部', 3,30)
- -先向"销售人员"表中插入数据为查询做准备
DELETE 销售人员
INSERT 销售人员(工号, 部门号, 姓名, 地址, 电话, 性别)
    VALUES (1, 1, '李求一', '北京市朝阳区','25152454', '男')
INSERT 销售人员(工号, 部门号, 姓名, 地址, 电话, 性别)
    VALUES (2, 2, '王巧敏', '北京市海淀区','25345656', '女')
INSERT 销售人员(工号, 部门号, 姓名, 地址, 电话, 性别)
    VALUES (3, 3, '张零七', '深圳市南山区','25152342', '男')
INSERT 销售人员(工号, 部门号, 姓名, 地址, 电话, 性别)
    VALUES (4, 2, '钱守空', '深圳市罗湖区','27352655', '男')
INSERT 销售人员(工号, 部门号, 姓名, 地址, 电话, 性别)
    VALUES (5, 3, '周运', '北京市魏公村','83695245', '男')
INSERT 销售人员(工号, 部门号, 姓名, 地址, 电话, 性别)
    VALUES (6, 4, '鹏迎夏', '北京市天坛','81265987', '女')
- -先向"客户信息"表中插入数据为查询做准备
DELETE 客户信息
INSERT 客户信息 (编号, 姓名, 地址, 电话)
    VALUES (1, '李红', '重庆电子学院','25152454')
INSERT 客户信息 (编号, 姓名, 地址, 电话)
    VALUES (2, '赵英', '上海大众','85475825')
INSERT 客户信息 (编号, 姓名, 地址, 电话)
    VALUES (3, '王兰', '重庆长安厂','95865241')
INSERT 客户信息 (编号, 姓名, 地址, 电话)
    VALUES (4, '李华', '深圳信息学院软件 4 班','3567288')
INSERT 客户信息 (编号, 姓名, 地址, 电话)
    VALUES (5, '任燕', '深圳信息学院软件 3 班','4567282')
INSERT 客户信息 (编号, 姓名, 地址, 电话)
    VALUES (6, '李晓娟', '北京机车厂','8596325')
- -先向"订单信息"表中插入数据为查询做准备
DELETE 订单信息
```

```
INSERT 订单信息 (订单号, 销售工号, 货品编码, 客户编号, 数量, 订货日期)
   VALUES (1, 1, 1, 1,20, '2008-05-05')
INSERT 订单信息 (订单号, 销售工号, 货品编码, 客户编号, 数量, 订货日期)
   VALUES (2, 2, 6, 2,10, '2008-02-15')
INSERT 订单信息 (订单号, 销售工号, 货品编码, 客户编号, 数量, 订货日期)
   VALUES (3, 3, 2, 4,10, '2007-11-14')
INSERT 订单信息 (订单号, 销售工号, 货品编码, 客户编号, 数量, 订货日期)
   VALUES (4, 2, 4, 3,5, '2007-12-26')
INSERT 订单信息 (订单号, 销售工号, 货品编码, 客户编号, 数量, 订货日期)
   VALUES (5, 4, 5, 6,2, '2008-01-08')
INSERT 订单信息 (订单号, 销售工号, 货品编码, 客户编号, 数量, 订货日期)
   VALUES (6, 5, 3, 5,2, '2008-02-08')
GO
```

5.1　简单 SELECT 语句

SELECT 语句按指定的条件从数据表或视图中查询数据，它的语法结构包含如下的常用子句：SELECT 子句、FROM 子句、WHERE 子句、GROUP BY 子句、HAVING 子句、ORDER BY 子句，还有一些其他的关键字。对于了解英语的人书写 SELECT 语句并不困难，例如，由"销售人员"表中查询出所有男士的姓名和电话，用下列的 SELECT 语句。

```
SELECT 姓名, 电话 FROM 销售人员 WHERE 性别='男'
```

5.1.1　SELECT 语句的语法格式

SELECT 语句的基本语法格式如下。

```
SELECT 列名的列表
    [INTO 新表名]
    [FROM 表名与视图名列表]
    [WHERE 条件表达式]
    [GROUP BY 列名的列表]
    [HAVING 条件表达式]
    [ORDER BY 列名1[ASC|DESC], 列名2[ASC|DESC], ... 列名n[ASC|DESC]]
```

这里，SELECT 子句用于指定查询的输出字段；INTO 子句用于将查询到的结果数据按照原来的数据类型保存到一个新建的表中；FROM 子句用于指定要查询的表或列，即数据的来源；WHERE 子句用于指定记录的查询条件；ORDER BY 子句用于将查询到的结果按指定的列排序；GROUP BY 子句用于按指定的列进行分组，即列值相同的分为一组；HAVING 子句用于指定对分组记录的过滤条件。

5.1.2　基本的 SELECT 语句

SELECT 语句的基本形式如下。

```
SELECT 选取的列
FROM 表的列表
WHERE 查询条件
```

简单地可以说明为，按照指定的条件由指定的表中查询出指定的字段。SELECT 子句指定要查询的数据字段；FROM 子句包含提供数据的表或视图的名称。当选择列表中含有列名时，每一个 SELECT 子句必须有一个 FROM 子句；WHERE 子句给出查询的条件。

例 5-2　查询 marketing 数据库的"销售人员"表，列出表中的所有记录并给出每个记录的所有字段内容。

要返回所有字段的内容可以使用关键字"*"，在查询设计器中输入如下 SQL 语句。

```
SELECT * FROM 销售人员
```

运行结果如图 5-1 所示。

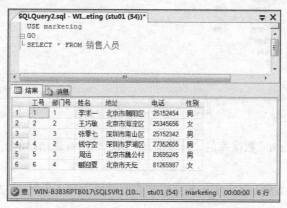

图 5-1　应用"*"的简单查询

例 5-3　查询 marketing 数据库的"销售人员"表，列出表中的所有记录，给出销售人员的姓名和电话。

要从表中选择部分列作为查询的输出字段，则要在 SELECT 子句中给出所选字段的一个列表，各字段之间用逗号隔开，字段的顺序可以根据需要任意指定。SQL 语句如下。

```
SELECT 姓名, 电话 FROM 销售人员
```

例 5-4　查询 marketing 数据库的"货品信息"表，列出表中的所有记录，每个记录包含货品的编码、货品名称和库存量，显示的字段名分别为货品编码、货品名称和货品库存量。

和上例一样，在 SELECT 子句中给出所选字段的一个列表，但是，与上例不同的是，各字段显示时的名称有些变化，不是原来的字段名，而是新的别名。对这样的问题有如下的 SQL 语句。

```
SELECT 编码 AS 货品编码, 名称 AS 货品名称, 库存量 AS 货品库存量
       FROM 货品信息
```

或

```
SELECT 货品编码 = 编码, 货品名称 = 名称, 货品库存量 = 库存量
       FROM 货品信息
```

运行结果如图 5-2 所示。

例 5-5　查询 marketing 数据库的"订单信息"表，列出表中的所有记录，每个记录包含货品编码和数量，同时要求货品编码不重复。

和上例一样，在 SELECT 子句中给出所选字段的一个列表，但是，与上例不同的是，选出的"货品编码"不能重复，使用 DISTINCT 关键字。对这样的问题有如下的 SQL 语句。

```
SELECT DISTINCT 货品编码 AS 货品, 数量 AS 订购量
       FROM 订单信息
```

用 SELECT 子句选取的输出字段列表前面使用 TOP *n* 子句，则在查询结果中输出前面的 *n* 条记录；如果在字段列表前面使用 TOP *n* PERCENT 子句，则在查询结果中输出前面占结果记录

总数的 *n*%条记录。注意：TOP 子句不能和 DISTINCT 关键字同时使用。

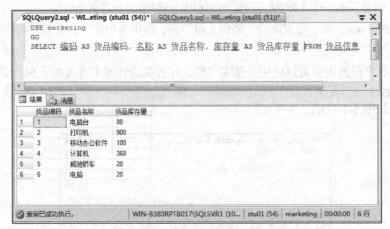

图 5-2　对选出的列设置别名

例 5-6　查询 marketing 数据库的"订单信息"表，给出查询结果的前 3 条记录，每个记录包含货品编码和数量。

在上例的基础上，在 SELECT 子句的字段列表前增加 TOP 3 子句，并去掉 DISTINCT 关键字，有如下的 SQL 语句。

```
SELECT TOP 3 货品编码 AS 货品，数量 AS 订购量
      FROM 订单信息
```

如果要求显示查询结果的前 30%个记录，则语句如下。

```
SELECT TOP 30 PERCENT 货品编码 AS 货品，数量 AS 订购量
      FROM 订单信息
```

FROM 子句指定用来查询数据的数据源，可以是一个表，也可以是视图、派生表或多个表的连接。当 FROM 指定的数据源中包含列名相同的字段时，要在列名前加上数据源的限定。例如，如果在"订单信息"表和"客户信息"表中都有"客户编号"字段，则在使用该字段时要书写为："订单信息. 客户编号"和"客户信息. 客户编号"。

5.1.3　使用 INTO 子句

使用 INTO 子句允许用户定义一个新表，并且把 SELECT 子句的数据插入到新表中，其语法格式如下。

```
SELECT 选取的列
  INTO 新表名
  FROM 表的列表
  WHERE 查询条件
```

例 5-7　将"客户信息"表中深圳地区的客户信息插入到"深圳客户"表中。

查找深圳地区的客户，查询条件为"地址 LIKE '深圳%'"，在查询设计器中运行如下命令。

```
SELECT * INTO 深圳客户
    FROM 客户信息 WHERE 地址 LIKE '深圳%'
```

使用 SELECT INTO 插入数据时，应注意以下几点。

（1）新表不能不存在，否则会产生错误信息。

（2）新表中的列和行是基于查询结果集的。

（3）使用该子句必须在目的数据库中具有 CREATE TABLE 权限。

（4）如果新表名称的开头为"#"，则生成的是临时表。

使用 INTO 子句，通过在 WHERE 子句中包含 FALSE 条件，可以创建一个和源表结构相同的空表。

例 5-8 创建和"客户信息"表结构相同的"上海客户"表，该表无记录。

只是获得一个空的表结构，则查询条件为必须为 FALSE，如 2=1，有如下的 SQL 语句。

```
SELECT * INTO 上海客户
    FROM 客户信息 WHERE 2=1
```

5.1.4 使用 WHERE 子句

WHERE 子句确定了查询的条件，表 5-1 给出了组成查询条件表达式的运算符。

表 5-1　　　　　　　　　　查询条件表达式的运算符

运算符分类	运　算　符	说　　明
比较运算符	>、>=、=、<、<=、<>、!=、!>、!<	比较大小（!>、!< 表示不大于和不小于）
范围运算符	BETWEEN…AND、NOT BETWEEN…AND	判断列值是否在指定的范围内
列表运算符	IN、NOT IN	判断列值是否是列表中的指定值
模糊匹配符	LIKE、NOT LIKE	判断列值是否与指定的字符通配格式相符
空值判断符	IS NULL、NOT NULL	判断列值是否为空
逻辑运算符	AND、OR、NOT	用于多个条件的逻辑连接

下面通过例子，对各种运算符在 WHERE 子句中的使用方法分别进行说明。

1．比较运算符

例 5-9 由"订单信息"表中找出订货量大于等于 10 的订单信息。

订货量大于等于 10 则查询条件为："数量"列值>=10，有如下的 SQL 语句。

```
SELECT * FROM 订单信息 WHERE 数量 >= 10
```

2．范围运算符

例 5-10 由"订单信息"表中找出订货时间是 2008 年的订单。

订货时间是 2008 年则查询条件为：订货日期 BETWEEN '2008/01/01' AND '2008/12/31'，当然也可以用比较运算符来实现该查询。请注意日期的书写格式。有如下的 SQL 语句。

```
SELECT * FROM 订单信息
    WHERE 订货日期 BETWEEN '2008/01/01' AND '2008/12/31'
－－ -也可以写为
SELECT * FROM 订单信息
    WHERE 订货日期 >= '2008/01/01' AND 订货日期 <= '2008/12/31'
GO
```

NOT BETWEEN…AND 与 BETWEEN…AND 正好相反，用于搜索不在指定范围内的数据。

3．列表运算符

例 5-11 由"销售人员"表中找出下列人员的信息：周运，张零七，李求一。

给定了人员姓名的列表则查询条件为：姓名 IN（'周运', '张零七', '李求一'），有如下的 SQL 语句。

```
SELECT * FROM 销售人员
    WHERE 姓名 IN ('周运','张零七','李求一')
- -如果查询所有不再列表中的销售人员可以使用下面的语句
SELECT * FROM 销售人员
    WHERE 姓名 NOT IN ('周运','张零七','李求一')
```

4．模糊匹配运算符

例 5-12 由"客户信息"表中找出所有深圳区域的客户信息。

深圳区域的客户其地址一定是以"深圳"开头的，则查询条件为：地址 LIKE'深圳%'，有如下的 SQL 语句。

```
SELECT * FROM 客户信息
    WHERE 地址 LIKE '深圳%'
- -如果查询所有非深圳区域的客户信息可以使用下面的语句
SELECT * FROM 客户信息
    WHERE 地址 NOT LIKE '深圳%'
```

在条件表达式中的"通配符"包括下列 4 种。

（1）%。百分号，匹配包含 0 个或多个字符的字符串。

（2）_。下划线，匹配任何单个的字符。

（3）[ ]。排列通配符，匹配任何在范围或集合中的单个字符，例如[m-p]匹配的是 m、n、o、p 单个字符。

（4）[^]。不在范围之内的字符，匹配任何不在范围或集合之内的单个字符，例如[^mnop]或[^m-p]匹配的是除了 m、n、o、p 之外的任何字符。

通配符和字符串必须括在单引号中。例如，LIKE 'D%' 匹配以字母 D 开始的字符串；LIKE '%公司' 匹配的是以"公司"两字结尾的字符串；LIKE '_宝%' 匹配的是第 2 个字为"宝"的字符串。

LIKE '[ck]ars[eo]n' 表示匹配 carsen、carson 或 karsen、karson 中的任一个字符串；LIKE 'm[^c]%' 匹配所有以字母 m 开始、并且第 2 个字母不是 c 的所有的字符串。

要查找通配符本身时，需将它们用方括号括起来。例如，LIKE '[[]' 表示要匹配"["；LIKE '5[%]' 表示要匹配"5%"。

5．空值运算符

例 5-13 由"订单信息"表中找出所有交货日期为空的订单。

由于交货日期为空，则查询条件为：交货日期 IS NULL，有如下的 SQL 语句。

```
SELECT * FROM 订单信息
    WHERE 交货日期 IS NULL
- -如果查找交货日期不为空的订单则使用下面的语句
SELECT * FROM 订单信息
    WHERE 交货日期 IS NOT NULL
```

6．逻辑运算符

一个查询条件有时是多个简单条件的组合，逻辑运算符能够连接多个简单条件，构成一个复杂的查询条件。逻辑运算符包括：AND（逻辑与）、OR（逻辑或）、NOT（逻辑非）。

（1）AND。连接两个条件，如果两个条件都成立，则组合起来后的条件成立。

（2）OR。连接两个条件，如果两个条件中任何一个成立，则组合起来后的条件成立。

（3）NOT。对给定条件的结果取反。

例 5-14 由"订单信息"表中找出订货量在 10 和 20 之间的订单信息。

订货数量在 10 到 20 之间的数据，则查询条件为：数量 >= 10 AND 数量 <= 20，有如下的 SQL 语句。

```
SELECT * FROM 订单信息
    WHERE 数量 >= 10 AND 数量 <= 20
- -如果是相反的范围则使用如下的语句
SELECT * FROM 订单信息
    WHERE NOT(数量 >= 10 AND 数量 <= 20)
```

5.1.5　使用 ORDER BY 子句

在查询结果集中，记录的顺序是按它们在表中的顺序进行排列的，可以使用 ORDER BY 子句对查询结果重新进行排序，可以规定升序（从低到高或从小到大）或降序（从高到低或从大到小），方法是使用关键字 ASC（升序）或 DESC（降序）。如果省略 ASC 或 DESC，系统则默认为升序。可以在 ORDER BY 子句中指定多个列，检索结果首先按第 1 列进行排序，第 1 列值相同的那些数据行，再按照第 2 列排序，依次类推。ORDER BY 子句要写在 WHERE 子句的后面。

例 5-15　查询货品信息，要求检索结果按照销售价格的升序排列。

升序排列可以使用 ASC 关键字或省略，在查询设计器中运行如下命令。

```
SELECT * FROM 货品信息 ORDER BY 售价
- -如果是相反的排序使用如下的语句
SELECT * FROM 货品信息 ORDER BY 售价 DESC
```

运行结果如图 5-3 所示。

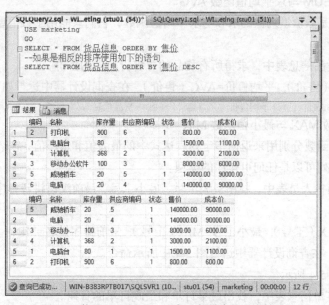

图 5-3　使用 ORDER BY 子句重新排序的查询结果

5.2　SELECT 语句的统计功能

SELECT 语句中的统计功能对查询结果集进行求和、求平均值、求最大最小值等操作。统计的方法是通过集合函数和 GROUP BY 子句、COMPUTE 子句进行组合来实现的。

5.2.1　使用集合函数

集合函数是在查询结果记录的列集上进行各种统计运算，运算的结果形成一条汇总记录。在进行这种统计运算时，SELECT 子句的字段列表中不能有列名，只能有集合函数。表 5-2 列出了这些集合函数及其功能。

表 5-2　　　　　　　　　　　　　SQL Server 2008 常见集合函数及其功能

集 合 函 数	功　　　能
SUM([ALL|DISTINCT] 列表达式)	计算一组数据的和
MIN([ALL|DISTINCT] 列表达式)	给出一组数据的最小值
MAX([ALL|DISTINCT] 列表达式)	给出一组数据的最大值
COUNT({[ALL|DISTINCT] 列表达式}|*)	计算总行数。COUNT（*）返回行数，包括含有空值的行，不能与 DISTINCT 一起使用
CHECKSUM(*|列表达式[,...n])	对一组数值的和进行校验，可探测表的变化
BINARY_CHECKSUM(*|列表达式[,...n])	对二进制的和进行校验，可以探测行的变化
AVG([ALL|DISTINCT] 列表达式)	计算一组值的平均值

ALL 为默认选项，指计算所有的值；DICTINCT 则去掉重复值；列表达式是指含有列名的表达式。下面将重点介绍几个常用的集合函数。

1．求和函数 SUM 与求平均值函数 AVG

SUM 和 AVG 是数值型列值的求和与求平均值函数，它们只能用于数值型字段，而且忽略列值为 NULL 的记录。

例 5-16　由货品信息表中，求得所有货品的总售价与平均售价。

总售价=SUM（售价），平均售价=AVG（售价），在查询设计器中运行如下命令。

```
SELECT 总售价=SUM(售价), 平均售价=AVG(售价) FROM 货品信息
```

2．最大值函数 MAX 与最小值函数 MIN

MAX 和 MIN 函数分别用来返回指定列表达式中的最大值和最小值，忽略列值为 NULL 的记录，列表达式中的列可以是任何可排序的类型。

例 5-17　由销售人员表中，找出最大工号、最小工号、最前汉语拼音排序和最后汉语拼音排序的姓名。

最大工号=MAX（工号），最小工号=MIN（工号），最前排序姓名=MIN（姓名），最后排序姓名=MAX（姓名），在查询设计器中运行图 5-4 中所示命令。

运行结果如图 5-4 所示。

例 5-18　由订单信息表中，找出最早订单和最晚订单的日期。

最早订单=MIN（订货日期），最晚订单=MAX（订货日期）。在查询设计器中运行如下命令。

```
SELECT 最早订单=MIN(订货日期), 最晚订单=MAX(订货日期) FROM 订单信息
```

3．计数函数 COUNT

COUNT 函数用于统计查询结果集中记录的个数，语法上，"*"用于统计所有记录的个数，

ALL 用于统计指定列的列值非空的记录个数，DISTINCT 用于统计指定列的列值非空且不重复的记录个数。默认值为 ALL。

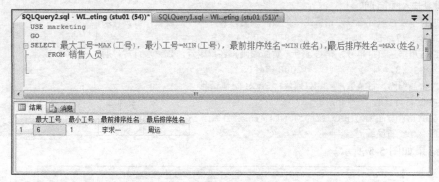

图 5-4　最大最小值函数的应用

例 5-19　由货品信息表中，找出有售价的货品个数、有成本价的货品个数。

有售价个数=COUNT（ALL 售价），有成本价个数=COUNT（ALL 成本）。在查询设计器中运行如下命令。

```
- -这里先插入一个没有成本价的货品"激光打印机墨盒"
INSERT 货品信息 (编码, 名称, 库存量, 供应商编码, 状态, 售价)
    VALUES (07, '激光打印机墨盒',1000,04,1,800)
SELECT 有售价个数=COUNT(ALL 售价), 有成本价个数=COUNT(ALL 成本价)
    FROM 货品信息
```

5.2.2　使用 GROUP BY 子句

前面进行的统计都是针对整个查询结果集的，通常也会要求按照一定的条件对数据进行分组统计，例如，在订单中进行每种货品订货数量的统计，就属于这样的统计。

GROUP BY 子句就能够实现这种统计，它按照指定的列，对查询结果进行分组统计，该子句写在 WHERE 子句的后面。注意：SELECT 子句中的选择列表中出现的列，或者包含在集合函数中，或者包含在 GROUP BY 子句中，否则，SQL Server 2008 将返回错误信息。语法格式如下。

```
GROUP BY 列名[HAVING 条件表达式]
"HAVING 条件表达式"选项是对生成的组进行筛选。
```

例 5-20　对订单信息表，按照货品编码进行分组统计，即求出每种货品的销售数量，统计的结果按照货品编码进行排序。

统计的结果显然是一个货品一行记录。在查询设计器中运行如下命令。

```
SELECT 货品编码, 订货数量=SUM(数量) FROM 订单信息
    GROUP BY 货品编码 ORDER BY 货品编码
```

例 5-21　求出 2008 年以来每种货品的销售数量，统计的结果按照货品编码进行排序。

在上一例子的基础上还要加上"订货日期 >= '2008/01/01'"的查询条件。在查询设计器中运行如下命令。

```
SELECT 货品编码, 订货数量=SUM(数量) FROM 订单信息
    WHERE 订货日期 >= '2008/01/01' GROUP BY 货品编码 ORDER BY 货品编码
```

例 5-22　求出 2008 年以来，有两个订单以上货品的每种货品的销售数量，统计的结果按照货品编码进行排序。

在上一例子的基础上还要对分组以后的记录进行筛选，这里的筛选条件是，该货品至少要有两个订单，则组内的过滤条件为"HAVING COUNT（货品编码）> 1"。在查询设计器中运行如下命令。

```
- -为此新加入两个订单
INSERT 订单信息 (订单号, 销售工号, 货品编码, 客户编号, 数量, 订货日期)
    VALUES (7, 3, 2, 5,5, '2008-03-05')
INSERT 订单信息 (订单号, 销售工号, 货品编码, 客户编号, 数量, 订货日期)
    VALUES (8, 3, 1, 2,10, '2008-04-05')
SELECT 货品编码, 订货数量=SUM(数量) FROM 订单信息
    WHERE 订货日期 >= '2008/01/01'                  - -记录筛选
    GROUP BY 货品编码 HAVING COUNT(货品编码)>1    - -组内记录筛选
    ORDER BY 货品编码
```

运行结果如图 5-5 所示。

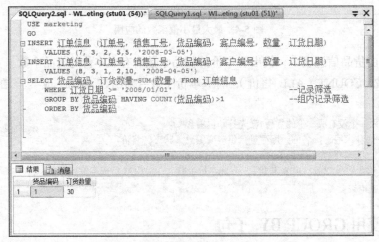

图 5-5　带记录筛选和组内记录筛选的分组统计

注意　WHERE 子句是对表中的记录进行筛选，而 HAVING 子句是对组内的记录进行筛选。在 HAVING 子句中可以使用集合函数，并且其统计运算的集合是组内的所有列值，而 WHERE 子句中不能使用集合函数。

5.2.3　使用 COMPUTE BY 子句

如果既需要统计数据又需要统计的明细，该如何处理？例如，按货品编号分组统计并且要看到被统计的各记录明细。这就需要使用 COMPUTE BY 子句，它对 BY 后面给出的列进行分组显示，并计算该列的分组小计。使用 COMPUTE BY 子句时必须使用 ORDER BY 对 COMPUTE BY 中指定的列进行排序。语法格式如下。

```
COMPUTE 集合函数 [BY 列名]
```

例 5-23　求出 2008 年以来，每种货品的销售数量，统计的结果按照货品编码进行排序，并显示统计的明细。

先按照货品编码进行排序分组，然后进行集合运算，有如下的 SQL 语句。

```
SELECT * FROM 订单信息 WHERE 订货日期 >= '2008/01/01'
    ORDER BY 货品编码
    COMPUTE  SUM(数量) BY 货品编码
```

运行结果如图 5-6 所示。

COMPUTE 子句中集合函数的列名一定要出现在 SELECT 子句的选择列表中，否则 SQL Server 2008 报错。

图 5-6 带统计记录明细的分组统计

5.3 SELECT 语句中的多表连接

查询语句通常都要通过 FROM 子句指定查询数据的来源，除非 SELECT 子句中只包含常量、变量和算术表达式，而不含有任何列名。在实际应用中，数据查询往往会涉及多个表，这就需要将多个表连接起来进行查询。这种连接分为交叉连接、内连接、外连接和自连接 4 种。

为了说明多表连接，这里建立"销售名单"和"销售业绩"两个表并添加数据，这个过程作为对前面内容的复习形成下面的例子。

例 5-24 生成多表连接所要使用的"销售名单"表和"销售业绩"表并添加数据。

"销售名单"表及其内容由"销售人员"表产生，"销售业绩"表单独构成。在查询设计器中运行如下的语句。

```
SELECT 工号, 姓名 INTO 销售名单 FROM 销售人员      --生成"销售名单"表和内容
CREATE TABLE 销售业绩                            --生成"销售业绩"表结构
    (工号 INT NOT NULL PRIMARY KEY,
    销售额 MONEY)
ALTER TABLE 销售名单
    ADD PRIMARY KEY (工号)                       --增加主键约束
--向"销售业绩"表中添加数据
```

```
INSERT 销售业绩 (工号, 销售额) VALUES (1, 50000)
INSERT 销售业绩 (工号, 销售额) VALUES (2, 150000)
INSERT 销售业绩 (工号, 销售额) VALUES (3, 350000)
INSERT 销售业绩 (工号, 销售额) VALUES (6, 650000)
INSERT 销售业绩 (工号, 销售额) VALUES (7, 850000)
```

得到的表结构和数据如图 5-7 所示。

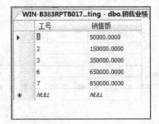

图 5-7　连接要使用的表和数据

5.3.1　交叉连接

交叉连接就是将连接的两个表的所有行进行组合，也就是将第一个表的所有行分别与第二个表的每行形成一条新的记录，连接后该结果集的行数等于两个表的行数积，列数等于两个表的列数和。交叉连接有以下两种语法格式。

```
SELECT 列名列表 FROM 表名1 CROSS JOIN 表名2
```

或者

```
SELECT 列名列表 FROM 表名1, 表名2
```

交叉连接的结果是两个表的笛卡儿积。交叉连接在实际应用中一般是没有意义的，但在数据库的数学模式上有重要的作用。

例 5-25　对新建的"销售名单"表和"销售业绩"表进行交叉连接，观察连接后的结果。

图 5-8 所示为两个表交叉连接的示意图，两个表之间没有具体的关系，而是进行枚举性的对应也就是笛卡儿积。图 5-9 所示为交叉连接的部分查询结果记录，最终记录的行数为两个表记录行数的乘积 30 行。SQL 语句如下。

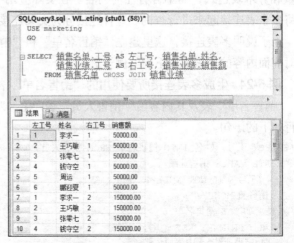

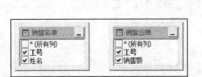

图 5-8　交叉连接的示意图　　　　图 5-9　交叉连接的部分查询结果

```
SELECT 销售名单.工号 AS 左工号, 销售名单.姓名,
      销售业绩.工号 AS 右工号, 销售业绩.销售额
   FROM 销售名单 CROSS JOIN 销售业绩
```

5.3.2　内连接

内连接是只包含满足连接条件的数据行，是将交叉连接结果集按照连接条件进行过滤的结果，也称自然连接。连接条件通常采用"主键=外键"的形式。内连接有以下两种语法格式。

```
SELECT 列名列表 FROM 表名 1 [INNER] JOIN 表名 2 ON 表名 1.列名=表名 2.列名
```
或
```
SELECT 列名列表 FROM 表名 1, 表名 2 WHERE 表名 1.列名=表名 2.列名
```

在上述格式中，如果 SELECT 子句中有同名列，则必须用"表名.列名"来表示，若表名太长可以给表名定义一个简短的别名，便于书写。如下的方式。

```
SELECT 列名列表 FROM 表名 1 AS A [INNER] JOIN 表名 2 AS B ON A.列名=B.列名
```

在 SELECT 子句的"列名列表"中对于相同列名的都可以用"A"或"B"的别名进行限定。见下面例子中的具体应用。关键字 INNER 可以省略。

例 5-26　由"销售名单"表和"销售业绩"表得到有名单并且登记了业绩的每个销售的销售业绩。

这种连接是将"销售名单"表中的"工号"字段与"销售业绩"表中的"工号"字段，在相等的条件下进行连接，结果得到每个销售的姓名和业绩表，这就是两个表的内连接。图 5-10 所示为两个表内连接的示意图，图 5-11 所示为内连接的查询结果。

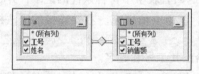

图 5-10　两个表内连接的示意图　　　　图 5-11　内连接的查询结果

实现内连接的 SQL 语句如下。

```
SELECT a.工号 AS 左工号, a.姓名, b.工号 AS 右工号, b.销售额
   FROM 销售名单 AS a INNER JOIN 销售业绩 AS b ON a.工号 = b.工号
```
或写为：
```
SELECT a.工号 AS 左工号, a.姓名, b.工号 AS 右工号, b.销售额
   FROM 销售名单 AS a, 销售业绩 AS b WHERE a.工号 = b.工号
```

和原来两个表中的内容进行比较会发现，内连接只选取了两个表中"工号"值相等的记录，它是连接中最常用和实用的一种连接。

5.3.3　外连接

例 5-27　给出了有名单也有业绩的销售人员业绩，如果要求对有名单的销售人员不论其销售业绩是否登录，即不管销售业绩是否为空都列出来则必须使用这里的外连接，更具体地讲是左外连接。

外连接根据连接时保留表中记录的侧重不同分为"左外连接"、"右外连接"和"全外连接"。

1．左外连接

将左表中的所有记录分别与右表中的每条记录进行组合，结果集中除返回内部连接的记录以外，还在查询结果中返回左表中不符合条件的记录，并在右表的相应列中填上 NULL，由于 bit 类型不允许为 NULL，就以 0 值填充。左外连接的语法格式如下。

```
SELECT 列名列表 FROM 表名 1 AS A LEFT [OUTER] JOIN 表名 2 AS B ON A.列名=B.列名
```

例 5-28 列出所有销售的名单并对已有销售额的销售人员给出其销售额。

这种要求就是典型的以"销售名单"表为左表，"销售业绩"表为右表的左外连接，连接条件为：销售名单.工号 = 销售业绩.工号。图 5-12 所示为两个表左外连接的示意图，图 5-13 所示为左外连接的查询结果。

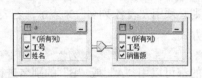

	左工号	姓名	右工号	销售额
1	1	李求一	1	50000.00
2	2	王巧敏	2	150000.00
3	3	张零七	3	350000.00
4	4	钱守空	NULL	NULL
5	5	周运	NULL	NULL
6	6	鹏迎夏	6	650000.00

图 5-12　两个表左外连接的示意图　　　　图 5-13　左外连接的查询结果

实现左外连接的 SQL 语句如下。

```
SELECT a.工号 AS 左工号, a.姓名, b.工号 AS 右工号, b.销售额
    FROM 销售名单 AS a LEFT JOIN 销售业绩 AS b ON a.工号 = b.工号
```

2．右外连接

和左外连接类似，右外连接是将左表中的所有记录分别与右表中的每条记录进行组合，结果集中除返回内部连接的记录以外，还在查询结果中返回右表中不符合条件的记录，并在左表的相应列中填上 NULL，由于 bit 类型不允许为 NULL，就以 0 值填充。右外连接的语法格式如下。

```
SELECT 列名列表 FROM 表名 1 AS A RIGHT [OUTER] JOIN 表名 2 AS B ON A.列名=B.列名
```

例 5-29 列出所有销售额并对有销售人员的给出其工号和姓名。

这种要求就是典型的以"销售名单"表为左表，"销售业绩"表为右表的右外连接，连接条件为：销售名单.工号 =销售业绩.工号。图 5-14 所示为两个表右外连接的示意图，图 5-15 所示为右外连接的查询结果。

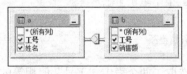

	左工号	姓名	右工号	销售额
1	1	李求一	1	50000.00
2	2	王巧敏	2	150000.00
3	3	张零七	3	350000.00
4	6	鹏迎夏	6	650000.00
5	NULL	NULL	7	850000.00

图 5-14　两个表右外连接的示意图　　　　图 5-15　右外连接的查询结果

实现右外连接的 SQL 语句如下。

```
SELECT a.工号 AS 左工号, a.姓名, b.工号 AS 右工号, b.销售额
    FROM 销售名单 AS a RIGHT JOIN 销售业绩 AS b ON a.工号 = b.工号
```

3．全外连接

全外连接是将左表中的所有记录分别与右表中的每条记录进行组合，结果集中除返回内部连接的记录以外，还在查询结果中返回两个表中不符合条件的记录，并在左表或右表的相应列中填上 NULL，bit 类型以 0 值填充。全外连接的语法格式如下。

```
SELECT 列名列表 FROM 表名 1 AS A FULL [OUTER] JOIN 表名 2 AS B ON A.列名=B.列名
```

例 5-30　列出所有销售人员名单和所有的销售额，销售额与销售人员能对应的则对应给出，无对应的则在对应的列值填充 NULL。

这种要求就是典型的以"销售名单"表为左表，"销售业绩"表为右表的全外连接，连接条件为：销售名单.工号 = 销售业绩.工号。图 5-16 所示为两个表全外连接的示意图，图 5-17 所示为全外连接的查询结果。

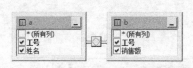

	左工号	姓名	右工号	销售额
1	1	李求一	1	50000.00
2	2	王巧敏	2	150000.00
3	3	张雯七	3	350000.00
4	4	钱守空	NULL	NULL
5	5	周运	NULL	NULL
6	6	鹏迎夏	6	650000.00
7	NULL	NULL	7	850000.00

图 5-16　两个表全外连接的示意图　　　　图 5-17　全外连接的查询结果

实现全外连接的 SQL 语句如下。

```
SELECT a.工号 AS 左工号, a.姓名, b.工号 AS 右工号, b.销售额
    FROM 销售名单 AS a FULL JOIN 销售业绩 AS b ON a.工号 = b.工号
```

例 5-31　给出"货品信息"表中货品的销售情况，所谓销售情况就是给出每个货品的销售数量、订货日期或没有销售。可见对于没有销售的货品也要列出。

这是一个综合的应用，首先要得到货品销售和没有销售的查询，它是以"货品信息"表为左表，"订单信息"为右表的左外连接，连接条件为：货品信息.编码 = 订单信息.货品编码。然后，给出每个货品的销售总数量，需要以货品编码分组进行统计。图 5-18 所示为查询统计的结果。SQL 语句如下。

```
SELECT a.编码, a.名称, a.库存量, b.数量 AS 订货数量, b.订货日期
    FROM 货品信息 AS a LEFT JOIN 订单信息 AS b ON a.编码 = b.货品编码
    ORDER BY 编码 COMPUTE SUM(数量) BY 编码 - -求出每个货品的订货总数量
```

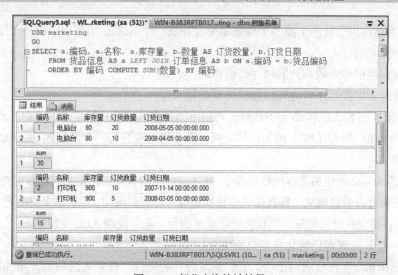

图 5-18　部分查询统计结果

5.3.4　自连接

自连接就是一个表的两个副本之间的内连接。表名在 FROM 子句中出现两次，必须对表指

定不同的别名，在 SELECT 子句中引用的列名也要使用表的别名进行限定。

例 5-32 由订单信息表和其他表给出订购多个货品的客户信息。

这里"订单信息"表的自连接，通过连接条件 a.客户编号=b.客户编号进行连接，同时因为只给出订购多个货品的客户信息，所以还要选择货品编码不同的记录，客户信息表也要连接上。有如下的 SQL 语句，图 5-19 所示为查询的结果。

```
SELECT DISTINCT a.客户编号，c.姓名，c.电话，c.地址
    FROM 订单信息 a JOIN 订单信息 b ON a.客户编号=b.客户编号
        JOIN 客户信息 c ON a.客户编号=c.编号
    WHERE a.货品编码<>b.货品编码
    ORDER BY a.客户编号
```

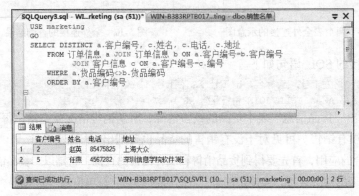

图 5-19 订购多个货品的客户信息

5.3.5 合并结果集

UNION 运算符用于将两个或多个检索结果合并成一个结果，当使用 UNION 时，需遵循以下两个规则。

（1）所有查询中的列数和列的顺序必须相同。

（2）所有查询中按顺序对应列的数据类型必须兼容。

加入 UNION 的 SELECT 语句中列举的列以下面的方式对应：第 1 个 SELECT 语句的第 1 列将对应在每一个随后的 SELECT 语句的第 1 列，第 2 列对应在每一个随后的 SELECT 语句的第 2 列，依次类推。

另外，对应的列必须使用兼容的数据类型，意味着两个对应列必须是相同的数据类型，或者 SQL Server 2008 必须可以明确地从一种数据类型转换到另一种数据类型。最后结果集的列名来自第 1 个 SELECT 语句；在合并结果集时，默认将删除重复的行，除非使用 ALL 关键字。

例 5-33 合并深圳客户与北京客户的信息。

深圳客户和北京客户分属两个表，它们满足合并的条件，合并查询的 SQL 语句如下。

```
- -选出北京客户的信息
SELECT * INTO 北京客户 FROM 客户信息 WHERE 地址 LIKE '北京%'
- -和深圳客户合并
SELECT * FROM 深圳客户
    UNION
    SELECT * FROM 北京客户
```

5.4　子查询

在 SQL 语言中，当一个查询语句嵌套在另一个查询的查询条件之中时，称为子查询。子查询总是写在圆括号中，可以用在使用表达式的任何地方。使用子查询可以实现一些比较复杂的查询。子查询有几种表现形式，分别用于比较测试、集合成员测试、存在性测试、批量比较测试中。

5.4.1　比较测试中的子查询

比较测试中的子查询是指父查询与子查询之间用比较运算符进行连接。但是用户必须确切地知道子查询返回的是一个单值，否则数据库服务器将报错。

例 5-34　由订单信息表中，找出最早订单和最晚订单，并按早晚进行排序。

最早订单=MIN（订货日期），最晚订单=MAX（订货日期），则查询条件为：订货日期=MIN（订货日期）OR 订货日期=MAX（订货日期），由于集合函数不能直接用于查询条件，可以采用分两步执行的批处理方式或子查询方式，这里使用的是子查询方式。在查询设计器中运行如下命令。

```
SELECT * FROM 订单信息
    WHERE 订货日期=(SELECT MIN(订货日期) FROM 订单信息)
    OR 订货日期=(SELECT MAX(订货日期) FROM 订单信息)
    ORDER BY 订货日期
```

5.4.2　集合成员测试中的子查询

集合成员测试中的子查询是指父查询与子查询之间用 IN 或 NOT IN 进行连接，判断某个属性列值是否在子查询的结果中，通常子查询的结果是一个集合。

例 5-35　找出订货数量大于 10 的货品信息。

由订单信息表中得到订货数量大于 10 的货品编码，即

```
SELECT 货品编码 FROM 订单信息 as a WHERE
(SELECT SUM(数量) FROM 订单信息 as b WHERE a.货品编码=b.货品编码)>10
```

再按照这里选出的货品编码，由货品信息表中选出这些货品的信息，有如下的 SQL 语句。

```
SELECT * FROM 货品信息 WHERE 编码 IN
(SELECT 货品编码 FROM 订单信息 as a WHERE
(SELECT SUM(数量) FROM 订单信息 as b WHERE a.货品编码=b.货品编码)>10)
```

5.4.3　存在性测试中的子查询

存在性测试中的子查询只是检查子查询返回的结果集是否为空，使用的关键字为 EXISTS 或 NOT EXISTS，它产生逻辑真值 "TRUE" 或假值 "FALSE"。例如，如果使用 "EXISTS" 进行测试，并且子查询返回的结果集不为空，则测试的结果为真值 "TRUE"。

例 5-36　找出有销售业绩的销售人员信息。

所谓有销售业绩也就是有订单。首先，由订单信息表中得到销售的工号，然后，再按照这些

工号，由销售信息表中得到他们的信息。SQL 语句如下。

```
SELECT * FROM 销售人员 AS a WHERE EXISTS
    (SELECT 工号 FROM 订单信息 AS b WHERE a.工号=b.销售工号)
```

5.4.4　批量比较测试中的子查询

批量比较测试中的子查询是与多值进行的比较，使用 ANY 或 ALL 关键字，同时使用比较运算符。

1．使用 ANY 关键字的比较测试

通过比较运算符将一个表达式的值或列值与子查询返回的一列值中的每一个进行比较，只要有一次比较的结果为 TRUE，则 ANY 测试返回 TRUE。

例 5-37　查询每种货品订货量大于最小一次订货量的订单信息。

大于最小一次订货量，也就是去掉该种货品订货量最小一次的订单。有如下的 SQL 语句。

```
- -订货量大于最小一次订货量的订单信息
SELECT * FROM 订单信息 AS a WHERE 数量> ANY
    (SELECT 数量 FROM 订单信息 AS b WHERE a.货品编码=b.货品编码)
```

2．使用 ALL 关键字的比较测试

通过比较运算符将一个表达式的值或列值与子查询返回的一列值中的每一个进行比较，只要有一次比较的结果为 FALSE，则 ALL 测试返回 FALSE。

例 5-38　查询每种货品订货量最大的订单信息。

选择每种货品订货量最大的订单。有如下的 SQL 语句。

```
- -每种货品订货量最大的一次订单信息
SELECT * FROM 订单信息 AS a WHERE 数量>= ALL
    (SELECT 数量 FROM 订单信息 AS b WHERE a.货品编码=b.货品编码)
```

5.4.5　使用子查询向表中添加多条记录

使用 INSERT…SELECT 语句可以一次向表中添加多条记录，语法格式如下。

```
INSERT 表名[(字段列表)]
    SELECT 字段列表 FROM 表名 WHERE 条件表达式
```

该语句将 SELECT 子句从一个或多个表或视图中选取的数据，一次性添加到目的表中，可一次添加多条记录，并且可以选择添加的列。但是要注意，SELECT 子句的列名列表必须与 INSERT 语句的列名列表的列数、列序、列的数据类型都要兼容；SELECT 子句不能用小括号括起。

例 5-39　在 SQL Server Management Studio 中，往"上海客户"表中添加客户信息，然后通过子查询语句将客户信息一次性添加到"客户信息"表中。

上海客户表是通过 SELECT…INTO 语句建立的一个空表，它的结构与"客户信息"表相同，所以数据是兼容的。有如下的 SQL 语句。

```
INSERT 客户信息 SELECT * FROM 上海客户
- -查看添加结果。
SELECT * FROM 客户信息
```

5.5　使用 SQL Server Management Studio 进行数据查询与维护

对表中数据的维护操作，可以在 SQL Server Management Studio 中的查询设计器下进行，如图 5-21 所示。

5.5.1　查询设计器简介

在查询设计器中可以进行表的插入、删除、修改和查询操作，下面分步骤进行说明。

（1）在对象资源管理器中展开"数据库"，选中要使用的数据库，如 marketing。

（2）展开该数据库中的"表"节点，选中要查看的表，例如"客户信息"表，单击鼠标右键，从弹出的菜单中选择"编辑前 200 行"命令，则打开查询设计器的结果窗口，如图 5-20 所示。

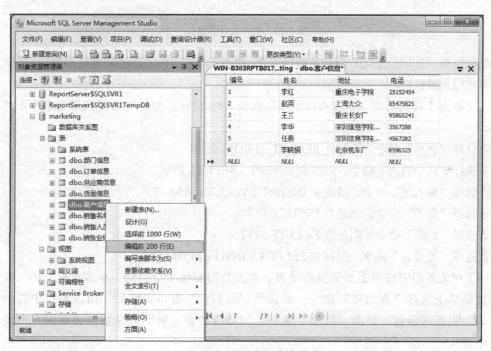

图 5-20　启动查询设计器

然后通过工具栏上的查询设计器 的 4 个窗格按钮显示和隐藏查询设计器的关系图窗格、网格窗格、语句窗格和结果窗格，如图 5-21 所示。

关系图窗格，用来选择要操作的表或视图，单击工具栏上的"显示/隐藏关系图窗格"按钮 可以显示或隐藏该窗口。

网格窗格，用来设置显示的列、查询条件、排序、分组，单击工具栏上的"显示/隐藏网格窗格"按钮 可以显示或隐藏该窗口。

SQL 语句窗格，用来输入和编辑查询语句，单击工具栏上的"显示/隐藏 SQL 窗格"按钮 可以显示或隐藏该窗口。

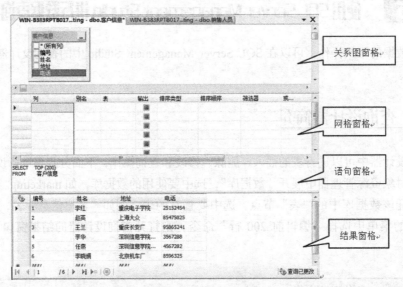

图 5-21　查询设计器窗口

结果窗格，用来显示 SQL 语句的执行结果，单击工具栏上的"显示/隐藏结果窗格"按钮可以显示或隐藏该窗口。

（3）单击工具栏上的"更改查询类型"按钮 更改类型(Y)▾，然后在快捷选单中选择下列命令之一。

若选择"选择"命令，则建立 SELECT...FROM 语句。

若选择"从中插入"命令，则建立 INSERT...SELECT 语句。

若选择"插入到"命令，则建立 INSERT...VALUES 语句。

若选择"更新"命令，则建立 UPDATE 语句。

若选择"删除"命令，则建立 DELETE 语句。

若选择"创建表"命令，则建立 SELECT...INTO...FROM 语句。

（4）在关系图窗格中添加要操作的表。在关系图窗格的空白处，单击鼠标右键，在弹出的快捷菜单中选择"添加表"命令，则弹出"添加表"窗口，然后，由该窗口中选中要操作的表、视图或函数，单击"添加"按钮，则相应的表、视图或函数被添加到查询设计器窗口中。

（5）选择要操作的列。在关系图窗格的表图中，选中列名前面的复选框，则在该框中出现"对号" ，则表示该列出现在结果集中。同样，也可以在网格窗格中，从"列"框中选择要操作的列名进行列选择。如果要定义别名、数据源、排序、查询条件等信息，则在网格窗的相应列上都可以完成，下一节将通过实例介绍。

（6）单击工具栏中的"运行"按钮 ，则查询结果显示在结果窗格中。

5.5.2　查询设计器的应用实例

例 5-40　由客户信息表中，给出深圳和上海的所有客户信息，显示顺序按照姓名的升序排序。

注意本例中显示所有列和查询条件的定义方法。

（1）由上一节所述的方法在"客户信息"表上进入查询设计器，得到如图 5-22 所示的界面。进入的默认选择中已经选出了当前表的所有列，当然，可以根据需要进行修改，这里保持不变。如果不需要所有的列，可以在网格窗格的"输出"栏中去掉相应的对号"√"，而在"列"栏中选择需要的列。

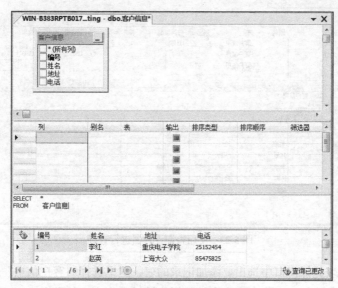

图 5-22　查询设计器界面

（2）在关系图窗格的表列复选框上，选中列名"姓名"和"地址"，在网格窗格中该两列名的"输出"栏中去掉输出选择的"对号"，因为前面已经用星号"*"选择了所有列的输出。如图 5-23 所示。

（3）在列名"姓名"行的"排序类型"栏中选择"升序"；在列名"地址"行的"筛选器"栏中添加条件表达式"LIKE '深圳%'"，在后面的"或"栏中添加另一条件表达式"LIKE '上海%'"，如图 5-23 所示。

（4）运行查询，则得到实例要求的输出，如图 5-23 所示。

例 5-41　将例 5-38 用查询设计器来实现。首先，由"客户信息"表中删除新添加的上海客户的信息，然后通过子查询语句将客户信息由"上海客户"表中一次性添加到"客户信息"表中。

分为删除和添加两大步骤，具体过程如下。

首先删除新添加的上海客户，其编号是大于 6 的。过程如下。

（1）和例 5-39 一样在"客户信息"表上进入查询设计器界面，如图 5-22 所示。

（2）单击工具栏上的"更改查询类型"按钮 更改类型(Y)▾，然后在快捷选单中选择"删除"命令。

（3）在网格窗格的"列"栏中选择"地址"列，在对应的"筛选器"栏中添加条件表达式"LIKE '上海%'"；选择"编号"列，在对应的"筛选器"栏中添加条件表达式">6"。

（4）运行该删除语句，如图 5-24 所示。

然后进行记录的添加。过程如下。

（1）在"上海客户"表上进入"查询设计器"。

（2）单击工具栏上的"更改查询类型"按钮 更改类型(Y)▾，然后在快捷选单中选择"从中插入"

命令。

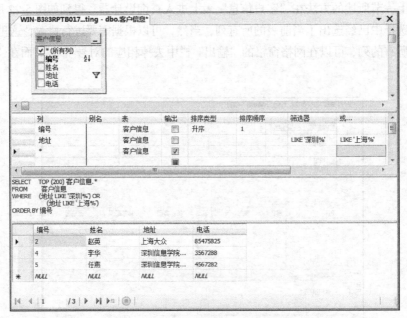

图 5-23　使用查询设计器进行查询

（3）从被插入表选择窗口中选出要添加记录的表，这里选择"客户信息"表。

（4）运行该插入语句，上海客户表中的数据将被插入到客户信息表中。

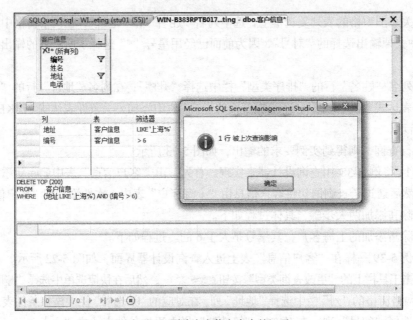

图 5-24　删除客户信息表中的记录

习题

1. 查询 marketing 数据库的"销售人员"表，列出每个销售人员的姓名、电话和地址。

2. 使用模糊查询，从"销售人员"表中，列出所有地址为深圳的销售人员的信息。

3. 查询 marketing 数据库的"订单信息"表，列出订货量大于 20 的订单。

4. 将"客户信息"表中北京地区的客户信息插入到"北京客户"表中。

5. 由"订单信息"表中找出自 2008 年以来的订单信息。

6. 由"订单信息"表中找出总订货金额大于 5000 元的订单信息。

7. 由"订单信息"表中找出总订货金额大于 5000 元的客户编号。

8. 由"订单信息"表中找出总订货金额大于 5000 元的货品编码。

9. 由"客户信息"表中，列出所有登记了电话号码的客户信息。

10. 求出 2008 年以来，每种货品的销售金额，统计的结果按照货品编码进行排序，并显示统计的明细。

11. 使用带子查询的查询语句，查找"货品信息"表，给出货品价格大于货品的平均价格的货品信息。

12. 修改"货品信息"表中的数据，将所有价格超过 2000 元的货品价格降低 10%。

第6章

视图和索引

视图作为一种基本的数据库对象，是查询一个表或多个表的另一种方法，通过将预先定义好的查询作为一个视图对象存储在数据库中，然后就可以像使用表一样在查询语句中调用它。索引是对数据库表中一个或多个列的值进行排序的结构，通过索引可以快速访问表中的记录，大大提高数据库的查询性能。本章主要介绍视图和索引及二者的应用。通过本章的学习，读者应该掌握以下内容。

- 创建和管理视图
- 利用视图简化查询操作
- 使用视图实现数据库的安全管理
- 使用索引来提高检索的效率
- 索引的概念、创建和操作
- 规划和维护索引

6.1 视图的基本概念

视图是一种在一个或多个表上观察数据的途径，可以把视图看作是一个能把焦点定在用户感兴趣的数据上的监视器。视图是虚拟的表，与表不同的是，视图本身并不存储视图中的数据，视图是由表派生的，派生表被称为视图的基本表，简称基表。视图可以来源于一个或多个基表的行或列的子集，也可以是基表的统计汇总，或者是视图与基表的组合，视图中的数据是通过视图定义语句由其基本表中动态查询得来的。

6.1.1 视图的基本概念

下面以货品信息的查询为例，介绍视图的工作原理。图 6-1 所示为货品信息的视图，它是由基表"货品信息"（见图 6-2）和"供应商信息"（见图 6-3）派生出来的。由视图的字段内容可见它是由基表 1 的"编码、名称"和基表 2 的"名称、联系人"字段组成的，并且由于在视图字段中出现了两个"名称"字段名，所以，根据它们实际所代表的含义，将前者指定别名"货品名称"，后者指定别名"供应商"。

编码	货品名称	供应商	联系人
1	电脑台	朝阳文具实业公司	郑敏敏
2	打印机	导向打印机销售公司	王打印
3	移动办公软件	翱飞信息公司	章程东

图 6-1　货品信息视图

编码	名称	库存量	供应商编码	状态	售价	成本价
1	电脑台	80	1	True	1500.0000	1100.0000
2	打印机	900	6	True	800.0000	600.0000
3	移动办公软件	100	3	True	8000.0000	6000.0000

图 6-2　基表 1：货品信息表

编码	名称	联系人	地址	电话
1	朝阳文具实业公司	郑敏敏	哈尔滨市开发区	25152454
2	狂想电脑公司	赵明英	上海市浦东开发区	85475825
3	翱飞信息公司	章程东	深圳市龙岗区	3567288

图 6-3　基表 2：供应商信息表

由货品信息视图联想到第 4 章讨论的数据查询，通过下面的 SELECT 语句可以得到同样的结果，如图 6-4 所示。

```
SELECT B.编码, B.名称 AS 货品名称, A.名称 AS 供应商, A.联系人
    FROM 供应商信息 A INNER JOIN 货品信息 B ON A.编码 =B.供应商编码
```

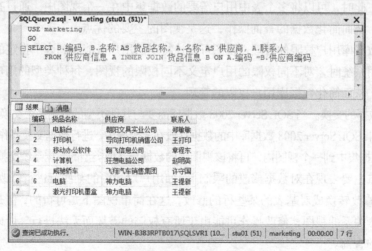

图 6-4　查询语句的执行结果

在视图的实现上就是由 SELECT 语句构成的，基于选择查询的虚拟表。其内容是通过选择查询来定义的，数据的形式和表一样由行和列组成，而且可以像表一样作为 SELECT 语句的数据源。但是视图中的数据是存储在基表中的，数据库中只存储视图的定义，数据是在引用视图时动态产生的。因此，当基表中的数据发生变化时，可以从视图中直接反映出来。当对视图执行更新操作时，其操作的对象是基表中的数据。

货品信息的查询语句和视图虽然都能得到同样的结果，但是，如果要经常查询这样的信息，每次都输入这样的查询语句显然是比较麻烦的。当然可以通过建立语句文件简化查询，但是对于

这种情况，建立视图是个比较好的简化数据查询的方法。

例 6-1 在查询设计器下建立货品信息的视图。

有下列的 SQL 语句。

```
CREATE VIEW 货品信息视图
    AS
    SELECT B.编码,B.名称 AS 货品名称,A.名称 AS 供应商, A.联系人
    FROM 供应商信息 A INNER JOIN 货品信息 B ON A.编码 =B.供应商编码
GO
- -使用该视图
SELECT * FROM 货品信息视图
GO
```

6.1.2　视图的优点和缺点

通过上面的实例，可见建立视图可以简化查询，此外，视图还可具有隐蔽数据库复杂性、为用户集中提取数据、简化数据库用户权限管理、方便数据的交换等优点。

（1）隐蔽数据库的复杂性。视图隐蔽了数据库设计的复杂性，它使得开发者在不影响用户使用数据库的情况下，修改数据库表，即使在基表发生改变或重新组合的情况下，用户也能够获得一致的数据。例如，例 6-1 中只要"货品信息视图"所选择的字段名不变，对基表的修改都不影响视图的使用。

（2）为用户集中提取数据。在大多数的情况下，用户查询的数据可能存储在多个表中，查询起来比较繁琐。此时，可以将多个表中用户需要的数据集中在一个视图中，通过查询视图查看多个表中的数据，从而简化数据的查询操作，这是视图的主要的优点。

（3）简化数据库用户权限的管理。视图可以让特定的用户只能看到表中指定的数据行或列，设计数据库应用系统时，对不同权限的用户定义不同权限的视图，每种类型的用户只能看到其相应权限的视图，从而简化数据库用户权限的管理。

（4）方便数据的交换。当 SQL Server 2008 数据库需要与其他类型的数据系统交换数据时（数据的导入/导出），如果 SQL Server 2008 数据库中的数据存放在多个表中，进行数据交换操作就比较复杂。若将需要交换的数据集中到一个视图内，再将该视图中的数据与其他类型的数据系统交换，就简单多了。

视图的缺点主要表现在对数据修改的限制上。如用户对视图的某些行进行修改时，SQL Server 2008 必须将此修改转换成对基表的某些行的修改，这在简单视图下是可行的，但是对于复杂的视图或是存在嵌套关系的视图，修改操作可能由于所有权链的破坏而无法进行。所以，视图的主要用途在于数据的查询。

6.2　视图的创建和查询

用户必须拥有数据库所有者授予的创建视图的权限才可以创建视图，同时，用户也必须对定义视图时所引用的基表有适当的权限。视图的创建者必须拥有在视图定义中引用的任何对象的许可权，如相应的表、视图等，才可以创建视图。

视图的命名必须遵循标志符规则，必须对每个用户都是唯一的。视图名称不能和创建该视图的用户的其他任何一个表的名称相同。

在默认状态下，视图中的列名继承了它们基表中的相应列名，对于下列情况则需要重新指定列的别名。

（1）视图中的某些列来自表达式、函数或常量时。

（2）当视图所引用不同基表的列中有相同列名时。

（3）希望给视图中的列指定新的列名时。

视图的定义可以加密，以保证其定义不会被任何人（包括视图的拥有者）获得。

6.2.1　在 SQL Server Management Studio 下创建视图

使用 SQL Server Management Studio 的图形界面，创建例 6-1 中的视图，为了保证视图名的唯一性，这里创建的视图名为"货品视图"，步骤如下。

（1）选择"新建视图"命令。在对象资源管理器中，依次展开节点到"数据库"，在其中选择要创建视图的数据库 marketing。右击"视图"项，在弹出的快捷菜单中，单击"新建视图"命令，如图 6-5 所示。

（2）选择视图的基表。"新建视图"命令将启动视图设计器窗口，它和第 5 章 5.5.1 节中讲到的查询设计器基本一样。单击工具栏上的"添加表"按钮，或在"关系图窗格"栏（见图 6-7）的空白处右击鼠标，选择"添加表"命令。然后在"添加表"对话框中选择引用的基表"货品信息"和"供应商信息"。根据需要也可以选择视图或函数。单击"添加"按钮，将选中的基表添加到设计器窗口，如果不再添加，则单击"关闭"按钮关闭对话框，如图 6-6 所示。

图 6-5　启动视图设计器窗口　　　　　　　　　图 6-6　为创建视图添加基表

（3）选择视图引用的列。如图 6-7 所示，在"关系图窗格"栏中，选中相应表的相应列左边的复选框，来选择视图引用的列；也可以在"网格窗格"栏的"表"栏上选择基表，在"列"栏上选择相应表中的列名，在"输出"栏上显示对号标志表示在视图中引用该列，否则该列不被引用；还可以在"语句窗格"中输入 SELECT 语句来选择视图中引用的列。这 3 种选择方式最终是一致的。如果去掉某列同样可以使用这 3 种方式。如果需要对视图的列重新命名，可以在"网格窗格"栏的"别名"栏的对应列上输入新的列名。这里将"货品信息"表中的"名称"列指定别名"货品名称"，将"供应商信息"表中的"名称"列指定别名"供应商"。如图 6-8 所示。

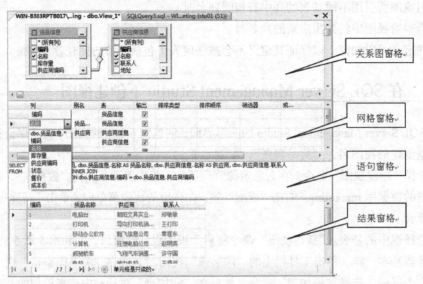

图 6-7　确定视图中的列，如果输出某个表的所有列则选择"*"

（4）设置连接和查询条件。由于这里引用的两个基表都设置了主键和外键，所以，两个表一添加到设计器就自动地通过主外键关系建立了自然连接，或称为内连接。在"筛选器"栏中，可以根据查询的需要删改或添加新的条件。单击工具栏上的"验证 SQL"按钮 ，对所输入的语句进行正确性验证，如图 6-8 所示。

（5）设置视图的其他属性。若要设置视图的其他属性，可以选择菜单"视图"下面的"属性窗口"，或直接按"F4"键，并在如图 6-9 所示的"属性"对话框中进行如下的设置。

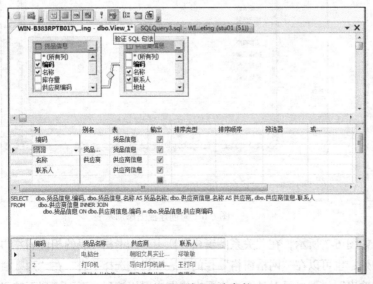

图 6-8　设置连接和查询条件　　　　　　　　图 6-9　设置视图的属性

① 若要过滤掉结果集中的重复记录，则将"DISTINCT 值"设置为"是"，在 SELECT 语句

中将添加一个 DISTINCT 关键字。

② 若要指定在结果集中返回若干行记录，将"Top 规范"下面的"（最前面）"设置为"是"，然后在下面的"表达式"中输入行数；也可以选择 PERCENT 关键字，将"Percent"设置为"是"，在"表达式"中输入百分比数，以指定在结果集中返回记录的百分比。

（6）预览视图返回的结果集。如果想对视图返回的结果集进行预览，单击工具栏上的"运行"按钮 ，看其是否满足要求，如图 6-10 所示。

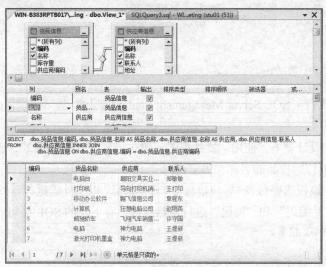

图 6-10　最终得到的视图描述及预览

（7）保存视图。当预览结果合乎需要时，在工具栏上单击"保存"按钮 ，或者右击设计窗口的标题处，从弹出的快捷菜单中选择"保存"命令，并在"选择名称"对话框中为所建立的视图指定名称"货品视图"，再单击"确定"按钮，将该视图保存到数据库中。

6.2.2　使用 CREATE VIEW 创建视图

创建视图的基本语法如下。

```
CREATE VIEW 视图名[（视图列名 1，视图列名 2，…，视图列名 n）]
[WITH ENCRYPTION]
AS
SELECT 语句
[WITH CHECK OPTION]
```

其中 WITH　ENCRYPTION 子句对视图进行加密，WITH CHECK OPTION 表示对视图进行 UPDATE、INSERT 和 DELETE 操作时，要保证所操作的行满足视图定义中的条件，即只有满足视图定义条件的操作才能执行。

SELECT 语句可以是任何复杂的查询语句，但通常不允许包含 ORDER BY 子句和 DISTINCT 关键字。

如果 CREATE VIEW 语句没有指定视图列名，则该视图的列名默认为 SELECT 语句目标列中各字段的列名。

例 6-2　在查询设计器下建立"客户订购视图"，该视图中包含所有订购货品的客户及他们订购货品的名称和供应商。

根据题的要求，该视图要对表"客户信息"、"订单信息"、"货品信息"和"供应商信息"以主外键进行自然连接，有下列的 SQL 语句。

```
CREATE VIEW 客户订购视图
    AS
    SELECT D.编号, D.姓名, B.名称 AS 货品名称, A.名称 AS 供应商
    FROM 供应商信息 A INNER JOIN
        货品信息 B ON A.编码 = B.供应商编码 INNER JOIN
        订单信息 C ON B.编码 = C.货品编码 INNER JOIN
        客户信息 D ON C.客户编号 = D.编号
GO
- -使用该视图
SELECT * FROM 客户订购视图
GO
```

如果使用前面我们在 SQL Server Management Studio 创建的"货品视图"，实现例 6-2 功能要简单一些。

例 6-3 在查询设计器下，使用"货品视图"建立"客户订购视图 2"，该视图中包含所有订购货品的客户及他们订购货品的名称和供应商。

根据题的要求，该视图要对表"客户信息"、"订单信息"以主外键进行自然连接，"订单信息"、"货品视图"以"货品编码"和"编码"进行自然连接，有下列的 SQL 语句。

```
CREATE VIEW 客户订购视图 2
    AS
    SELECT A.编号, A.姓名, C.货品名称, C.供应商
    FROM 客户信息 A INNER JOIN
        订单信息 B ON A.编号 = B.客户编号 INNER JOIN
        货品信息视图 C ON B.货品编码 = C.编码
GO
- -使用该视图
SELECT * FROM 客户订购视图 2
GO
```

比较可见，"客户订购视图"和"客户订购视图 2"两视图的结果集是相同的。

6.2.3 视图数据的查询

视图创建后，就可以像对表的查询一样对视图进行查询了。对视图查询时，首先进行有效性检查，检查通过后，将视图定义中的查询和用户对视图的查询结合起来，转换成对基表的查询。对基表执行的是这个联合查询。

例 6-4 在查询设计器下，使用"客户订购视图 2"，查询客户"赵英"购买货品的信息。

有下列的 SQL 语句。

```
SELECT * FROM 客户订购视图 2
    WHERE 姓名='赵英'
GO
```

查询结果如图 6-11 所示。

	编号	姓名	货品名称	供应商
1	2	赵英	电脑	神力电脑
2	2	赵英	电脑台	朝阳文具实业公司

图 6-11 视图查询的结果

6.3 视图的维护

视图的维护包括查看视图的定义、查看视图与其他数据库对象的依赖关系、修改和删除视图。

6.3.1 查看视图的定义信息

在 SQL Server Management Studio 里或通过 SQL 语句都可以查看视图的定义信息，但是，如果在视图的定义语句中带有 WITH ENCRYPTION 子句，表示 SQL Server 2008 对建立视图的语句文本进行了加密，则无法看到视图的定义语句。即使是视图的拥有者和系统管理员也不能看到。

1. 使用 SQL Server Management Studio 查看

这里以查看例 6-4 创建的"客户订购视图 2"为例说明其操作过程。

（1）在对象资源管理器中，依次展开各节点到查看的数据库 marketing，然后在该节点下选中"视图"图标，展开"视图"节点，右击要查看的视图"客户订购视图 2"，在弹出的快捷菜单中选择"设计"命令，此时打开"客户订购视图 2"的视图设计器，如图 6-12 所示。

（2）在视图设计器的 SQL 语句窗格中显示了视图的定义信息。可以在 SQL 语句窗格中对代码进行适当的修改，然后，可以单击"检查语法"按钮 ◙，检查语句的正确性。

（3）右击视图设计窗口的标题处，选择"关闭"命令，在弹出的保存对话框中单击"否"按钮，放弃修改。

2. 使用 sp_helptext 查看

使用系统存储过程 sp_helptext 查看视图定义信息的语法格式如下。

```
[EXECUTE] sp_helptext 视图名
```

例 6-5 在查询设计器下，使用 sp_helptext 查看"客户订购视图"的定义信息。

有下列的 SQL 语句。

```
EXEC sp_helptext 客户订购视图
GO
```

执行结果如图 6-13 所示。

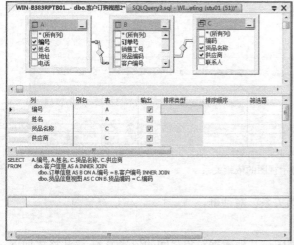

图 6-12 查看和修改视图

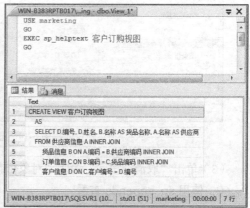

图 6-13 查看视图的定义信息

6.3.2　查看视图与其他对象的依赖关系

如果想知道视图的数据来源，或需要了解该视图依赖于哪些数据库对象，则需要查看视图与其他数据库对象之间的依赖关系。

1. 使用 SQL Server Management Studio 查看

这里以查看例 6-4 创建的"客户订购视图 2"为例说明其操作过程。

（1）在对象资源管理器中，依次展开各节点到查看的数据库 marketing，然后在该节点下选中"视图"图标，展开"视图"节点，右击要查看的视图"客户订购视图 2"，在弹出的快捷菜单中选择"查看依赖关系"命令。

（2）此时显示如图 6-14 所示的"对象依赖关系"对话框。从对话框可以看到哪些数据对象引用了本视图以及本视图引用了哪些数据对象。从图 6-14 可以看出视图"客户订购视图 2"依赖于"货品信息视图"表和"订单信息"表，其中"订单信息"又依赖于表"客户信息"，"货品信息视力"又依赖于"供应商信息"和"货品信息"，通过展开树形结构可以显示所有的依赖关系。

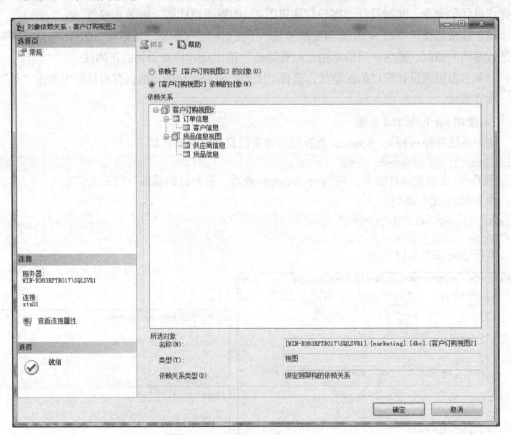

图 6-14　显示视图的依赖关系

（3）单击"取消"按钮，关闭"对象依赖关系"对话框。

2. 使用 sp_depends 查看

使用系统存储过程 sp_depends 可以查看视图与其他数据对象之间的依赖关系，语法格式如下。

```
[EXECUTE] sp_depends 视图名
```

例 6-6 在查询设计器下，使用 sp_ depends 查看视图"客户订购视图"与其他数据对象之间的依赖关系。

有下列的 SQL 语句。

```
EXEC sp_ depends 客户订购视图
GO
```

执行结果如图 6-15 所示，给出了视图引用的基表及其字段。

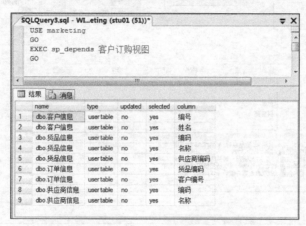

图 6-15   使用 sp_depends 显示视图的依赖关系

6.3.3   修改视图

在 6.3.1 节中讲到，通过在视图设计器中可以修改定义视图的代码，本节将详细介绍如何通过视图设计器修改视图以及利用 ALTER VIEW 语句来修改视图。

1．在视图设计器中修改视图

在视图设计器中修改视图和视图的创建是一样的，修改也就是再创建。下面以"客户订购视图"为例进行视图的修改。

（1）在对象资源管理器中，依次展开各节点到数据库 marketing，然后在该节点下选中"视图"图标，展开"视图"节点，右击要查看的视图"客户订购视图"，在弹出的快捷菜单中选择"设计"，此时打开视图设计器窗口，如图 6-16 所示。

（2）若要在视图定义中添加引用表或视图，在"关系图窗格"栏（见图 6-7）的空白处右击鼠标，选择"添加表"命令。然后在"添加表"对话框中选择要添加的基表、视图或函数。单击"添加"按钮，将选中的数据对象添加到设计器窗口。

（3）若要从视图中删除某个基表、视图或函数，右击要删除的对象，并选择"移除"命令。

（4）若要在视图中添加引用字段，通过在"网格窗格"中单击某个空白的"列"单元格，然后从列表中选择所要的字段。

（5）对于每个引用字段，都可以在"网格窗格"中通过选中或取消"输出"列的相应复选框来控制该字段是否要显示在结果集中。

（6）若要对结果集进行分组，在"网格窗格"右击鼠标，然后选择分组命令。

（7）若要在某个字段上设置过滤条件，在相应的"筛选器"列中输入所需的运算符和表达式，以生成 WHERE 子句。如果已在该字段上设置了分组，则会生成 HAVING 子句。若要设置附加的过滤条件，在"或"列中输入相关的内容。

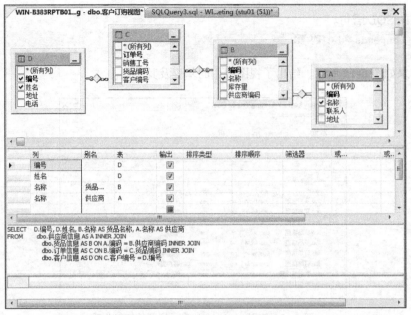

图 6-16　视图设计器下修改视图

（8）修改完成后，可以通过单击工具栏上的"验证 SQL"按钮 ，对所做的修改进行正确性验证；可以通过单击工具栏上的"运行"按钮 ，预览视图的查询结果，看其是否满足要求。

（9）单击工具栏上的"保存"按钮 ，保存对视图的修改。

2. 使用 ALTER VIEW 修改视图

使用 ALTER VIEW 语句修改视图的语法格式如下。

```
ALTER VIEW 视图名
[WITH ENCRYPTION]
AS
SELECT 语句
[WITH CHECK OPTION]
```

例 6-7　在查询分析器下，建立一个"客户订购视图 3"，然后通过 ALTER VIEW 语句进行修改，要求该视图修改后包括订货量，并且对视图进行加密。

首先和建立"客户订购视图 2"一样建立"客户订购视图 3"，然后再修改，有下列的 SQL 语句。

```
- -先建立视图
CREATE VIEW 客户订购视图3
    AS
    SELECT A.编号, A.姓名, C.货品名称, C.供应商
    FROM 客户信息 A INNER JOIN
        订单信息 B ON A.编号 = B.客户编号 INNER JOIN
        货品信息视图 C ON B.货品编码 = C.编码
GO
- -修改视图
ALTER VIEW 客户订购视图3
    WITH ENCRYPTION
    AS
```

```
    SELECT A.编号, A.姓名, C.货品名称, B.数量, C.供应商
    FROM 客户信息 A INNER JOIN
        订单信息 B ON A.编号 = B.客户编号 INNER JOIN
        货品信息视图 C ON B.货品编码 = C.编码
GO
- -使用该视图
SELECT * FROM 客户订购视图 3
- -查看该视图, 由于已经加密则不能看到定义信息
EXEC sp_helptext 客户订购视图 3
```

查询该视图的结果如图 6-17 所示, 查看该视图的定义信息如图 6-18 所示。

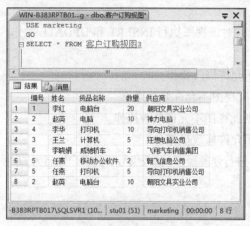

图 6-17　视图查询的结果

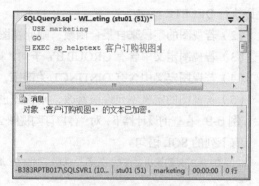

图 6-18　查看已经加密的视图

6.3.4　删除视图

视图的删除与表的删除类似, 可以在 SQL Server Management Studio 中或通过 DROP 语句来删除。删除视图不会影响基表中的数据, 若在某个视图上创建了其他的数据库对象, 该视图仍然可以被删除, 但是当执行创建在该视图上的数据库对象时, 操作将会出错。

1. 使用 SQL Server Management Studio 删除视图

删除视图步骤如下。

（1）在对象资源管理器中展开到包含要删除视图的数据库, 例如 marketing, 在该数据库的 "视图" 列表中选中要删除的视图。

（2）单击鼠标右键, 在弹出的菜单中单击 "删除" 命令。

（3）在弹出的 "删除对象" 窗口中, 单击 "确定" 按钮, 删除完成。

2. 使用 DROP VIEW 删除视图

删除视图的语法格式如下。

```
DROP VIEW 视图名 1, …, 视图名 n
```

使用该语句一次可以删除多个视图。

例 6-8　在查询设计器下, 删除视图 "客户订购视图 3"。

有下列的 SQL 语句。

```
DROP VIEW 客户订购视图 3
GO
```

6.4 通过视图修改表数据

对视图进行修改操作包括插入、删除和修改 3 类操作。由于视图是不存储数据的虚表，所以对视图数据的修改，最终将转换为对基表数据的修改。

为防止用户通过视图，有意或无意地对不属于视图范围内的基表数据进行修改，可以在视图定义中，加上 WITH CHECK OPTION 子句，这样在视图上进行增、删、改操作时，系统将检查视图定义中的条件，若不满足条件，则拒绝执行该操作。

对视图进行的修改操作有以下限制。

（1）若视图的字段来自表达式或常量，则不允许对该视图执行 INSERT 和 UPDATE 操作，但允许执行 DELETE 操作。

（2）若视图的字段来自集合函数，则此视图不允许修改操作。

（3）若视图定义中含有 GROUP BY 子句，则此视图不允许修改操作。

（4）若视图定义中含有 DISTINCT 关键字，则此视图不允许修改操作。

（5）若视图的定义不允许被修改，则视图也不允许修改操作。

例 6-9 在查询设计器下，对"客户订购视图 2"进行修改操作，修改编号 5 的客户姓名为"欣明"。有下列的 SQL 语句。

```
UPDATE 客户订购视图 2 SET 姓名='欣明' WHERE 编号=5
GO
SELECT * FROM 客户订购视图 2
GO
```

修改视图的结果如图 6-19 所示。

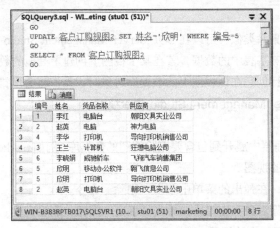

图 6-19　通过视图修改数据

6.5 索引概述

索引是一个在表上或视图上创建的独立的物理数据库结构，在视图上创建索引只能针对架构绑定的视图。所以我们所讲的主要是针对表上的索引。在进一步了解索引之前，先介绍一些 SQL Server 2008 数据存储和访问的相关知识。

6.5.1 SQL Server 2008 中数据的存储与访问

1. 数据的存储

在 SQL Server 2008 中，数据存储的基本单位是页，页的大小是 8KB。每页的开始部分是 96 个字节的页首，用于存储系统信息，如页的类型、页的可用容量、拥有页的对象 ID 等。

数据页包含数据行中除 text、ntext 和 image 数据外的所有数据，text、ntext 和 image 数据存储在单独的页中。在数据页上，数据紧接着页首按顺序存放。在页尾有一个行偏移表，在该表中，页内的每一行都有一个条目，记录该行数据的第一个字节与页首的偏移。在 SQL Server 2000 中，行不能跨页，且一行内最多包含的数据量为 8060 个字节（不包括 text、ntext 和 image 数据）。在 SQL Server 2008 中，对于变长数据类型，例如 nvarchar、varbinary 等，这个限制不复存在。对于变长数据类型，数据行可以跨越几个页；但是对于定长数据类型，一个数据行依然必须存储在一页上。

在 SQL Server 2008 中的每个表都有一个数据页的集合，在没有建立索引的表内，使用堆集的方法组织其数据页。在堆集中，数据行不按任何特殊的顺序存放，数据页序列也没有任何特殊的顺序。在建有索引且为聚集索引的表内，数据行是基于索引键的顺序存储的。索引按 B 树索引结构实现，其结构如图 6-20 所示。通过使用 B 树索引结构可以基于聚集索引键对行进行快速的查询。每级索引中的页（包括叶级中的数据页）链接在双向链接列表中，但使用键值在各级间导航。

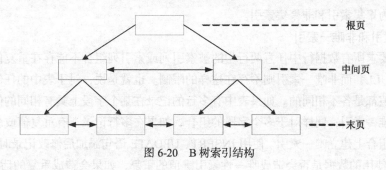

图 6-20　B 树索引结构

2. 数据的访问

SQL Server 2008 提供了两种数据访问的方法。

（1）表扫描法。在没有建立索引的表内进行数据访问时，SQL Server 2008 通过表扫描法来获取所需要的数据。当 SQL Server 2008 执行表扫描时，它从表的第一行开始进行逐行查找，直到找到符合查询条件的行。显然，使用表扫描法所耗费的时间直接与数据表中存放的数据量成正比。当数据表中存在大量的数据时，使用表扫描将造成系统响应时间过长。

（2）索引法。在建有索引的表内进行数据访问时，SQL Server 2008 通过使用索引来获取所需要的数据。当 SQL Server 2008 使用索引时，它会通过遍历索引树来查找所需行的存储位置，并通过查找的结果提取所需的行。通常由于索引加速了对表中数据行的检索，所以使用索引可以加快 SQL Server 2008 访问数据的速度，减少数据访问时间。

6.5.2 索引的作用

创建索引的好处主要有以下两点。

（1）加快数据查询。在表中创建索引后，SQL Server 2008 将在数据表中为其建立索引页。每个索引页中的行都含有指向数据页的指针，当进行以索引列为条件的数据查询时，将大大提高查询的速度。这也告诉我们，那些经常用来作为查询条件的列应当建立索引；相反的，不经常作为查询条件的列则可以不建索引。

（2）加快表的连接、排序和分组工作。进行表的连接、排序和分组工作，要涉及到数据的查询工作，因此，建立了索引后，提高了数据的查询速度，从而也加快了表的连接、排序和分组工作。

创建索引也有它的不足，如下所述。

（1）创建索引需要占用数据空间和时间。在创建聚集索引期间，SQL Server 2008 将暂时使用当前数据库的硬盘空间，创建索引时所需的工作空间大约是数据表空间的 1.2 倍，该空间不包括现存表已经占用的空间。

（2）建立索引会减慢数据修改的速度。在建有索引的数据表中，进行数据修改时（包括记录的插入、删除和修改），需要对索引进行更新，修改的数据越多，索引的维护开销就越大。可见，索引的存在减慢了数据修改的速度。

6.5.3　索引的分类

按照索引值的特点分类，可以将索引分为唯一索引和非唯一索引；按照索引结构的特点分类，可以将索引分为聚集索引和非聚集索引。

1. 唯一索引和非唯一索引

唯一索引要求所有数据行中任意两行中的被索引列或索引列组合不能存在重复值，包括不能有两个空值 NULL，而非唯一索引则不存在这样的限制。也就是说，对于表中的任何两行记录来说，索引键的值都是各不相同的。如果表中有多行的记录在某个字段上具有相同的值，则不能基于该字段建立唯一索引；同样对于多个字段的组合，如果在多行记录上有重复值或多个 NULL，则也不能在该组合上建立唯一索引。使用 INSERT、UPDATE 语句添加后修改记录时，SQL Server 2008 将检查所使用的数据是否会造成唯一性索引键值的重复，如果会造成重复的话，则 INSERT 或 UPDATE 语句执行将失败。

例 6-10　在查询设计器下，向"客户信息"表中添加重复键值的记录行，观察执行结果。
有下列的 SQL 语句。

```
INSERT 客户信息 VALUES(4, '葛丽欣', '河北省石家庄市','85467322')
GO
```

由于"客户信息"表为"编号"字段创建了主键约束，则系统将自动地依照该键值建立表的唯一索引（见 6.6.1 节），如果当前该表还没有建立聚集索引，则默认情况将建立聚集索引，这样编号 4 在主键列中已经存在，所以不能在表中添加该行。执行结果如图 6-21 所示。

2. 聚集索引和非聚集索引

聚集索引会对表进行物理排序，所以这种索引对查询非常有效。表中只能有一个聚集索引。当建立主键约束时，如果表中没有聚集索引，SQL Server 2008 会用主键列作为聚集索引键。

可以在表的任何列或列的组合上建立聚集索引，实际应用中一般为定义成主键约束的列建立聚集索引。

非聚集索引不会对表进行物理排序。如果表中不存在聚集索引，则表是未排序的。在表中，最多可以建立 250 个非聚集索引或者 249 个非聚集索引和 1 个聚集索引。

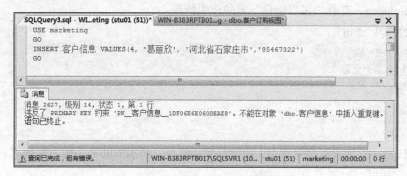

图 6-21　唯一索引冲突演示

在创建了聚集索引的表上执行查询操作比只创建了非聚集索引的表上执行查询速度快,但是,执行修改操作则比只创建了非聚集索引的表上执行的速度慢,这是因为表数据的改变需要更多的时间来维护聚集索引。

6.6　创建索引

索引可以在创建表的约束时由系统自动创建,也可以通过 SQL Server Management Studio 或 CREATE INDEX 语句来创建。可以在创建表之后的任何时候创建索引。

6.6.1　系统自动创建索引

在创建或修改表时,如果添加了一个主键或唯一键约束,则系统将自动在该表上,以该键值作为索引列,创建一个唯一索引。该索引是聚集索引还是非聚集索引,要根据当前表中的索引状况和约束语句或命令而定。如果当前表上没有聚集索引,系统将自动以该键创建聚集索引,除非约束语句或命令指明是创建非聚集索引。如果当前表上已有聚集索引,系统将自动以该键创建非聚集索引,如果约束语句或命令指明是创建聚集索引,则系统报错。

例 6-11　在查询设计器下,使用存储过程 sp_helpindex,查看"客户信息"表的索引情况。有下列的 SQL 语句。

```
EXEC sp_helpindex 客户信息
GO
```

如图 6-22 所示,该表只有一个索引并且是聚集索引,索引列为"编号"。

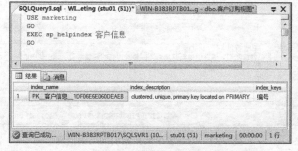

图 6-22　查看表的索引情况

例 6-12 在查询设计器下，为"客户信息"的"电话"字段添加唯一键约束，然后，使用存储过程 sp_helpindex，查看"客户信息"表的索引情况。

有下列的 SQL 语句。

```
- -先增加一个唯一键
ALTER TABLE 客户信息
    ADD UNIQUE(电话)
GO
EXEC sp_helpindex 客户信息
GO
```

如图 6-23 所示，该表有两个索引，主键是聚集索引，新添加的唯一键为非聚集索引，索引列为唯一键列"电话"。

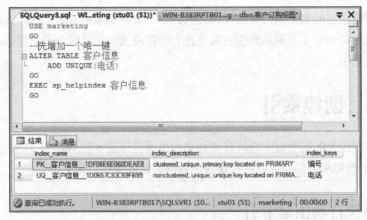

图 6-23　添加唯一键后表的索引情况

例 6-13 在查询设计器下，为"客户信息"的"电话"字段添加唯一键约束建立聚集索引的出错演示。

有下列的 SQL 语句。

```
ALTER TABLE 客户信息
    ADD UNIQUE CLUSTERED(电话)
GO
```

执行后的出错信息如图 6-24 所示。

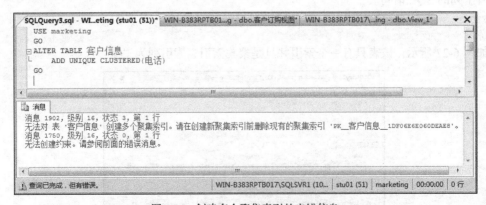

图 6-24　创建多个聚集索引的出错信息

6.6.2　在图形界面下创建索引

在 SQL Server Management Studio 的表设计器下建立和修改索引很便捷，这里通过实例说明其使用方法。

例 6-14　在"客户信息"表上，由于需要经常按"姓名"进行查找，所以考虑基于"姓名"字段建立索引。因为存在同名的可能，所以建立非唯一索引。又因为一般都是以主键列作为聚集索引键，所以建立非唯一的非聚集索引，将该索引命名为 IX_客户信息_姓名。

创建索引的步骤如下。

（1）在对象资源管理器中，依次展开各节点到数据库 marketing，单击"表"节点。

（2）在详细列表中右击"客户信息"，在弹出的菜单中选择"设计"命令。

（3）单击 SQL Server Management Studio 中表设计器工具栏的"管理索引和键"按钮，弹出"索引/键"对话框如图 6-25 所示。

图 6-25　索引/键对话框

（4）单击"添加"按钮，出现如图 6-26 所示对话框。

（5）在"标识"里面的"名称"编辑框中为索引命名，这里我们输入"IX_客户信息_姓名"。

（6）在"常规"里面的"列"中单击…l，在弹出的"索引列"对话框中选择创建索引基于的列，这里我们选择"姓名"。

可以选择一列或多列，若只选择一列，则是单一索引，若选择了多列，则是复合索引。

（7）在"排序顺序"列表中选择索引排序规则，可以是升序或降序，这里我们选择"升序"，然后单击"确定"。

（8）"常规"里面的"是唯一的"表示是否创建唯一索引，这里我们选"否"。

（9）"表设计器"里面的"创建为聚集的"表示创建聚集索引，这里由于客户信息表已经存在了"编号"为聚集索引，所以该选项默认为"否"。

（10）单击"关闭"按钮。

（11）单击 SQL Server Management Studio 工具栏上的"保存"按钮。

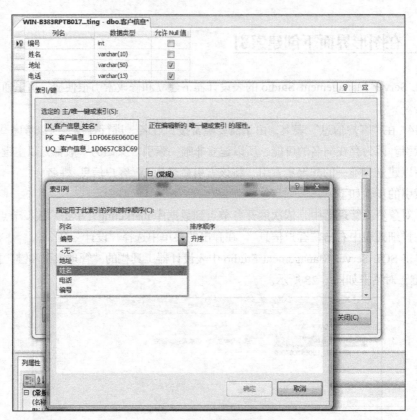

图 6-26　编辑索引

6.6.3　使用 CREATE INDEX 语句创建索引

创建索引命令常用格式如下。

```
CREATE [UNIQUE] [CLUSTERED | NONCLUSTERED]
INDEX 索引名 ON 表名 (字段名[,…n])
[WITH [索引选项 [,…n] ]
[ON 文件组]
```

其中各项的含义如下。

（1）UNIQUE：建立唯一索引。

（2）CLUSTERED：建立聚集索引。

（3）NONCLUSTERED：建立非聚集索引。

（4）ON 文件组：在给定的文件组上创建指定的索引。该文件组必须已经通过执行 CREATE DATABASE 或 ALTER DATABASE 创建。

索引选项包括以下几项。

（1）DROP_EXISTING：表示先删除存在的索引（如果存在的话，否则会给出错误信息）。

（2）IGNORE_DUP_KEY：控制当尝试向属于唯一聚集索引的列插入重复的键值时所发生的情况。如果为索引指定了 IGNORE_DUP_KEY，并且执行了创建重复键的 INSERT 语句，那么 SQL Server 2008 数据库将发出警告消息并忽略重复的行。如果没有为索引指定 IGNORE_DUP_KEY，SQL Server 2008 会发出一条警告消息，并回滚整个 INSERT 语句。

（3）FILLFACTOR ＝ 填充因子：指定在 SQL Server 2008 创建索引的过程中，各索引页叶级的填满程度。用户指定的 FILLFACTOR 值可以从 1 到 100。如果没有指定值，默认值为 0。通常在数据库表较空时，指定较小的填充因子例如 60，以便减少添加记录时产生页拆分的几率。

例 6-15　在查询设计器中，使用 CREATE INDEX 语句，在"订单信息"表上创建名为"IX_订单信息_客户货品"的非聚集、复合索引，该索引基于"客户编号"列和"货品编码"列创建。

在查询设计器中运行如下命令。

```
CREATE NONCLUSTERED
    INDEX IX_订单信息_客户货品 ON 订单信息(客户编号,货品编码)
GO
EXEC sp_helpindex 订单信息
```

创建索引的结果如图 6-27 所示。

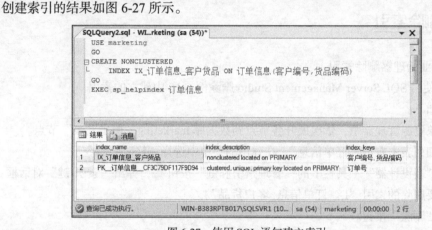

图 6-27　使用 SQL 语句建立索引

用户在创建和使用唯一索引时应注意如下事项。

（1）在建有聚集唯一索引的表上，执行 INSERT 语句或 UPDATE 语句时，SQL Server 2008 将自动检验新的数据中是否存在重复值。如果存在的话，当创建索引的语句指定了 IGNORE_DUP_KEY 选项时，SQL Server 2008 将发出警告消息并忽略重复的行。如果没有为索引指定 IGNORE_DUP_KEY，SQL Server 2008 会发出一条警告消息，并回滚整个 INSERT 语句。

（2）具有相同组合列、不同组合顺序的复合索引彼此是不同的。

（3）如果表中已有数据，那么在创建唯一索引时，SQL Server 2008 将自动检验是否存在重复的值，若有重复值的话，则不能创建唯一索引。

6.7　管理和维护索引

索引建成以后要根据查询的需要，调整或重建索引，还要确保索引统计信息的有效性，才能提高查询速度。随着数据更新操作的不断执行，数据会变得支离破碎，这些碎片会导致额外的访问开销，因此应当定期整理索引，清除数据碎片，提高数据查询的性能。

6.7.1　查看和修改索引信息

可以使用 SQL Server Management Studio 查看、修改索引的定义，或者使用 sp_helpindex

系统存储过程或有关表上的索引信息，例如查看"客户信息"表的索引信息可以使用以下的语句。

```
EXEC sp_helpindex 客户信息
```

运行结果参见例 6-11。

在 SQL Server Management Studio 中查看和修改索引与创建索引时使用的界面一样，可以通过"索引/键"对话框，参见 6.6.2 节的例 6-14，进行查看或修改索引。

> 创建和修改聚集索引时，SQL Server 2008 要在磁盘上对表进行重组，当表中存储了大量记录时，会产生很大的系统开销，花的时间可能会较长。

6.7.2 删除索引

1. 使用企业管理器删除索引

例 6-16 使用 SQL Server Management Studio 删除例 6-15 中建立的索引。

操作步骤如下。

（1）在对象资源管理器中，依次展开各节点到数据库 marketing，单击"表"节点。

（2）在详细列表中右击"订单信息"，在弹出的菜单中选择"修改"命令。

（3）单击"表设计器"工具栏上的"管理索引和键"按钮 ，弹出"索引/键"对话框。

（4）选择要删除的索引"IX_订单信息_客户货品"。

（5）单击"删除"按钮。

（6）单击"关闭"按钮。

（7）单击"标准"工具栏上的"保存"按钮 ，完成删除。

2. 使用 Transact-SQL 语句删除索引

删除索引命令常用格式如下。

```
DROP INDEX 表名.索引名[,…n]
```

例 6-17 使用 DROP INDEX 语句删除例 6-15 建立的索引。

如果该索引已经被删掉，请重新运行例 6-15 建立该索引。然后，在查询设计器中运行如下的删除索引命令。

```
DROP INDEX 订单信息.IX_订单信息_客户货品
GO
```

用 DROP INDEX 命令删除索引时，需要注意如下事项。

（1）不能用 DROP INDEX 语句删除由主键约束或唯一键约束创建的索引。这些索引必须通过删除主键约束或唯一键约束，由系统自动删除。

（2）在删除聚集索引时，表中的所有非聚集索引都将被重建。

例 6-18 尝试使用 DROP INDEX 命令语句删除"客户信息"表中的主键索引 PK__客户信息__1DF06E6E060DEAE8，查看有何结果。

在查询设计器中运行如下命令。

```
DROP INDEX 客户信息. PK__客户信息__1DF06E6E060DEAE8
GO
```

运行后产生报错信息，如图 6-28 所示。

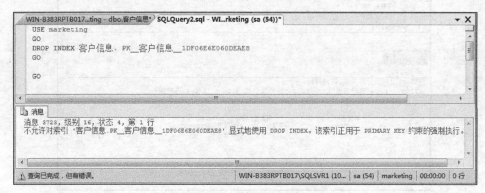

图 6-28 删除主键索引的报错信息

这是因为 PK__客户信息__1DF06E6E060DEAE8 索引为主键约束创建的索引,必须删除主键约束来由系统自动删除此索引。

6.7.3 索引的分析与维护

1.索引的分析

SQL Server 2008 内部存在一个查询优化器,如何进行数据查询是由它来决定的,针对数据库内的情况它可以使 SQL Server 2008 动态调整数据的访问方式,无需程序员或数据库管理员的干预。查询优化器总能针对数据库的状态为每个查询生成一个最佳的执行计划。

在查询中是否使用索引、使用了哪些索引,都是由查询优化器决定的。要考察索引的作用,我们需要了解系统在查询过程中的执行计划。SQL Server 2008 提供了多种分析索引和查询性能的方法,下面介绍常用的获得查询计划和数据 I/O 统计的方法。

(1)显示查询计划。SQL Server 2008 提供了两种显示查询中的数据处理步骤以及如何访问数据的方式。

① 以图形方式显示执行计划。在查询设计器中,单击"查询"菜单,从中选择"显示估计的执行计划"命令,这样就完成了显示查询计划的设置。在执行完查询语句后,可以选择窗口下方"执行计划"选项卡,查看执行计划输出的图形表示。该图形给出了查询的最佳执行计划。图形中每个逻辑运算符或物理运算符显示为一个图标,将鼠标指针放到图标上会显示特定操作的附加信息。

例 6-19 在查询设计器下执行客户订单信息的查询,显示执行计划。

按照上面的说明,首先完成显示查询计划的设置,执行下面的查询语句。

```
SELECT * FROM 客户信息 A INNER JOIN 订单信息 B
    ON A.编号=B.客户编号
GO
```

执行后选择窗口下方的"执行计划"选项卡,有如图 6-29 所示的结果。

将鼠标指针放到图标上,则能显示相应图标含义的详细说明,显示的信息如图 6-30 所示。

② 以表格方式显示执行计划。通过在查询语句中设置 SHOWPLAN 选项,我们可以选择是否让 SQL Server 2008 显示查询计划。

设置是否显示查询计划的命令为:

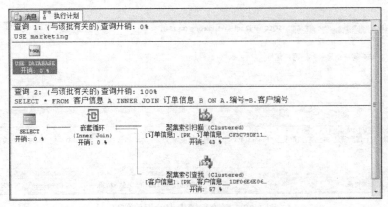

图 6-29　客户订单查询的执行计划

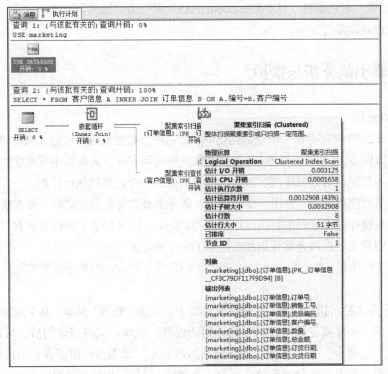

图 6-30　扫描订单信息表聚集索引的说明

```
SET SHOWPLAN_ALL ON|OFF
```

或

```
SET SHOWPLAN_TEXT ON|OFF
```

SHOWPLAN_ALL 和 SHOWPLAN_TEXT 两命令类似，只是后者输出格式更简洁些。当设置了要显示执行计划后，查询语句并不实际执行，只是返回查询树形式的查询计划。查询树在结果集中使用一行表示树上的一个节点，每个节点表示一个逻辑或物理运算符。

例 6-20　将例 6-18 的执行计划以表格的方式显示。

在查询设计器中，设置显示执行计划命令，然后执行客户订单信息的查询，显示执行计划。在查询设计器中运行如下命令。

```
- -打开计划显示
```

```
SET SHOWPLAN_TEXT ON
GO
SELECT * FROM 客户信息 A INNER JOIN 订单信息 B
    ON A.编号=B.客户编号
GO
```

显示的执行计划如图 6-31 所示。

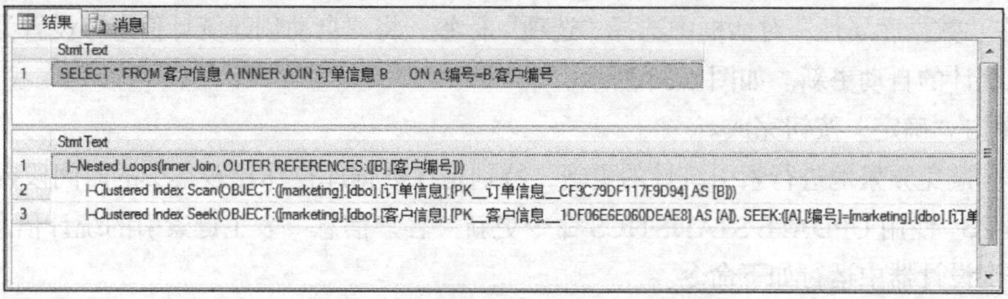

图 6-31　显示查询计划分析索引

（2）数据 I/O 统计。数据检索语句所花费的磁盘活动量也是我们较关心的性能之一。通过设置 STATISTICS IO 选项，我们可以使 SQL Server 2008 显示磁盘 I/O 信息。

设置是否显示磁盘 I/O 统计的命令为：

```
SET STATISTICS IO ON|OFF
```

例 6-21　给出执行客户订单信息的查询的 I/O 统计。

在查询设计器中，打开 I/O 统计，然后执行客户订单信息的查询，在窗口下方选择"消息"选项卡，得到统计数据。在查询设计器中运行如下命令。

```
- -打开 I/O 统计
SET STATISTICS IO ON
GO
SELECT * FROM 客户信息 A INNER JOIN 订单信息 B
    ON A.编号=B.客户编号
GO
- -关闭 I/O 统计
SET STATISTICS IO OFF
```

在运行结果窗口中选择"消息"页，显示结果如图 6-32 所示。

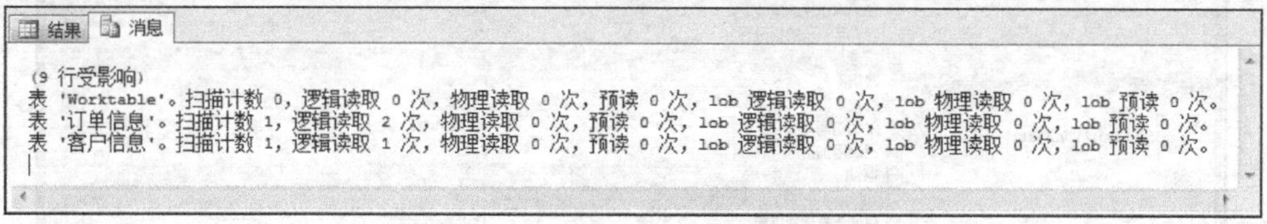

图 6-32　分析花费的磁盘活动量信息

2．索引的维护

在创建索引后，为了得到最佳的性能，必须对索引进行维护。因为随着时间的推移，用户需要在数据库上进行插入、更新和删除等一系列操作，这将使数据变得支离破碎，从而造成索引性能的下降。

SQL Server 2008 提供了多种工具帮助用户进行索引维护，下面介绍几种常用的方式。

（1）统计信息更新。在创建索引时，SQL Server 2008 会自动存储有关的统计信息。查询优化器会利用索引统计信息估算使用该索引进行查询的成本。然而，随着数据的不断变化，索引和列的统计信息可能已经过时，从而导致查询优化器选择的查询处理方法并不是最佳的。因此，有必要对数据库中的这些统计信息进行更新。

例 6-22 在 SQL Server Management Studio 中通过设置数据库的属性决定是否实现统计的自动更新。

操作步骤如下。

① 在对象资源管理器中，依次展开各节点到数据库 marketing。

② 用鼠标右击"marketing"数据库，在弹出的菜单中选择"属性"命令。

③ 在"数据库属性"对话框中选择"选项"标签，将"自动创建统计信息"设置为"True"，表示实现统计的自动更新。如图 6-33 所示。

④ 单击"确定"按钮完成。

用户应避免频繁地进行索引统计的更新，特别是在数据库操作比较集中的时间段内。

例 6-23 使用 UPDATE STATISTICS 命令更新"客户信息"表主键索引的统计信息。

在查询设计器中运行如下命令。

```
UPDATE STATISTICS 客户信息 PK__客户信息__1DF06E6E060DEAE8
GO
```

（2）使用 DBCC SHOWCONTIG 语句扫描表。对表进行数据操作可能会导致表碎片，而表碎片会导致额外的页读取，从而造成数据库查询性能的降低。此时用户可以通过使用 DBCC SHOWCONTIG 语句来扫描表，并通过其返回值确定该表的索引页是否已经严重不连续。

例 6-24 利用 DBCC SHOWCONTIG 获取"客户信息"表主键索引的碎片信息。

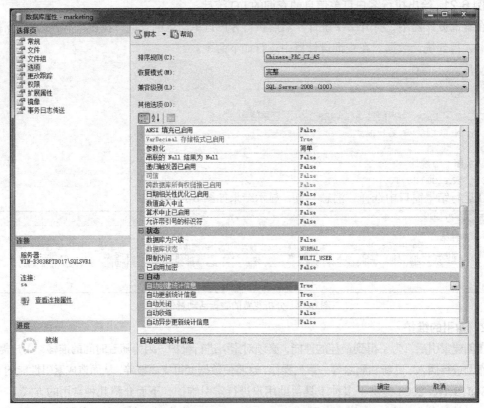

图 6-33　设置数据库的属性决定是否实现统计的自动更新

在查询设计器中运行如下命令。

```
DBCC SHOWCONTIG (客户信息, PK__客户信息__1DF06E6E060DEAE8)
GO
```

运行结果如图 6-34 所示。在返回的统计信息中，需要注意到的是扫描密度，其理想数是 100%。如果百分比较低，就需要清理表上的碎片了。

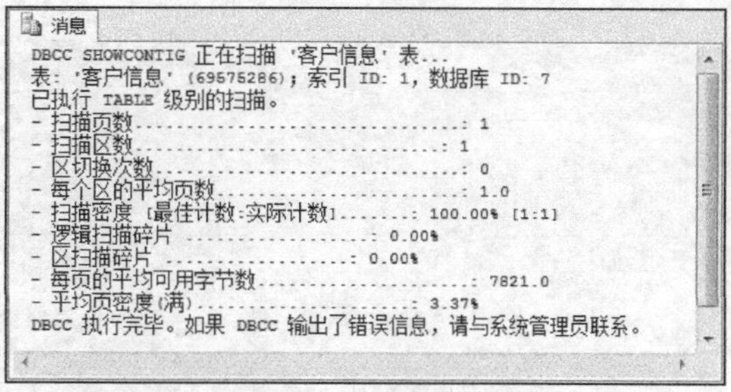

（3）使用 DBCC INDEXDEFRAG 语句进行碎片整理。当表或视图上的聚集索引和非聚集索引页级上存在碎片时，可以通过 DBCC INDEXDEFRAG 对其进行碎片整理。

图 6-34　使用 DBCC SHOWCONTIG 语句扫描表

例 6-25　用 DBCC INDEXDEFRAG 命令对 "客户信息" 表的主键索引进行碎片整理。在查询设计器中运行如下命令。

```
DBCC INDEXDEFRAG (marketing, 客户信息, PK__客户信息__1DF06E6E060DEAE8)
GO
```

习题

1. 为什么说视图是虚表？视图的数据存在什么地方？

2. 创建视图用_____语句，修改视图用_____语句，删除视图用_____语句。查看视图中的数据用_____语句。查看视图的基本信息用_____存储过程，查看视图的定义信息用_____存储过程，查看视图的依赖关系用_____存储过程。

3. 在查询设计器下建立货品信息的视图，要求其供应商信息直接给出，不显示供应商编码内容。

4. 说明视图的优缺点。

5. 使用 SQL 语句创建销售人员视图，要求其部门信息直接用部门名称给出。

6. 在查询设计器下建立 "订购视图"，该视图中所有订单中的编码和编号信息都用相应的名称代替，例如销售工号用名字代替。

7. 从保护商业秘密的角度考虑如何建立订单视图，建议建立不同的视图给不同的部门。根据你的设想建立两个视图。

8. 通过视图修改数据要注意哪些限制？

9. SQL Server 2008 提供了哪两种数据访问的方法？

10. 创建索引的好处主要有哪些？

11. 按照索引值的特点分类，可将索引分为_____索引和_____索引；按照索引结构的特点分类，可将索引分为_____索引和_____索引。

12. 聚集索引与非聚集索引之间有哪些不同点？

13. 在查询设计器下，使用存储过程 sp_helpindex，查看表 "订单信息" 的索引情况。

14. 在哪些情况下 SQL Server 2008 会自动建立索引？这些索引能否用 DROP INDEX 语句来删除？如果不能，应当用什么方法来删除？

15. 在查询设计器中，使用 CREATE INDEX 语句，在 "客户信息" 表上创建名为 "IX_客户信息_姓名电话" 的非聚集、复合索引，该索引基于 "姓名" 列和 "电话" 列创建。

16. 使用 DROP INDEX 语句删除在 "客户信息" 表上创建的名为 "IX_客户信息_姓名电话" 的非聚集、复合索引。

17. 在查询设计器下执行客户信息的查询，显示执行计划。

第7章

Transact-SQL 编程

SQL Server 2008 中的编程语言 Transact-SQL，是一种非过程化的语言。使用数据库的客户或应用程序都是通过它来操作数据库的，当要执行的任务不能由单个 SQL 语句来完成时，就要通过某种方式将多条 SQL 语句组织到一起，来共同完成一项任务。本章主要介绍 Transact-SQL 编程。通过本章的学习，读者应该掌握以下内容。

- 如何设计批处理
- 如何使用流程控制语句、函数、游标等

7.1 批处理、脚本和注释

批处理就是一个或多个 Transact-SQL 语句的集合，用户或应用程序一次将它发送给 SQL Server，由 SQL Server 编译成一个执行单元，此单元称为执行计划，执行计划中的语句每次执行一条。

7.1.1 批处理

建立批处理如同编写 SQL 语句，区别在于它是多条语句同时执行的，用 GO 语句作为一个批处理的结束。GO 语句行必须单独存在，不能含有其他的 SQL 语句，也不可以有注释。如果在一个批处理中有语法错误，如某条命令的拼写错误，则整个批处理就不能被成功地编译，也就无法执行。如果在批处理中某条语句执行错误，如违反了规则，则它仅影响该语句的执行，并不影响其他语句的执行。

在 SQL Server 2008 中，可以利用图形界面查询设计器（以下称查询设计器）来执行批处理。本书的实例均是在该实用程序下运行的。

一些 SQL 语句不可以放在一个批处理中进行处理，它们需要遵守以下规则。

（1）大多数 CREATE 命令要在单个批命令中执行，但 CREATE DATABASE、CREATE

TABLE 和 CREATE INDEX 例外。

（2）调用存储过程时，如果它不是批处理中的第一个语句，则在其前面必须加上 EXECUTE 或简写为 EXEC。

（3）不能把规则和默认值绑定到表的字段或用户定义数据类型上之后，在同一个批处理中使用它们。

（4）不能在给表字段定义了一个 CHECK 约束后，在同一个批处理中使用该约束。

（5）不能在修改表的字段名后，在同一个批处理中引用该新字段名。

例 7-1 利用查询设计器，查询客户购买商品的信息，要求使用"货品视图"，新建"客户订单视图"。

查询客户购买商品的信息，最好给出客户的姓名、联系电话，订货的日期，货品的名称和供应商。在查询设计器中运行如下命令。

```
- -新建视图"客户订单视图"
CREATE VIEW 客户订单视图
    AS
    SELECT A.编号, A.姓名, A.电话, B.货品编码, B.订货日期
    FROM 客户信息 A INNER JOIN
        订单信息 B ON A.编号 = B.客户编号
GO
- -查询客户订购信息
SELECT A.姓名, A.电话, A.订货日期, B.货品名称, B.供应商
    FROM 客户订单视图 A INNER JOIN 货品信息视图 B ON A.货品编码=B.编码
GO
```

因为 CREATE VIEW 建立视图语句不能和其使用语句同在一个批处理中，所以需要 GO 命令将 CREATE VIEW 语句与其下面的语句（SELECT）分成两个批处理。否则 SQL Server 2008 将报语法错误。

7.1.2 脚本

脚本是批处理的存在方式，将一个或多个批处理组织到一起就是一个脚本，如我们在查询设计器中执行的各个实例都可以称为一个脚本。将脚本保存到磁盘文件上就称为脚本文件。使用脚本文件对重复操作或几台计算机之间交换 SQL 语句是非常有用的。

脚本可以在查询设计器中执行。查询设计器是编辑、调试和使用脚本的最好环境。

在查询设计器中，例 7-1 的脚本文件演示如图 7-1 所示。

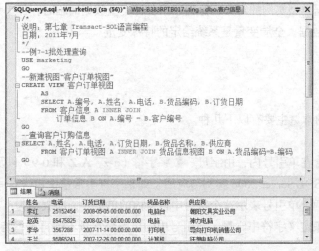

图 7-1 脚本文件演示

7.1.3 注释

从图7-1中可见，脚本文件除了含有Transact_SQL语句外，还包含有对SQL语句进行说明的注释。注释是不能执行的文本字符串，或暂时禁用的部分语句。为程序加上注释不仅能使程序易懂，更有助于日后的管理和维护。注释通常用于记录程序名、作者姓名和主要的程序更改日期，也用于描述复杂计算或解释编程方法等。SQL Server 2008支持两种形式的注释语句，即行内注释和块注释。

图7-1中"－－"以后的文本为行内注释，放在"/*"和"*/"内的文本为块注释。

1. 行内注释

行内注释的语法格式为：

－ －注释文本

从双连字符"－－"开始到行尾均为注释，但前面可以有执行的代码。对于多行注释，必须在每个注释行的开始都是用双连字符。

2. 块注释

块注释的语法格式为：

/*注释文本*/

或：

/*
注释
文本
*/

这些注释文本可以与执行代码处于同一行，也可以另起一行，甚至可以放在可执行代码内。从开始注释字符对"/*"到结束字符对"*/"之间的全部内容均视为注释部分。

7.2 常量和变量

常量和变量是程序设计中不可缺少的元素。变量又分为局部变量和全局变量，局部变量是一个能够保存特定数据类型实例的对象，是程序中各种类型数据的临时存储单元，用于在批处理内SQL语句之间传递数据。全局变量是系统给定的特殊变量。

7.2.1 常量

Transact-SQL的常量主要有以下几种。

1. 字符串常量

字符串常量包含在单引号内，由字母、数字字符（a-z、A-Z和0-9）以及特殊字符（如!、@和#）组成。例如：'SQL Server 2008实例与应用'。如果字符串常量中包含有一个单引号，如I'm a Student，可以使用两个单引号表示这个字符串常量内的单引号，即表示为：'I''m a Student'；或者可以使用双引号来定义字符串常量，双引号中的单引号常量不需再进行特别定义，如"I'm a Student"。

在字符串常量前面加上字符 N，则表明该字符串常量是 Unicode 字符串常量，如 N 'Mary'是
Unicode 字符串常量，而'Mary'是字符串常量。Unicode 数据中的每个字符都使用两个字节存储，
而字符数据中的每个字符则都使用一个字节进行存储。

2．数值常量

数值常量分为：二进制常量、bit 常量、integer 常量、decimal 常量、float 常量、real 常量、
money 常量、uniqueidentifier 常量、指定负数和正数。数字常量不需要使用引号。

二进制常量：具有前缀 0X，并且是十六进制数字字符串。例如 0X12EF、0XFF。

bit 常量：使用 0 或 1 表示，如果使用一个大于 1 的数字，它将被转换为 1。

integer 常量：整数常量，不能包含小数点。例如 1987。

decimal 常量：可以包含小数点的数值常量。例如 1876.21。

float 常量和 real 常量：使用科学记数法表示，例如 101.5E6、54.8E10 等。

money 常量：货币常量，以$作为前缀，可以包含小数点。例如$12.54、$768.32。

指定负数和正数：在数字前面添加+或−，指明一个数是正数还是负数。例如+16542、+123E−3、
−￥45.35。

3．日期常量

使用特定格式的字符日期值表示，并被单引号括起来。例如'19831231 '、'1976/04/23 '、'14:30:24 '、
'04:24PM '、'May 04, 1998 '。

7.2.2　局部变量

局部变量是用户在程序中定义的变量，一次只能保存一个值，它仅在定义的批处理范围内有
效。局部变量可以临时存储数值。局部变量名总是以@符号开始，最长为 128 个字符。

使用 DECLARE 语句声明局部变量，定义局部变量的名字、数据类型，有些还需要确定变量
的长度。

局部变量的初值为 NULL（空），可以使用 SELECT 语句或 SET 语句对局部变量进行赋值。
SET 语句一次只能给一个局部变量赋值。SELECT 语句可以同时给一个或多个变量赋值。

使用 SELECT 语句对一个局部变量赋值时，如果该 SELECT 语句返回了多个值，则这个局部
变量将取得该语句返回的最后一个值。此外，使用 SELECT 语句赋值时，如果省略了赋值号及后
面的表达式，则可以将局部变量显示出来，起到与 PRINT 语句同样的作用。

例 7-2　定义两个局部变量，用它们显示当前的日期。

首先定义两个局部变量，分别用来存储当前日期和字符串。局部变量以@开始，定义的变量
名字分别为@todayDate、@dispStr，变量的数据类型分别为定长和变长字符串。

在查询设计器中运行如下命令。

```
DECLARE @todayDate char(10), @dispStr varchar(20) − −定义两个局部变量
SET @todayDate =GETDATE()          − −给变量@todayDate 赋值
SET @dispStr ='今天的日期为：'    − −给变量@dispStr 赋值
PRINT @dispStr + @todayDate       − −显示局部变量的内容
SELECT @dispStr + @todayDate      − −显示局部变量的内容
GO
```

这里给出了两种显示的方式，PRINT 显示在"消息"框，SELECT 显示在"网格"框，运行

结果如图 7-2 所示。

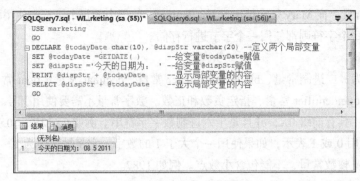

图 7-2　显示今天的日期

例 7-3　利用例 7-1 给出的"客户订单视图"，将客户编号为 2 的客户订货信息显示为一条消息，该消息给出客户姓名、电话、订货日期、货品名称、供应商。

具体的查询语句和例 7-1 类似，区别是添加一个查询条件，编号=2。

在查询设计器中运行如下命令。

```
- -定义局部变量
DECLARE @uName VARCHAR(10), @uTel VARCHAR(10), @uOrder VARCHAR(10)
DECLARE @goodN VARCHAR(30), @Company VARCHAR(30)
DECLARE @MsgStr VARCHAR(80)
- -变量赋值
SELECT @uName=A.姓名, @uTel=A.电话, @uOrder=A.订货日期, @goodN=B.货品名称,
@Company=B.供应商
      FROM 客户订单视图 A INNER JOIN 货品信息视图 B ON A.货品编码=B.编码
SET @MsgStr='客户' + @uName + '联系电话' + @uTel + '于' + @uOrder + '订购了' + @Company
+ '的' + @goodN + '。'
- -显示信息
PRINT @MsgStr
GO
```

运行结果如图 7-3 所示。

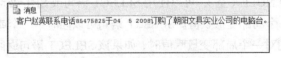

图 7-3　在消息框输出的消息

局部变量的作用域，即可以引用该变量的范围，只是在声明它的批处理内。对于后面将讨论的存储过程和触发器，局部变量的作用域，也只能在其内部使用。一旦批处理、存储过程或触发器结束，局部变量将自行消失。

例 7-4　局部变量引用出错的演示。

注意批处理结束的位置 GO。下面的脚本将出错。

```
DECLARE @DispStr VARCHAR(20)
SET @DispStr = '这是一个局部变量错误引用的演示。'
GO
- -批处理在这里已经结束，局部变量被清除
PRINT @DispStr
GO
```

运行结果如图 7-4 所示。

```
SQLQuery7.sql - WL..rketing (sa (55))*
    USE marketing
    GO
  DECLARE @DispStr VARCHAR(20)
  └ SET @DispStr = '这是一个局部变量错误引用的演示。'
    GO
    --批处理在这里已经结束，局部变量被清除
    PRINT @DispStr
    GO
```

消息
消息 137，级别 16，状态 2，第 2 行
必须声明标量变量 "@DispStr"。

图 7-4　局部变量错误引用的演示

7.2.3　全局变量

全局变量是 SQL Server 系统提供并赋值的变量。用户不能定义全局变量，也不能用 SET 语句来修改全局变量。通常是将全局变量的值赋给局部变量，以便保存和处理。事实上，在 SQL Server 中，全局变量是一组特定的函数，它们的名称是以@@开头，而且不需要任何参数，在调用时无需在函数名后面加上一对圆括号，这些函数也称为无参数函数。

例如，@@ERROR 返回最后执行的 Transact-SQL 语句的错误代码。@@VERSION 返回 SQL Server 2008 当前安装的日期、版本和处理器类型。@@MAX_CONNECTIONS 返回 SQL Server 2008 上允许的同时用户连接的最大数。@@LANGUAGE 返回当前使用的语言名。还有其他的全局变量，请参阅联机帮助。

例 7-5　利用全局变量查看 SQL Server 2008 的版本、当前所使用的语言、服务器及服务的名称。
在查询设计器中运行如下语句。

```
PRINT '所用 SQL Server 2008 的版本信息'
PRINT  @@VERSION  --显示版本信息
PRINT  ''         --空一行
PRINT  '服务器名称为： ' + @@SERVERNAME
PRINT  '所用的语言为： ' + @@LANGUAGE
PRINT  '所用的服务为： ' + @@SERVICENAME
GO
```

运行结果如图 7-5 所示。

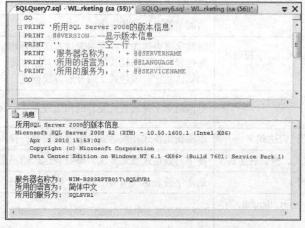

图 7-5　全局变量的使用

7.3 系统函数

函数对于任何程序设计语言都是非常关键的组成部分。SQL Server 2008 提供的函数分为以下几类：集合函数、配置函数、游标函数、日期函数、数学函数、元数据函数、行集函数、安全函数、字符串函数、系统综合函数、文本和图像函数。一些函数提供了取得信息的快捷方法。函数有值返回，值的类型取决于所使用的函数。一般来说，允许使用变量、字段或表达式的地方都可以使用函数。

有些函数已经有过介绍，如集合函数在第 5 章数据查询中已经有过介绍，这里只是做一下重点介绍，详细内容可参考联机帮助。

7.3.1 字符串函数

字符串函数用于对字符串进行连接、截取等操作。表 7-1 列出了常用的字符串函数。

表 7-1　　　　　　　　　　　　　字符串函数及其功能

字符串函数	功　　能
ASCII（字符表达式）	返回字符表达式最左边字符的 ASCII 码
CHAR（整型表达式）	将一个 ASCII 码转换为字符，ASCII 码应在 0~255 之间
SPACE（整型表达式）	返回 n 个空格组成的字符串，n 是整型表达式的值
LEN（字符表达式）	返回字符表达式的字符（而不是字节）个数，不计算尾部的空格
RIGHT（字符表达式，整型表达式）	从字符表达式中返回最右边的 n 个字符，n 是整型表达式的值
LEFT（字符表达式，整型表达式）	从字符表达式中返回最左边的 n 个字符，n 是整型表达式的值
SUBSTRING（字符表达式，起始点，n）	返回字符串表达式中从"起始点"开始的 n 个字符
STR（浮点表达式[，长度[，小数]]）	将浮点表达式转换为所给定长度的字符串，小数点后的位数由所给出的"小数"决定
LTRIM（字符表达式）	去掉字符表达式的前导空格
RTRIM（字符表达式）	去掉字符表达式的尾部空格
LOWER（字符表达式）	将字符表达式的字母转换为小写字母
UPPER（字符表达式）	将字符表达式的字母转换为大写字母
REVERSE（字符表达式）	返回字符表达式的逆序
CHARINDEX（字符表达式 1，字符表达式 2，[开始位置]）	返回字符表达式 1 在字符表达式 2 的开始位置，可从所给出的"开始位置"进行查找，如果没指定开始位置，或者指定为负数或 0，则默认从字符表达式 2 的开始位置查找
DIFFERENCES（字符表达式 1，字符表达式 2）	返回两个字符表达式发音的相似程度（0~4），4 表示发音最相似
PATINDEX（"%模式%"，表达式）	返回指定模式在表达式中的起始位置，找不到时为 0
REPLICATE（字符表达式，整型表达式）	将字符表达式重复多次，整数表达式给出重复的次数
SOUNDEX（字符表达式）	返回字符表达式所对应的 4 个字符的代码
STUFF（字符表达式 1，start，length，字符表达式 2）	字符表达式 1 中从"start"开始的"length"个字符换成字符表达式 2

续表

字符串函数	功　　能
NCHAR（整型表达式）	返回 Unicode 的字符
UNICODE（字符表达式）	返回字符表达式最左侧字符的 Unicode 代码
+	将字符串进行连接

例 7-6　给出字段"计算机"在语句"深圳现代计算机股份有限公司"中的位置。

在查询设计器中运行如下命令。

```
SELECT CHARINDEX('计算机','深圳现代计算机股份有限公司') 开始位置
DECLARE @@StrTarget VARCHAR(30)
SET @@StrTarget = '深圳现代计算机股份有限公司'
SELECT CHARINDEX('计算机',@@StrTarget) 开始1位置,
    CHARINDEX('计算机','深圳现代计算机股份有限公司') 开始2位置
GO
```

运行结果如图 7-6 所示。

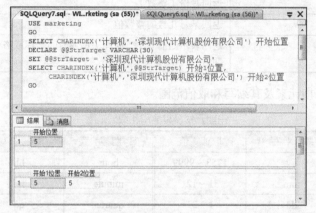

图 7-6　使用 CHARINDEX 函数

例 7-7　REPLICATE 和 SPACE 函数的练习。

在查询设计器中运行如下命令。

```
SELECT REPLICATE('*',10), SPACE(10), REPLICATE('大家好! ',2),SPACE(10),REPLICATE('*',10)
PRINT REPLICATE('*',10)+SPACE(10)+REPLICATE('大家好! ',2)+SPACE(10)+REPLICATE('*',10)
GO
```

运行结果如图 7-7 所示。

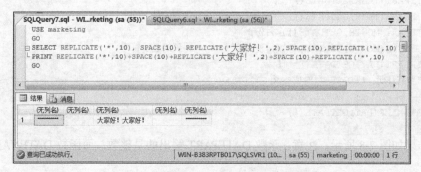

图 7-7　使用 REPLICATE 和 SPACE 函数

7.3.2 日期函数

日期函数用来显示日期和时间的信息，它们处理 datatime 和 smalldatatime 的值，并对其进行算术运算。表 7-2 列出了所有日期函数。

表 7-2　　　　　　　　　　　　　　　　日期函数

日 期 函 数	功　　能
GETDATE ()	返回服务器的当前系统日期和时间
DATENAME（日期元素，日期）	返回指定日期的名字，返回字符串
DATEPART（日期元素，日期）	返回指定日期的一部分，用整数返回
DATEDIFF（日期元素，日期 1，日期 2）	返回两个日期间的差值并转换为指定日期元素的形式
DATEADD（日期元素，数值，日期）	将日期元素加上日期产生新的日期
YEAR（日期）	返回年份（整数）
MONTH（日期）	返回月份（整数）
DAY（日期）	返回某月几号的整数值
GETUTCDATE()	返回表示当前 UTC 时间（世界时间坐标或格林尼治标准时间）的日期值

表 7-3 给出了日期元素及其缩写和取值范围。

表 7-3　　　　　　　　　　　　　日期元素及其缩写和取值范围

日 期 元 素	缩　　写	取　　值	日 期 元 素	缩　　写	取　　值
year	yy	1753～9999	hour	hh	0～23
month	mm	1～12	minute	mi	0～59
day	dd	1～31	quarter	qq	1～4
day of year	dy	1～366	second	ss	0～59
week	wk	0～52	millisecond	ms	0～999
weekday	dw	1～7			

例 7-8　给出服务器当前的系统日期与时间，给出系统当前的月份和月份名字。

在查询设计器中运行如下命令。

```
SELECT GETDATE() 当前日期和时间,
    DATEPART(YEAR,GETDATE()) 年,
    DATENAME(YEAR,GETDATE()) 年名,        --得到的是字符串
    DATEPART(MONTH,GETDATE()) 月份,
    DATENAME(MONTH,GETDATE()) 月份名,      --得到的是字符串
    DATEPART(DAY,GETDATE()) 日
PRINT '当前日期:'+DATENAME(YEAR,GETDATE())
    +'年'+DATENAME(MONTH,GETDATE())+'月'
    +DATENAME(DAY,GETDATE())+'日'
GO
```

运行结果如图 7-8 所示。注意：函数 DATEPART 输出的是整数，而函数 DATENAME 输出的是字符串。

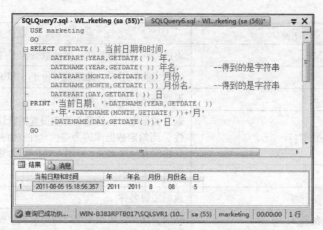

图 7-8　使用 DATEPART 和 DATENAME 函数

例 7-9　Mary 的生日为 1980/8/13，请使用日期函数计算 Mary 的年龄和天数。

在查询设计器中运行如下命令。

```
SELECT 年龄=DATEDIFF(yy,'1980/8/13',GETDATE()),
    天=DATEDIFF(dd,'1980/8/13',GETDATE())
GO
```

运行结果如图 7-9 所示。

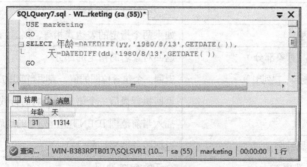

图 7-9　计算 Mary 的年龄与天数

7.3.3　系统综合函数

系统综合函数用来获得 SQL Server 2008 的有关信息。表 7-4 列出了最常用的系统综合函数。

表 7-4　　　　　　　　　　　　　　系统综合函数

系统综合函数	功　　能
APP_NAME()	返回当前会话的应用程序名称（如果应用程序进行了设置）
CASE 表达式	计算条件列表，并返回表达式的多个可能结果之一
CAST（表达式 AS 数据类型）	将表达式显式转换为另一种数据类型
CONVERT(数据类型[(长度)]，表达式 [, style])	将表达式显式转换为另一种数据类型。CAST 和 CONVERT 提供相似的功能
COALESCE（表达式[,...n]）	返回列表清单中第一个非空表达式

系统综合函数	功　能
CURRENT_TIMESTAMP	返回当前日期和时间。此函数等价于 GETDATE()
CURRENT_USER	返回当前的用户。此函数等价于 USER_NAME()
DATALENGTH（表达式）	返回表达式所占用的字节数
GETANSINULL（['数据库']）	返回数据库中列值是否为空设置的默认特性（简称默认为空性）。当给定数据库的为空性允许空值并且列或数据类型的为空性没有显式定义，GETANSINULL 返回 1
HOST_ID()	返回主机标识
HOST_NAME()	返回主机名称
IDENT_CURRENT（'表名'）	任何会话和任何范围中对指定的表生成的最后标识值
IDENT_INCR（'表或视图'）	返回表的标识列的标识增量
IDENT_SEED（'表或视图'）	返回种子值，该值是在带有标识列的表或视图中创建标识列时指定的值
IDENTITY（数据类型[,种子，增量]）AS 列名	在 SELECT INTO 中生成新表时，指定标识列
ISDATE（表达式）	表达式为有效日期格式时返回 1，否则返回 0
ISNULL（被测表达式，替换值）	表达式值为 NULL 时，用指定的替换值进行替换
ISNUMERIC（表达式）	表达式为数值类型时返回 1，否则返回 0
NEWID()	生成全局唯一标识符
NULLIF（表达式，表达式）	如果两个指定的表达式相等，则返回空值
PARSENAME（'对象名',对象部分）	返回对象名的指定的部分
PERMISSIONS（[对象标识 [,'列']]）	返回一个包含位图的值，表明当前用户的语句、对象或列权限
ROWCOUNT_BIG()	返回执行最后一个语句所影响的行数
SCOPE_IDENTITY()	插入当前范围 IDENTITY 列中的最后一个标识值
SERVERPROPERTY（属性名）	返回服务器属性的信息
SESSIONPROPERTY（选项）	会话的 SET 选项
STATS_DATE(table_id,index_id)	对 table_id 的 index_id 更新分配页的日期
USER_NAME([id])	返回给定标识号的用户数据库用户名

这里重点介绍两个数据类型转换函数 CAST 和 CONVERT，在 SQL Server 2008 中，有些数据类型之间会自动进行转换，有些类型之间则必须显式地进行转换，还有些数据类型之间是不允许转换的。

1. CAST 函数

语法格式为：

```
CAST(表达式 AS 数据类型)
```

将其中的表达式转换成指定的数据类型，这里的表达式是任何有效的 SQL Server 2008 表达式，数据类型只能是系统数据类型，不能是用户自定义数据类型。

例 7-10 Mary 的生日为 1980/8/13，请使用日期函数计算 Mary 的年龄和天数，并以消息的方式输出。

　　由 DATEDIFF 得到的年龄和天数均为整数，显示时需要进行类型转换。在查询设计器中运行如下命令。

```
PRINT 'Mary 的年龄是'+CAST(DATEDIFF(yy,'1980/8/13',GETDATE()) AS CHAR(2))
+'岁，核'+CAST(DATEDIFF(day,'1980/8/13',GETDATE()) AS CHAR(5))+'天。'
GO
```

执行结果如图 7-10 所示。

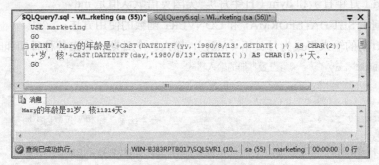

图 7-10　Mary 的年龄与天数

2．CONVERT 函数

　　如果希望指定类型转换后数据的样式，则应使用 CONVERT 函数进行数据类型转换。

　　语法格式为：

```
CONVERT(数据类型[(长度)]，表达式[, style])
```

　　将其中的表达式转换成指定的数据类型，这里的表达式是任何有效的 SQL Server 2008 表达式，数据类型只能是系统数据类型，不能是用户自定义数据类型。长度是可选参数，用于指定 nchar、nvarchar、char、varchar 等字符串数据的长度；style 也是可选参数，用于指定将 datetime 或 smalldatetime 转换为字符串数据时所返回日期字符串的日期格式，也用于指定 float、real 转换成字符串数据时所返回的字符串数字格式，或者用于指定将 money、smallmoney 转换为字符串数据所返回字符串的货币格式。表 7-5 列出了 style 参数的典型取值。

表 7-5　　　　　　　　　　　style 参数的典型取值

日期 style 取值		返回字符串的日期时间格式	
两位数年份	4 位数年份		
2	102	yy.mm.dd	返回年月日
8	108	hh:mm:ss	只返回时间
11	111	yy/mm/dd	
-	120	yy-mm-dd hh:mm:ss	返回年月日和时间
实数 style 取值		返回数字字符串的格式	
0（默认值）		最大为 6 位数，根据需要使用科学计数法	
1		始终为 8 位值，始终使用科学计数法	
2		始终为 16 位值，始终使用科学计数法	
货币 style 取值		返回货币字符串的格式	
0（默认值）		小数点左侧每 3 位数字之间不以逗号分隔，小数点右侧取两位数，例如 4235.98	
1		小数点左侧每 3 位数字之间以逗号分隔，小数点右侧取两位数，例如 3510.92	
2		小数点左侧每 3 位数字之间不以逗号分隔，小数点右侧取 4 位数，例如 4235.9819	

为了说明这个函数，这里先引进一种设置日期输入格式的方法 SET DATEFORMAT。它用于设置输入 datetime 或 smalldatetime 数据的日期部分（年/月/日）的顺序。

语法格式为：

```
SET DATEFORMAT {格式 | @格式变量}
```

格式是日期部分的顺序。有效参数包括 mdy（月日年）、dmy（日月年）、ymd（年月日）、ydm（年日月）、myd（月年日）和 dym（日年月）。美国英语默认值是 mdy。

例 7-11 演示 SET DATEFORMAT 和 CONVERT 函数的使用方法。

首先设置日期的输入格式为月日年（mdy），输入一个日期，输出各种日期和时间的格式。

```
SET DATEFORMAT mdy        - -设置日期的输入格式
DECLARE @dt DATETIME, @rl REAL, @my MONEY
SET @dt='03.03.08 03:03:03 PM'
SET @rl=2344667.1234                              - -注意7位和6位数的不同
SET @my=9635225.3685
SELECT 默认格式=@dt,                               - -以缺省格式返回
    仅有日期=CONVERT(varchar(30), @dt, 102),       - -返回日期
    仅有时间=CONVERT(varchar(30), @dt, 108),       - -返回日期中的时间
    仅有日期=CONVERT(varchar(30), @dt, 111),       - -返回日期中的年月日
    日期和时间=CONVERT(varchar(30), @dt, 120)      - -返回日期中的年月日和时间
SELECT 实数6位=CONVERT(varchar(20), @rl, 0),       - -返回6位数，必要时采用科学计数法
    实数8位=CONVERT(varchar(20), @rl, 1),          - -返回8位数，采用科学计数法
    实数16位=CONVERT(varchar(22), @rl, 2)          - -返回16位数，采用科学计数法
SELECT 货币默认=CONVERT(varchar(25), @my, 0),      - -整数不用逗号分隔，小数点后取两位
    货币1=CONVERT(varchar(25), @my, 1),            - -整数用逗号分隔，小数点后取两位
    货币2=CONVERT(varchar(25), @my, 2)             - -整数不用逗号分隔，小数点后取四位
GO
```

执行后的运行结果如图 7-11 所示。

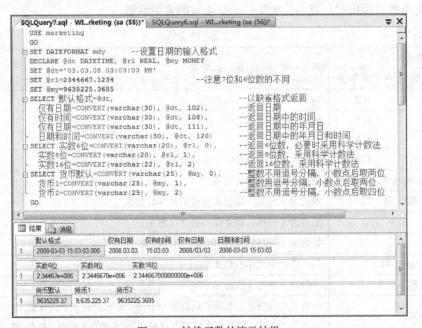

图 7-11　转换函数的演示结果

7.3.4　数学函数

数学函数用来对数值型数据进行数学运算。表 7-6 列出了常用的数学函数。

表 7-6　　　　　　　　　　　　　　　数学函数

数 学 函 数	功　　能
ABS（数值表达式）	返回表达式的绝对值（正值）
ACOS（浮点表达式）	返回浮点表达式的反余弦值（值为弧度）
ASIN（浮点表达式）	返回浮点表达式的反正弦值（值为弧度）
ATAN（浮点表达式）	返回浮点表达式的反正切值（值为弧度）
ATN2（浮点表达式1，浮点表达式2）	返回以弧度为单位的角度,此角度的正切值在所给的浮点表达式 1 和浮点表达式 2 之间
COS（浮点表达式）	返回浮点表达式的三角余弦
COT（浮点表达式）	返回浮点表达式的三角余切
CEILING（数值表达式）	返回大于或等于数值表达式值的最小整数
DEGREES（数值表达式）	将弧度转换为度
EXP（浮点表达式）	返回数值的指数形式
FLOOR（数值表达式）	返回小于或等于数值表达式值的最大整数，CEILING 的反函数
LOG（浮点表达式）	返回数值的自然对数值
LOG10（浮点表达式）	返回以 10 为底的浮点数的对数
PI ()	返回π的值 3.141 592 653 589 793 1
POWER（数字表达式，幂）	返回数字表达式值的指定次幂的值
RADIANS（数值表达式）	将度转换为弧度，DEGREES 的反函数
RAND（[整型表达式]）	返回一个 0 到 1 之间的随机十进制数
ROUND（数值表达式，整型表达式）	将数值表达式四舍五入为整型表达式所给定的精度
SIGN（数值表达式）	符号函数，正数返回 1，负数返回−1，0 返回 0
SQUARE（浮点表达式）	返回浮点表达式的平方
SIN（浮点表达式）	返回角（以弧度为单位）的三角正弦
SQRT（浮点表达式）	返回一个浮点表达式的平方根
TAN（浮点表达式）	返回角（以弧度为单位）的三角正切

例 7-12　将 180° 转换为弧度，并使用 CEILING、FLOOR 函数给出大于它的最小整数和小于它的最大整数。

在查询设计器中运行如下命令。

```
SELECT 弧度=RADIANS(180.),
    大于的最小整数= CEILING (RADIANS(180.)),
    小于的最大整数= FLOOR (RADIANS(180.))
GO
```

运行结果如图 7-12 所示。

图 7-12　使用数学函数的演示

7.3.5　元数据函数

返回有关数据库和数据库对象的信息，是一种查询系统表的快捷方法。表 7-7 列出了常用的元数据函数。

表 7-7　　　　　　　　　　　　　　　元数据函数

元数据函数	功　能
COL_LENGTH('table' ,'column')	返回列的长度（以字节为单位）
COL_NAME(table_id ,column_id)	返回数据库列的名称
DB_ID(['database_name'])	返回数据库标识（ID）
DB_NAME(database_id)	返回数据库名
FILE_ID('文件名')	返回当前数据库中逻辑文件名所对应的文件标识（ID）
FILE_NAME(文件标识)	返回文件标识（ID）所对应的逻辑文件名
FILEGROUP_ID('文件组名')	返回文件组名称所对应的文件组标识（ID）
FILEGROUP_NAME(文件组标识)	返回给定文件组标识（ID）的文件组名
INDEX_COL('table',index_id ,key_id)	返回索引列名称
OBJECT_ID('object')	返回数据库对象标识
OBJECT_NAME(object_id)	返回数据库对象名
COLUMNPROPERTY(id ,column ,property)	返回列的属性值
DATABASEPROPERTY(database ,property)	返回数据库属性值
DATABASEPROPERTYEX(database ,property)	返回数据库选项或属性的当前设置
FILEGROUPPROPERTY(filegroup_name,property)	返回文件组属性值
INDEXPROPERTY(table_ID ,index,property)	返回索引属性值
OBJECTPROPERTY(id ,property)	返回当前数据库的对象信息
TYPEPROPERTY(type ,property)	返回有关数据类型的信息
SQL_VARIANT_PROPERTY(expression,property)	返回有关 sql_variant 值的基本数据类型和其他信息
INDEXKEY_PROPERTY(table_ID,index_ID,key_ID,property)	返回有关索引键的信息
FULLTEXTCATALOGPROPERTY(catalog_name,property)	返回有关全文目录属性的信息
FULLTEXTSERVICEPROPERTY(property)	返回有关全文服务级别属性的信息
fn_listextendedproperty	返回数据库对象的扩展属性值

例 7-13　显示"客户信息"表第 2 列的名字。

在查询设计器中运行如下命令。

```
SELECT COL_NAME(OBJECT_ID('客户信息'), 2)
GO
```

运行结果为：姓名

7.3.6   安全函数

表 7-8 列出了常用的安全函数。

表 7-8   安全函数

安 全 函 数	功　　能
USER	返回当前用户的数据库用户名
USER_ID(['user'])	返回用户标识（ID）
SUSER_SID(['login'])	返回登录账户的安全标识（SID）
SUSER_SNAME([server_user_sid])	根据用户的安全标识（SID）返回登录账户名
IS_MEMBER({'group'|'role'})	返回当前用户是否为所给定的 Microsoft® Windows NT®组或 Microsoft SQL Server 2008™角色的成员，1 为是，0 为不是，参数无效则返回 NULL
IS_SRVROLEMEMBER('role'[,'login'])	指明当前的用户登录是否为所给定的服务器角色的成员，1 为是，0 为不是，参数无效则返回 NULL
HAS_DBACCESS('database_name')	返回用户是否可以访问所给定的数据库，1 为可以，0 为不可以，数据库名无效则返回 NULL
fn_trace_gettable([@filename=]filename, [@numfiles=] number_files)	以表格格式返回跟踪文件的信息
fn_trace_getinfo([@traceid=]trace_id)	返回给定的跟踪或现有跟踪的信息。所给出的 trace_id 为跟踪的 ID，Property 为跟踪的属性
fn_trace_getfilterinfo([@traceid=]trace_id)	返回有关应用于指定跟踪的筛选的信息
fn_trace_geteventinfo([@traceid=]trace_id)	返回有关跟踪的事件信息

例 7-14 返回当前用户的数据库用户名、用户 ID、SA 的登录 ID。

在查询设计器中运行如下命令。

```
SELECT 数据库用户=USER, 用户的 ID= USER_ID(USER),
    SA 的登录 ID=SUSER_SID('SA')
GO
```

运行结果如图 7-13 所示。

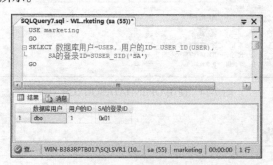

图 7-13   安全函数的演示

7.3.7 行集函数

行集函数返回的对象可在 Transact-SQL 语句中作为表进行引用。表 7-9 列出了常用的行集函数。

表 7-9　　　　　　　　　　　　　　　　行集函数

行 集 函 数	功　　　能
CONTAINSTABLE(table,{column|*},'<contains_search_condition >'[, top_n_ by_rank])	返回具有零行、一行或多行的表格，列中的字符串数据用精确或模糊方式匹配单词或短语，让单词相互近似或进行加权匹配
FREETEXTTABLE(table,{column|*},'freetext_string'[,top_n_by_rank])	返回具有零行、一行或多行的表格，匹配 freetext_string 中文本的含义。table 是进行全文查询的表，column 是包含字符串数据的列
OPENDATASOURCE(provider_name,init_string)	将特殊的连接信息作为 4 部分对象名的第一部分，代替连接的服务器名，只能引用 OLE DB 数据源
OPENQUERY(linked_server,'query')	在给定的连接服务器（一个 OLE DB 数据源）上执行指定的直接传递查询
OPENROWSET('provider_name',{'datasource';'user_id';'password'|'provider_string'},{[[catalog.][schema.]object|'query'})	返回访问 OLE DB 数据源中的远程数据所需的全部连接信息
OPENXML(idoc int [in],rowpattern nvarchar[in],[flags byte[in]]) [WITH (SchemaDeclaration | TableName)]	OPENXML 通过 XML 文档提供行集视图

例 7-15　使用 OPENDATASOURCE 函数访问 marketing 数据库的"客户信息"表的数据。在查询设计器中运行如下命令。

```
SELECT * FROM OPENDATASOURCE
('SQLOLEDB','Data Source=LEIQIYAN\SQLSRV1;User ID=sa;Pwd=vivid168')
.marketing.dbo.客户信息
GO
```

运行结果如图 7-14 所示。

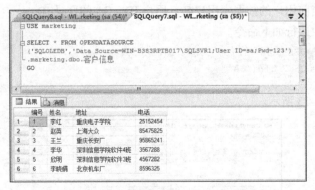

图 7-14　使用 OPENDATASOURCE 函数

7.3.8 游标函数

表 7-10 列出了常用的游标函数。

表 7-10　　　　　　　　　　　　　　　　　游标函数

游 标 函 数	功　　能
CURSOR_STATUS({'local','cursor_name'}|{'global','curs or_ name'}|{'variable','cursor_variable'})	一个标量函数，显示过程是否已为给定的参数返回游标或结果集
@@CURSOR_ROWS	返回所打开游标的合格行数
@@FETCH_STATUS	返回被 FETCH 语句执行的最后游标的状态，0 为 FETCH 成功，−1 为 FETCH 失败，−2FETCH 的行不存在

本章的 7.6 节中有游标函数的应用实例。

7.3.9　配置函数

配置函数给出系统当前的参数，它是全局变量的一部分，表 7-11 列出了常用的配置函数。

表 7-11　　　　　　　　　　　　　　　　　配置函数

配 置 函 数	功　　能
@@DATEFIRST	返回 SET DATEFIRST 参数的当前值。SET DATEFIRST 设置每周哪一天为第一天，其中 1 对应星期一，2 对应星期二，依此类推。例如，SET DATEFIRST 5 表示设置星期五为每周第一天，此时@@DATEFIRST 的值为 5
@@DBTS	返回 timestamp 数据类型的当前值
@@LANGID	返回当前使用语言的 ID
@@LANGUAGE	返回当前使用语言的名称
@@LOCK_TIMEOUT	返回当前会话锁定的超时设置，单位为毫秒
@@MAX_CONNECTIONS	返回允许用户同时连接的最大数
@@MAX_PRECISION	返回 decimal 和 numeric 数据类型的精度
@@NESTLEVEL	返回当前存储过程执行的嵌套层次（初始值为 0）
@@OPTIONS	返回当前 SET 选项的信息
@@REMSERVER	返回远程 SQL Server 数据库服务器的名称
@@SERVERNAME	返回运行 SQL Server 的本地服务器名称
@@SERVICENAME	返回 SQL Server 所用的注册表的键值的名称。若当前实例为默认实例，则返回 MSSQLServer；若当前实例是命名实例，则返回实例名
@@SPID	返回当前用户进程的 ID
@@TEXTSIZE	返回 SET 语句 TEXTSIZE 选项的当前值
@@VERSION	返回 SQL Server 当前安装的日期、版本和处理器类型

例 7-16　给出 SQL Server 2008 的最大连接数。

在查询设计器中运行如下命令。

```
SELECT @@Max_Connections
GO
```

运行结果为 32767。

7.3.10 文本和图像函数

文本和图像函数用于对 text 和 image 数据进行操作，返回有关这些值的信息。表 7-12 列出了常用的文本和图像函数，以备需要时查找。

表 7-12　　　　　　　　　　　SQL Server 2008 的文本和图像函数

文本和图像函数	功　　能
PATINDEX（"%模式%"，表达式）	返回指定模式的开始位置，若无则返回 0
TEXTPTR (列名)	以二进制形式返回对应于 text、image 列的 16 字节文本指针值
TEXTVALID（"表名.列名"，textptr)	检查 text 或 image 指针对表列有效，则返回 1，否则返回 0

7.4　流程控制语句

流程控制语句是组织较复杂 Transact-SQL 语句的语法元素，在批处理、存储过程、脚本和特定的检索中使用。它们包括条件控制语句、无条件转移语句和循环语句等。

先通过一个问题来看流程控制语句的作用。

例 7-17　由"订单信息"表和"销售人员"表，给出每个销售人员的订单个数的统计。

这是一个较为复杂的查询，通过单个的 SQL 语句来实现难度很大，这里分为两步，首先通过临时表（名字以井号"#"开始）得到每个销售工号的订单数，然后通过一个循环输出每个销售的订单信息。该题既对前面的查询语句进行了复习，也引进了流程控制的内容。

在查询设计器中运行如下命令。

```
- -生成临时表得到每个销售工号的订单数
SELECT 销售工号, 订单数=COUNT(销售工号) INTO #ORDERNUM
    FROM 订单信息 GROUP BY 销售工号
- -显示每个销售的订单数
DECLARE @WkNo INT - -工号作为循环变量
SET @WkNo = 1
WHILE @WkNo<100        - -工号的上限控制循环结束
BEGIN
    DECLARE @SALES VARCHAR(10), @NUM INT
    IF @WkNo IN(SELECT 工号 FROM 销售人员) - -如果该工号有效
    BEGIN   - -显示该工号销售的订单数量
        SELECT @SALES=A.姓名, @NUM=B.订单数
            FROM 销售人员 A LEFT JOIN #ORDERNUM B ON A.工号=B.销售工号
            WHERE 工号=@WkNo
        IF @NUM IS NULL
            PRINT @SALES + '无订单'
        ELSE
            PRINT @SALES + '订单数: ' + CAST(@NUM AS VARCHAR(4))
    END
    SET @WkNo=@WkNo+1  - -循环变量递增
END
GO
```

运行结果如图 7-15 所示。

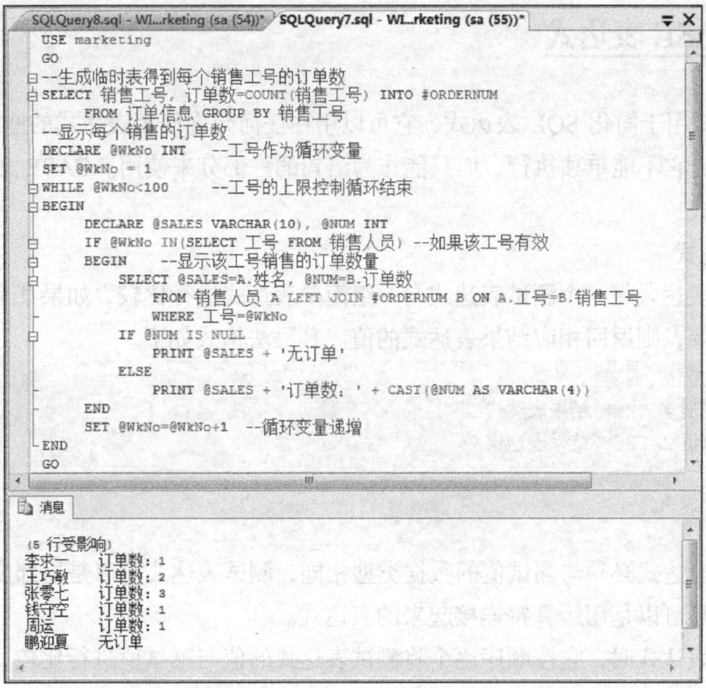

```
SQLQuery8.sql - WI...rketing (sa (54))*   SQLQuery7.sql - WI...rketing (sa (55))*      ▼ ×
  USE marketing
  GO
  --生成临时表得到每个销售工号的订单数
  SELECT 销售工号, 订单数=COUNT(销售工号) INTO #ORDERNUM
        FROM 订单信息 GROUP BY 销售工号
  --显示每个销售的订单数量
  DECLARE @WkNo INT    --工号作为循环变量
  SET @WkNo = 1
  WHILE @WkNo<100    --工号的上限控制循环结束
  BEGIN
        DECLARE @SALES VARCHAR(10), @NUM INT
        IF @WkNo IN(SELECT 工号 FROM 销售人员) --如果该工号有效
        BEGIN    --显示该工号销售的订单数量
            SELECT @SALES=A.姓名, @NUM=B.订单数
                FROM 销售人员 A LEFT JOIN #ORDERNUM B ON A.工号=B.销售工号
                WHERE 工号=@WkNo
            IF @NUM IS NULL
                PRINT @SALES + '无订单'
            ELSE
                PRINT @SALES + '订单数: ' + CAST(@NUM AS VARCHAR(4))
        END
        SET @WkNo=@WkNo+1    --循环变量递增
  END
  GO
```

```
消息

(5 行受影响)
李求一     订单数: 1
王巧敏     订单数: 2
张雯七     订单数: 3
钱守空     订单数: 1
周运       订单数: 1
鹏迎夏     无订单
```

图 7-15　销售人员的订单信息

7.4.1　BEGIN...END 语句块

BEGIN 和 END 用来定义语句块，必须成对出现。它将多个 SQL 语句括起来，相当于一个单一语句，其语法格式如下。

```
BEGIN
      语句 1 或语句块 1
      语句 1 或语句块 1
      …
END
```

BEGIN...END 语句块是可以嵌套的，也就是说，其内部还可以有 BEGIN...END 语句块，参见例 7-17。

7.4.2　IF...ELSE 语句

IF...ELSE 语句用来实现选择结构，其语法格式如下。

```
IF 逻辑表达式
   {语句 1 或语句块 1 }
[ELSE
   {语句 2 或语句块 2} ]
```

如果逻辑表达式的条件成立（为 TRUE），则执行语句 1 或语句块 1；否则（为 FALSE），执行语句 2 或语句块 2。语句块要用 BEGIN 和 END 定义。如果不需要，ELSE 部分可以省略，这样当逻辑表达式不成立（为 FALSE）时，什么都不执行，参见例 7-17。

7.4.3　CASE 表达式

CASE 表达式用于简化 SQL 表达式，它可以用在任何允许使用表达式的地方。注意：CASE 表达式不是语句，它不能单独执行，而只能作为语句的一部分来使用。CASE 表达式分为简单表达式和搜索表达式。

1．简单表达式

简单 CASE 表达式将一个测试表达式与一组简单表达式进行比较，如果某个简单表达式与测试表达式的值相等，则返回相应结果表达式的值。其语法格式如下。

```
CASE 测试表达式
    WHEN 测试值1 THEN 结果表达式1
    WHEN 测试值2 THEN 结果表达式2
    ...
    ELSE 结果表达式 n
END
```

其中，测试表达式必须与测试值的数据类型相同，测试表达式可以是局部变量，也可以是表中的字段变量，还可以是用运算符连接起来的表达式。

执行 CASE 表达式时，它按顺序逐个将测试表达式的值与测试值进行比较，只要发现一个相等，则返回相应结果表达式的值，CASE 表达式执行结束，否则，如果有 ELSE 子句则返回相应结果表达式的值；如果没有 ELSE 子句，则返回一个 NULL 值，CASE 表达式执行结束。

在 CASE 表达式中，若同时有多个测试值与测试表达式的值相同，则只有第一个与测试表达式值相同的 WHEN 子句后的结果表达式的值返回。

例 7-18　使用简单 CASE 表达式编写。通过例 7-17 得到的每个销售人员的临时订单数量表 #ORDERNUM，给出各销售人员的业绩等级，这里只以每两个订单进行分级。

对销售每两个订单划分一级，没有订单的则为空，在查询设计器中运行如下命令。

```
SELECT  B.工号, B.姓名, '业绩等级' =
    CASE A.订单数/2
        WHEN 0 THEN '初级'
        WHEN 1 THEN '中级'
        WHEN 2 THEN '高级'
    END, A.订单数
    FROM #ORDERNUM A RIGHT JOIN 销售人员 B ON A.销售工号=B.工号
GO
```

运行结果如图 7-16 所示。

2．搜索表达式

与简单表达式不同的是，搜索表达式中，CASE 关键字后面不跟任何表达式，在各 WHEN 关键字后面跟的都是逻辑表达式，其语法格式如下。

```
CASE
    WHEN 逻辑表达式1 THEN 结果表达式1
    WHEN 逻辑表达式2 THEN 结果表达式2
    …
[ELSE 结果表达式 n]
END
```

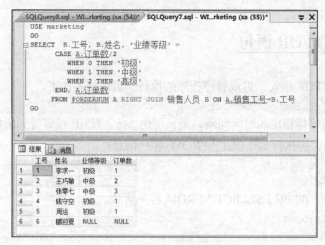

图 7-16　简单 CASE 表达式示例

执行搜索 CASE 表达式时，它按顺序逐个测试每个 WHEN 子句后面的逻辑表达式，只要发现一个为 TRUE，则返回相应结果表达式的值，CASE 表达式执行结束。否则，如果有 ELSE 子句则返回相应结果表达式的值；如果没有 ELSE 子句，则返回一个 NULL 值，CASE 表达式执行结束。

在搜索 CASE 表达式中，若同时有多逻辑表达式的值为 TRUE，则只有第一个为 TRUE 的 WHEN 子句后的结果表达式的值返回。

例 7-19　使用搜索 CASE 表达式编写。查询客户信息，通过地址中的城市名确定其所属城市。在查询设计器中运行如下命令。

```
SELECT  姓名，'城市' =
    CASE
        WHEN 地址 LIKE '%深圳%' THEN '深圳人'
        WHEN 地址 LIKE '%北京%' THEN '北京人'
        WHEN 地址 LIKE '%上海%' THEN '上海人'
        ELSE '其他城市人'
    END，电话
    FROM 客户信息
GO
```

运行结果如图 7-17 所示。

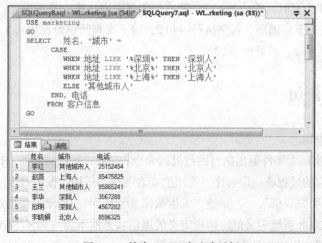

图 7-17　搜索 CASE 表达式示例

7.4.4 WAITFOR 语句

可以使用 WAITFOR 语句延迟或暂停程序的执行。语法格式如下。

```
WAITFOR { DELAY 'time' | TIME 'time' }
```

其中 DELAY 指等待指定的时间间隔，最长可达 24h。TIME 指等待到所指定的时间。

例如，等待 10s，再执行 SELECT * FROM 客户信息。

```
WAITFOR DELAY '00:00:10'
SELECT * FROM 客户信息
```

又如，在下午 8：00 执行 SELECT * FROM 客户信息。

```
WAITFOR TIME '20:00:00'
SELECT * FROM 客户信息
```

7.4.5 WHILE 语句

WHILE 语句用来实现循环结构，其语法格式如下。

```
WHILE 逻辑表达式
   语句块
```

当逻辑表达式为真时，执行循环体，直到逻辑表达式为假。

BREAK 语句退出 WHILE 循环，CONTINUE 语句跳过语句块中的所有其他语句，开始下一次循环。例如：

```
WHILE 逻辑表达式 1
 BENIN
   语句 1
   IF 逻辑表达式 2
     CONTINUE
   语句 2
    IF 逻辑表达式 3
      BREAK
   语句 3
 END
```

当逻辑表达式 1 为真时，执行语句 1，然后判断逻辑表达式 2 是否为真，为真则跳过语句 2，执行 WHILE 语句进入下一循环，否则执行语句 2，接下来判断逻辑表达式 3，如果成立则退出循环，否则继续执行语句 3。参见例 7-17。

7.4.6 其他语句

1．RETURN 语句

RETURN 语句实现无条件退出执行的批处理命令、存储过程或触发器。RETURN 语句可以返回一个整数给调用它的过程或应用程序，返回值 0 表明成功返回，保留-1 到-99 代表不同的出错原因。如-1 是指"丢失对象"，-2 是指"发生数据类型错误"。如果未提供用户定义的返回值，则使用 SQL Server 2008 系统定义值。用户定义的返回状态值不能与 SQL Server 2008 的保留值相冲突，系统当前使用的保留值是 0 到-14。语法格式为：

```
RETURN [整型表达式]
```

2．GOTO 语句

GOTO 语句是无条件转移语句，语法格式为：

```
GOTO 标号
```

GOTO 语句将程序无条件转去执行标号所在行的语句。标号必须符合标识符的定义，通常放在一个语句的前面。标号后面加冒号（：）。

3．RAISERROR

RAISERROR 语句通常用在错误处理中，它既可在屏幕上显示用户的信息，又可将错误号保存在 @@ERROR 全局变量中，以备错误处理时使用。其语法为：

```
RAISERROR ( { 消息标识 | 消息串 } { , 错误等级 , 状态 }
    [ , 参数 [ ,...n ] ] )
    [ WITH 选项 [ ,...n ] ]
```

@@ERROR 保存 SQL Server 最近一次的错误号。用户定义的错误号必须大于 50000，否则与系统错误号冲突。

7.5　用户自定义函数

SQL Server 2008 不但提供了系统内置函数，还允许用户创建用户定义的函数。用户自定义的函数是由一个或多个 Transact-SQL 语句组成的子程序，一般也是为了方便重用而创建的。

7.5.1　基本概念

用户自定义函数可以有输入参数并返回值，但没有输出参数。当函数的参数有默认值时，调用该函数时必须明确指定 DEFAULT 关键字才能获取默认值。

可使用 CREATE FUNCTION 语句创建，使用 ALTER FUNCTION 语句修改，使用 DROP FUNCTION 语句删除用户自定义函数。

SQL Server 2008 支持 3 种类型的用户自定义函数：标量函数、内嵌表值函数、多语句表值函数。所谓标量，就是数据类型中的通常值，如整型值、字符串型值等。标量函数返回在 RETURNS 子句中定义的单个数据值。内嵌表值函数和多语句表值函数返回的是一个表，两者不同的是内嵌表值函数没有函数主体，是通过单个 SELECT 语句的结果集作为返回的表。而多语句表值函数则是通过 BEGIN…END 块中定义的函数主体，由 SQL 语句生成一个临时表返回。

7.5.2　创建用户自定义函数

1．建立标量函数

创建标量函数的语法格式如下。

```
CREATE FUNCTION [所有者名称.]函数名称
    [ ( {@参数名称 [AS] 标量数据类型=[默认值]} [...n] ) ]
    RETURNS 标量数据类型
    [AS]
    BEGIN
```

> 函数体
> RETURN 标量表达式
> END

其中参数名必须是以"@"开始的标识符，每个参数必须指定一种标量数据类型，还可以根据需要设置一个默认值。RETURNS 子句为用户指定返回值的标量数据类型，在位于 BEGIN…END 之间的函数体中，RETURN 子句按照该类型返回该函数的标量值。

例 7-20 在 marketing 数据库中，创建一个计算用户下订单天数的函数，该函数接收输入的订单号，通过查询"订单信息"表返回已经下单的天数。

可以通过查询系统对象表，如果存在这样的函数应先删掉。在查询设计器中运行如下命令。

```
- -如果存在则删除
IF EXISTS(SELECT name FROM sysobjects
      WHERE name='orderDays' AND type='FN')
DROP FUNCTION dbo.orderDays
GO
- -完成删除，建立新的函数
CREATE FUNCTION dbo.orderDays(@orderNo AS INT, @CurrentDate DATETIME)
    RETURNS INT
    AS
    BEGIN
        DECLARE @OrdDate DATETIME
        SELECT @OrdDate = 订货日期 FROM 订单信息 WHERE 订单号=@orderNo
        RETURN DATEDIFF(dd, @OrdDate, @CurrentDate)
    END
GO
- -使用该函数进行天数显示
SELECT 订单号, 已订天数=dbo.orderDays(订单号, GETDATE()), 货品名称
    FROM 订单信息 INNER JOIN 货品信息视图 ON 货品编码=编码 ORDER BY 订单号
GO
```

利用该函数的查询结果如图 7-18 所示。注意：在用户自定义函数中不能调用不确定函数。函

图 7-18 使用自定标量函数的查询结果

数是确定的是指，如果任何时候用一组相同的输入参数值调用该函数，都能得到同样的函数值，否则，就是不确定的。例如，这里使用的 GETDATE()函数就是不确定函数，就不能出现在用户自定义函数中，而是用在查询语句中。

2．建立内嵌表值函数

创建内嵌表值函数的语法格式如下。

```
CREATE FUNCTION [所有者名称.]函数名称
    [({@参数名称 [AS] 标量数据类型=[默认值]}[...n])]
    RETURNS TABLE
    [AS]
    RETURN [(SELECT 语句)]
```

其中，TABLE 表示函数的返回值是一个表。SELECT 语句给出内嵌表值函数返回的表。

例 7-21 在 marketing 数据库中，创建内嵌表值函数，该函数给出指定销售的订单信息，即销售工号作为输入参数。

可以通过查询系统对象表，如果存在这样的函数应先删掉。在查询设计器中运行如下命令。

```
- -如果存在则删除
IF EXISTS(SELECT name FROM sysobjects
       WHERE name='orderCount' AND type='IF')
DROP FUNCTION dbo.orderCount
GO
- -完成删除，建立新的函数
CREATE FUNCTION dbo.orderCount(@wkNo AS INT)
    RETURNS TABLE
    AS
    RETURN (SELECT 工号，销售=姓名，货品名称，数量，
              订货日期=CONVERT(VARCHAR(10),订货日期,102)- -订货日期进行了转换
              FROM 销售人员 INNER JOIN 订单信息 ON 工号=销售工号
              INNER JOIN 货品信息视图 ON 货品编码=编码
              WHERE 销售工号=@wkNo
              )
GO
- -使用该函数给出的销售业绩
SELECT * FROM dbo.orderCount(3)
GO
```

利用该函数的查询结果如图 7-19 所示。

3．建立多语句表值函数

创建多语句表值函数的语法格式如下。

```
CREATE FUNCTION [所有者名称.]函数名称
    [({@参数名称 [AS] 标量数据类型=[默认值]}[...n])]
    RETURNS @表名变量 TABLE 表的定义
    [AS]
    BEGIN
        函数体
        RETURN
    END
```

其中，"@表名变量"在函数体中使用，相当于返回表的名字，函数体中使用它对返回表进行操作。表的定义给出返回表的字段或约束的定义。

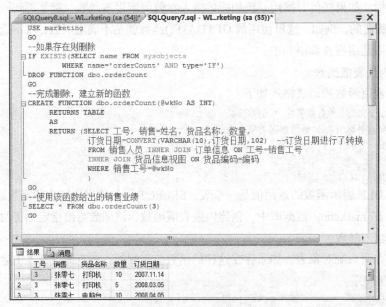

图 7-19　使用自定内嵌表值函数的查询结果

例 7-22　在 marketing 数据库中，创建一个多语句表值函数，它可以查询指定部门每个销售人员的订单数，该函数接收输入的部门号，通过查询"订单信息"表返回销售的订单数。

可以通过查询系统对象表，如果存在这样的函数应先删掉。在查询设计器中运行如下命令。

```
- -如果存在则删除
IF EXISTS(SELECT name FROM sysobjects WHERE name='salesCt' AND type='TF')
DROP FUNCTION dbo.salesCt
GO
- -完成删除，建立新的函数
CREATE FUNCTION dbo.salesCt(@departNo AS INT)
    RETURNS @salesDepart TABLE (
                销售工号 INT PRIMARY KEY,
                销售 VARCHAR(10),
                订单数 INT
                )
    AS
    BEGIN
        DECLARE @OrderNum TABLE (    - -定义一个中间表
                    销售工号 INT,
                    订单数 INT
                    )
        INSERT @OrderNum                    - -数据插入中间表
            SELECT 销售工号, 订单数=COUNT(销售工号)
            FROM 订单信息 GROUP BY 销售工号
        INSERT @salesDepart                 - -数据插入返回表
            SELECT A.工号, A.姓名, B.订单数
            FROM 销售人员 A LEFT JOIN @OrderNum B ON A.工号=B.销售工号
            WHERE 部门号 = @departNo
        RETURN
    END
GO
```

```
- -使用该多语句表值函数查询部门 3 的每个销售人员的订单数
SELECT 部门号=3, * FROM salesCt(3)
GO
```

利用该多语句表值函数的查询结果如图 7-20 所示。

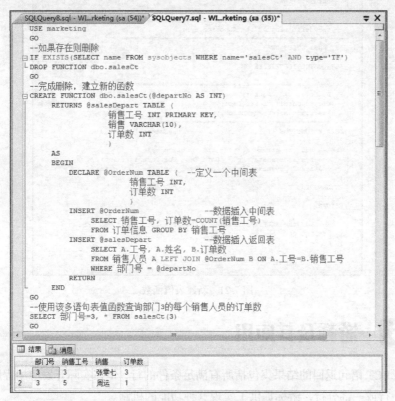

图 7-20　使用多语句表值函数的查询结果

7.5.3　修改和删除用户自定义函数

使用 ALTER FUNCTION 语句可以修改用户自定义函数，但是不能更改函数的类型，即标量值函数不能更改为表值函数，反之亦然。同样地，也不能将内嵌表值函数更改为多语句表值函数，反之亦然。

DROP FUNCTION 语句用来删除一个或多个用户自定义函数，参看上面的实例。

在 SQL Server Management Studio 中可以轻松建立和修改用户自定义函数，这里以表值函数为例，具体步骤如下。

（1）在对象资源管理器中依次展开节点到"数据库"，展开 marketing 数据库，然后在该数据库下面再次展开"可编程性"、"函数"节点，选择表值函数。

（2）右击 表值函数，在弹出的快捷菜单中，选择"新建内联表值函数"命令，则调出新建函数设窗口如图 7-21 所示，在这里可以按照系统的指示编写新内联表值函数。

（3）如果是查看或修改已有函数，则右击要查看或修改的表值函数，在弹出的快捷菜单中，选择"修改"命令，则调出函数修改窗口，在这里可以查看或修改函数的定义。

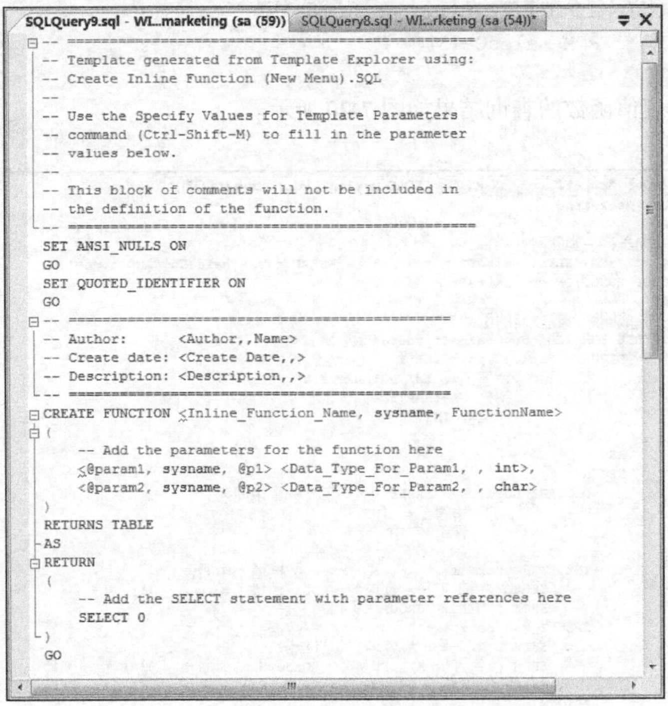

图 7-21　新建表值函数

7.6　游标及其应用

使用 SELECT 语句返回的结果集包括所有满足条件的行，但在实际开发应用程序时，往往需要每次处理一行或一部分行，游标提供了实现这种功能的机制。

游标支持以下功能。

（1）在结果集中定位特定行。

（2）从结果集的当前位置检索行。

（3）支持对结果集中当前位置的行进行数据修改。

游标主要用在存储过程、触发器和 Transcat-SQL 脚本中。使用游标，可以对由 SELECT 语句返回的结果集进行逐行处理。

7.6.1　声明游标

使用 DECLARE CURSOR 语句声明一个游标，声明的游标应该指定产生该游标的结果集的 SELECT 语句。声明游标有两种语法格式，即基于 SQL-92 标准的语法和 Transact-SQL 扩展的语法，这里主要介绍 SQL-92 标准的语法，Transact-SQL 扩展的语法只做简单对照，具体可参考联机帮助。两种语法格式在 SQL Server 2008 上都支持，但不允许混合使用新旧语法来指定游标选项。

基于 SQL-92 标准的语法格式如下。

```
DECLARE 游标名称 [ INSENSITIVE ] [ SCROLL ] CURSOR
FOR SELECT 语句
[FOR {READ ONLY|UPDATE [OF 列名 [ ,...n ] ] } ]
```

如果使用 INSENSITIVE（不敏感或静态）关键字定义游标时，将在 tempdb 中创建该游标使用的数据表临时复本。对游标的所有请求都从 tempdb 中的该临时表中得到应答。因此，在对该游标进行提取操作时返回的数据，并不反映对基表新做的修改，即不是基表的实时数据，并且该游标不允许修改。如果省略 INSENSITIVE，对基表提交的删除和更新都反映在后面的提取中。INSENSITIVE 类似于 Transact-SQL 扩展的语法的 STATIC。

如果指定 SCROLL（滚动）关键字，则所有的提取选项（FIRST、LAST、PRIOR、NEXT、RELATIVE、ABSOLUTE）均可用。如果未指定 SCROLL，则 NEXT 是唯一支持的提取选项。

SELECT 语句用来定义游标的结果集，在 SELECT 语句内不允许使用关键字 COMPUTE、COMPUTE BY、FOR BROWSE 和 INTO。

READ ONLY 设定游标为只读，UPDATE 或 DELETE 语句的 WHERE CURRENT OF 子句不能引用只读游标。

UPDATE [OF 列名 [,...n]]定义游标内可更新的列。如果指定"OF 列名[,...n]"参数，则只允许修改所列出的列。如果在 UPDATE 中未指定列的列表，则可以更新所有列。

Transact-SQL 扩展的语法格式如下。

```
DECLARE 游标名称 CURSOR
[ LOCAL | GLOBAL ]
[ FORWARD_ONLY | SCROLL ]
[ STATIC | KEYSET | DYNAMIC | FAST_FORWARD ]
[ READ_ONLY | SCROLL_LOCKS | OPTIMISTIC ]
[ TYPE_WARNING ]
FOR SELECT 语句
[ FOR UPDATE [ OF 列名 [ ,...n ] ] ]
```

这里仅说明关键字 KEYSET 的作用，它指定当游标打开时，游标中行的成员资格和顺序已经固定。对行进行唯一标识的键集，内置在 **tempdb** 内一个称为 **keyset** 的表中。对基表中的非键值所做的更改（由游标所有者更改或由其他用户提交）在用户滚动游标时是可见的。其他用户进行的插入是不可见的（不能通过 Transact-SQL 服务器游标进行插入）。如果某行已删除，则对该行的提取操作将返回@@FETCH_STATUS 值"−2"。从游标外更新键值类似于删除旧行后接着插入新行的操作。含有新值的行不可见，对含有旧值的行的提取操作将返回@@FETCH_STATUS 值"−2"。如果通过指定 WHERE CURRENT OF 子句用游标完成更新，则新值可见。

7.6.2　打开游标

使用 OPEN 语句填充该游标。该语句将执行 DECLARE CURSOR 语句中的 SELECT 语句。

语法格式如下。

OPEN [GLOBAL] 游标名

其中 GLOBAL 参数表示要打开的是全局游标。要判断打开游标是否成功，可以通过判断全局变量@@ERROR 是否为 0 来确定。等于 0 表示成功，否则表示失败。当游标打开成功之后，可以通过全局变量@@CURSOR_ROWS 来获取这个游标中的记录行数。@@CURSOR_ ROWS 有以下 4 种可能的取值，指出游标当前的行数信息。

（1）−m。表中的数据已部分填入游标。返回值"−m"是数据子集中当前的行数的负值表示。

（2）-1。游标为动态，符合游标的行数不断变化。

（3）0。没有被打开的游标，或最后打开的游标已被关闭或被释放。

（4）n。表中的数据已完全填入游标。返回值"n"是游标中的总行数。

可见如果需要知道游标中记录的行数，一定要是静态游标或扩展语法的 KEYSET 游标。

例 7-23 使用游标的@@CURSOR_ROWS 变量，计算"客户信息"表中客户的数量，假定每个客户有一个唯一的记录。

要通过@@CURSOR_ROWS 变量得到记录的个数，则要声明不敏感游标或扩展语法格式的静态游标或键集游标，在查询设计器中运行下面的语句。

```
- -要声明不敏感游标或扩展语法格式的静态游标或键集游标，
DECLARE customers INSENSITIVE CURSOR - -STATIC - -KEYSET
   FOR SELECT * FROM 客户信息
OPEN customers                    - -打开游标
IF @@ERROR = 0
   BEGIN
      PRINT '游标打开成功'
      PRINT '表中的客户数量为: '+CONVERT(VARCHAR(3), @@CURSOR_ROWS)
   END
CLOSE customers                   - -关闭游标
DEALLOCATE customers              - -释放游标
GO
```

运行后结果如图 7-22 所示。

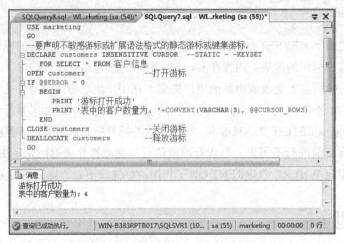

图 7-22　使用游标计算客户数量

7.6.3　从游标中获取数据

使用 FETCH 语句，从结果集中检索单独的行。语法格式如下。

```
FETCH [NEXT | PRIOR | FIRST | LAST | ABSOLUTE{n|@nvar} | RELATIVE{n|@nvar}]
FROM [GLOBAL]游标名称
[INTO @变量名 [ ,...n ] ]
```

各参数含义如下。

（1）NEXT。返回紧跟当前行之后的结果行，并且当前行递增为结果行。如果 FETCH NEXT

为对游标的第一次提取操作，则返回结果集中的第一行。NEXT 为默认的游标提取选项。

（2）PRIOR。返回紧跟当前行前面的结果行，并且当前行递减为结果行。如果 FETCH PRIOR 为对游标的第一次提取操作，则没有行返回并且游标置于第一行之前。

（3）FIRST。返回游标中的第一行并将其作为当前行。

（4）LAST。返回游标中的最后一行并将其作为当前行。

（5）ABSOLUTE{n|@nvar}。如果 n 或@nvar 为正数，返回从游标头开始的第 n 行并将返回的行变成新的当前行。如果 n 或@nvar 为负数，返回游标尾之前的第 n 行并将返回的行变成新的当前行。如果 n 或@nvar 为 0，则没有行返回。n 必须为整型常量且@nvar 必须为 smallint、tinyint 或 int 类型。

（6）RELATIVE{n|@nvar}。如果 n 或@nvar 为正数，返回当前行之后的第 n 行并将返回的行变成新的当前行。如果 n 或@nvar 为负数，返回当前行之前的第 n 行并将返回的行变成新的当前行。如果 n 或@nvar 为 0，返回当前行。如果对游标的第一次提取操作时将 FETCH RELATIVE 的 n 或@nvar 指定为负数或 0，则没有行返回。n 必须为整型常量且@nvar 必须为 smallint、tinyint 或 int 类型。

（7）INTO@变量名[,...n]。存入变量。允许将提取操作的列数据放到局部变量中。列表中的各个变量从左到右与游标结果集中的相应列相关联。各变量的数据类型必须与相应的结果列的数据类型匹配。变量的数目必须与游标选择列表中的列的数目一致。

用@@FETCH_STATUS 返回被 FETCH 语句执行的最后游标的状态。返回类型为 int。返回值含义如下。

（1）0：FETCH 语句成功。

（2）-1：FETCH 语句失败或此行不在结果集中。

（3）-2：被提取的行不存在。

在任何提取操作出现前，@@FETCH_STATUS 的值没有定义。

注意　由于@@FETCH_STATUS 对于在一个连接上的所有游标是全局性的，要注意 @@FETCH_STATUS 值的状态。在执行一条 FETCH 语句后，必须在对另一游标执行另一 FETCH 语句前测试@@FETCH_STATUS。

例如，用户从一个游标执行一条 FETCH 语句，然后调用一个过程，被调用的过程打开并处理另一个游标的结果。当控制从被调用的存储过程返回后，@@FETCH_STATUS 反映的是在存储过程中执行的最后的 FETCH 语句的结果，而不是在存储过程被调用之前的 FETCH 语句的结果。

如果需要，使用 UPDATE 或 DELETE 语句修改行。并且游标定义为可更新的，那么当定位在游标中的某行上时，可以执行更新或删除操作。更新或删除针对在游标中建立当前行的基表，这称为定位更新。可以使 UPDATE 或 DELETE 语句中的 WHERE CURRENT OF 游标名称子句执行定位更新。

例 7-24　使用游标操作，统计"客户信息"表中指定城市客户的数量，用客户的地址信息进行检索。

由于这里不需要@@CURSOR_ROWS 变量得到记录的个数，则可以声明敏感游标，在查询设计器中运行下面的语句。

```
- -可以声明敏感游标
DECLARE customers CURSOR
    FOR SELECT 地址 FROM 客户信息
OPEN customers                          - -打开游标
DECLARE @Address VARCHAR(50), @City VARCHAR(20)
DECLARE @Loop BIT, @Count INT
SET @City='深圳'
SET @Count=0
IF @@ERROR = 0
    BEGIN
    WHILE 1=1              - -控制循环
        BEGIN
        FETCH NEXT FROM customers INTO @Address
        IF @@FETCH_STATUS = 0    - -判断读入是否正确
            BEGIN
                IF CHARINDEX(@City, @Address)>0
                    SET @Count=@Count+1
            END
        ELSE
            BREAK
        END
    PRINT '表中'+@City+'的客户数量为：'+CONVERT(VARCHAR(3), @Count)
    END
CLOSE customers                      - -关闭游标
DEALLOCATE customers                 - -释放游标
GO
```

运行后结果如图 7-23 所示。

图 7-23　使用游标计算指定城市客户数量

7.6.4　关闭游标

使用 CLOSE 语句关闭游标。该过程结束动态游标的操作并释放资源，使用 CLOSE 语句关闭游标后还可以使用 OPEN 语句重新打开。

语法格式为：

```
CLOSE 游标名称
```

7.6.5　释放游标

使用 DEALLOCATE 语句从当前的会话中移除游标的引用。该过程完全释放分配给游标的所有资源。游标释放之后不可以用 OPEN 语句重新打开，必须使用 DECLARE 语句重建游标。

语法格式为：

```
DEALLOCATE 游标名称
```

习题

1. 什么是批处理？批处理的结束标志是什么？
2. 一些 SQL 语句不可以放在一个批处理中进行处理，它们需要遵守什么规则？
3. 常量和变量有哪些种类？
4. 利用局部变量和"销售人员视图"，将工号为 2 的销售信息显示一条消息，该消息给出销售工号、姓名、电话和部门名称。
5. 利用全局变量查看 SQL Server 2008 的版本、当前所使用的语言、服务器及服务的名称、SQL Server 2008 上允许的同时用户连接的最大数。
6. 王里的生日为 1987/10/13，请使用日期函数计算王里的年龄和天数，并以消息的方式输出。
7. 使用 OPENDATASOURCE 函数，访问 marketing 数据库的"订单信息"表的数据。
8. 由"订单信息"表和"销售人员"表，给出每个销售人员的客户数量的统计。
9. 使用简单 CASE 表达式编写。查询供应商信息，通过地址中的城市名确定其所属城市。
10. 什么是用户自定义函数？它有哪些类型？建立、修改和删除用户自定义函数使用什么命令？
11. 在 marketing 数据库中，创建一个计算货品订单数的函数，该函数接收输入的货品编码，通过查询"订单信息"表返回该货品的数量和总金额。
12. 在 marketing 数据库中，创建内嵌表值函数，该函数给出指定客户的订单信息，即客户的编号作为输入参数。
13. 在 marketing 数据库中，创建一个多语句表值函数，它可以查询指定供应商每个货品的订单数，该函数接收输入的供应商编码，通过查询"订单信息"表和"货品信息"表返回该供应商每种货品的订单数。
14. 使用游标访问数据包括哪些步骤？
15. 使用游标操作，统计"货品信息"表中指定供应商货品的数量，用货品的供应商编码信息进行检索。

第8章

存储过程

存储过程是一段在服务器上执行的 Transact-SQL 程序，它在服务器端对数据库记录进行处理，然后将结果发给客户端。这样，既充分利用了服务器强大的计算能力，也避免了将大量的数据从服务器下载到客户端，减少了网络上的传输量，同时也提高了客户端的工作效率。存储过程包括系统存储过程和用户存储过程，系统存储过程又分为一般系统存储过程和扩展存储过程。本章主要介绍存储过程。通过本章的学习，读者应该掌握以下内容。

- 存储过程的作用
- 熟练创建、修改、删除存储过程
- 在实际应用开发时能够灵活运用存储过程以提高开发效率

8.1 存储过程的概念

存储过程按返回的数据类型，可分为两类：一类类似于 SELECT 语句，用于查询数据，查询到的数据以结果集的形式给出；另一类存储过程是通过输出参数返回信息，或不返回信息只执行一个动作。存储过程可以嵌套，即一个存储过程的内部可以调用另一个存储过程。

8.1.1 基本概念

存储过程是一组编译在单个执行计划中的 Transact-SQL 语句，它将一些固定的操作集中起来交给 SQL Server 数据库服务器完成，以实现某个任务。

当客户程序需要访问服务器上的数据时，如果是直接执行 Transact-SQL 语句一般要经过以下几个步骤。

（1）Transact-SQL 语句发送到服务器。

（2）服务器编译 Transact-SQL 语句。

（3）优化产生查询执行计划。

（4）数据库引擎执行查询计划。

（5）执行结果发回客户程序。

存储过程是 SQL 语句和部分控制流程语句的预编译集合，存储过程被编译和优化，当存储过程第一次执行时，SQL Server 2008 为其产生查询计划并将其保留在内存中，这样以后在调用该存储过程时就不必再进行编译，这能在一定程度上改善系统的性能。

8.1.2　存储过程的优点

存储过程具有以下优点。

（1）通过本地存储、代码预编译和缓存技术实现高性能的数据操作。

（2）通过通用编程结构和过程重用实现编程框架。如果业务规则发生了变化，可以通过修改存储过程来适应新的业务规则，而不必修改客户端应用程序。这样所有调用该存储过程的应用程序就会遵循新的业务规则。

（3）通过隔离和加密的方法提高了数据库的安全性。数据库用户可以通过得到权限来执行存储过程，而不必给予用户直接访问数据库对象的权限。这些对象将由存储过程来进行操作。另外，存储过程可以加密，这样用户就无法阅读存储过程中的 Transact-SQL 命令。这些安全特性将数据库结构和数据库用户隔离开来，这也进一步保证了数据的完整性和可靠性。

8.2　建立和执行存储过程

简单存储过程类似于将一组 SQL 语句起个名字，然后就可以在需要时反复调用。复杂一些的则要有输入和输出参数。

8.2.1　创建和执行简单存储过程

创建存储过程的基本语法如下。

```
CREATE PROCEDURE 存储过程名
[WITH ENCRYPTION]
[WITH RECOMPILE]
AS
SQL 语句
```

其中各参数含义如下。

（1）WITH　ENCRYPTION：对存储过程进行加密。

（2）WITH　RECOMPILE：对存储过程重新编译。

例 8-1　使用 Transact-SQL 语句在 marketing 数据库中创建一个存储过程。该存储过程返回客户的订购信息。

在例 7-1 中，已经形成了这个查询语句，这里给它定义为一个存储过程，参见例 7-1。在查询设计器中运行如下命令。

```
- -建立信息的存储过程
CREATE PROCEDURE simpleOrders
AS
```

```
SELECT A.姓名，A.电话，A.订货日期，B.货品名称，B.供应商
    FROM 客户订单视图 A INNER JOIN 货品信息视图 B ON A.货品编码=B.编码
GO
- -调用存储过程
EXECUTE simpleOrders
```

调用存储过程的执行结果如图 8-1 所示。

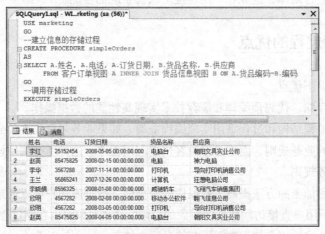

图 8-1　调用存储过程的执行结果

存储过程创建成功后，用户可以执行存储过程来检查存储过程的返回结果。

执行存储过程的基本语法如下。

```
EXEC[UTE] 存储过程名
```

在例 8-1 中已经使用了存储过程的执行语句。

在 SQL Server Management Studio 中也可以轻松建立和修改存储过程，下面给出具体操作步骤。

（1）在对象资源管理器中依次展开节点到"数据库"，依次展开"marketing"、"可编程性"，然后选中"存储过程"节点。

（2）如果新建存储过程，则右击"存储过程"节点，在弹出的快捷菜单中，选择"新建存储过程"命令，则调出新建存储过程模板窗口，如图 8-2 所示。用户可以在模板基础上进行编写。

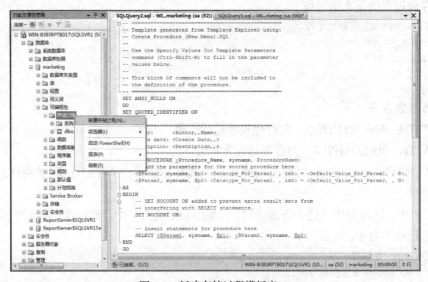

图 8-2　新建存储过程模板窗口

（3）如果是查看或修改已有存储过程的定义，则右击要查看或修改的存储过程，在弹出的快捷菜单中，选择"修改"命令，则调出"存储过程"设计窗口，在这里可以查看或修改存储过程的定义。

8.2.2　执行字符串

EXECUTE 语句除了可以执行存储过程外，还可以执行存放 SQL 语句的字符串变量，或直接执行 SQL 语句字符串。此时 EXECUTE 语句的语法格式如下。

```
EXECUTE({{@字符串变量|[N]'SQL 语句字符串'}[+...n])
```

其中"@字符串变量"是局部字符串变量名，最大值为服务器的可用内存。[N]'SQL 语句字符串'是一个由 SQL 语句构成的字符串常量。如果包含 N，则该字符串将解释为 nvarchar 数据类型。

例 8-2　使用 SQL 语句，在查询设计器中建立一个批处理，它能根据指定的表名关键字显示相应的表信息。

查询一个表的信息需要查询语句 SELECT * FROM 某个表，根据要求，这里的表要作为变量，这样就不能直接执行该查询语句，必须通过 EXECUTE 命令来执行。在查询设计器中运行如下命令。

```sql
- -例 8-2 EXECUTE 执行字符串
DECLARE @TableNam VARCHAR(20), @SelectKey VARCHAR(6)
SET @SelectKey = '供应'          - -指定查询表名的关键字
SELECT @TableNam =
    CASE
        WHEN @SelectKey LIKE '%客户%' THEN '客户信息'
        WHEN @SelectKey LIKE '%销售%' THEN '销售人员'
        WHEN @SelectKey LIKE '%供应%' THEN '供应商信息'
        ELSE NULL
    END
IF @TableNam IS NULL   - -如果是空则显示消息
    PRINT '没有找到对应的表！'
ELSE
    EXECUTE ('SELECT * FROM '+@TableNam)       - -执行字符串查询语
GO
```

运行结果如图 8-3 所示，如果没有找到表名则显示没有表的消息，否则列出表内的全部数据。

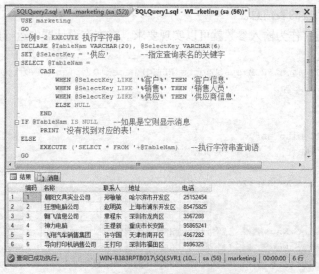

图 8-3　执行字符串语句的结果

下一节将查询表名的关键字作为输入参数，使该批处理变为存储过程，更加实用。

8.3 存储过程中参数的使用

前面提到由于视图没有提供参数，对于行的筛选只能绑定在视图定义中，灵活性不大，而存储过程提供了参数，大大提高了系统开发的灵活性。

向存储过程指定输入、输出参数的主要目的是通过参数向存储过程输入和输出信息来扩展存储过程的功能。通过使用参数，可以多次使用同一存储过程并按用户要求查找所需要的结果。如例 8-2 所示，没有参数就缺少灵活性。

8.3.1 带输入参数的存储过程

1．建立存储过程

一个存储过程可以带一个或多个输入参数，输入参数是指由调用程序向存储过程传递的参数，它们在创建存储过程语句中被定义，在执行存储过程中给出相应的参数值。

声明带输入参数的存储过程的语法格式如下。

```
CREATE PROCEDURE 存储过程名
@参数名 数据类型[=默认值] [,...n]
[WITH ENCRYPTION]
[WITH RECOMPILE]
AS
SQL 语句
```

其中"@参数名"和定义局部变量一样，必须以符号@为前缀，要指定数据类型，多个参数定义要用逗号","隔开。在执行存储过程时该参数将由指定的参数值来代替，如果执行时未提供该参数的参数值，则如果这里定义了默认值，就使用该值作为执行时的参数值，默认值可以是常量或空（NULL）。

例 8-3 在查询设计器中，将例 8-2 的批处理变为一个带输入参数的存储过程，它能根据指定的表名关键字显示相应的表信息。

只要将表名关键字作为输入参数就可以实现要求。在查询设计器中运行如下命令。

```
- -如果存在则删除
IF EXISTS(SELECT name FROM sysobjects WHERE name='DispTab' AND type='P')
DROP PROCEDURE DispTab
GO
- -建立存储过程
CREATE PROCEDURE DispTab
@SelectKey VARCHAR(6)        - -定义输入参数
AS
DECLARE @TableNam VARCHAR(20)
SELECT @TableNam =
    CASE
        WHEN @SelectKey LIKE '%客户%' THEN '客户信息'
        WHEN @SelectKey LIKE '%销售%' THEN '销售人员'
        WHEN @SelectKey LIKE '%供应%' THEN '供应商信息'
        ELSE NULL
```

```
        END
IF @TableNam IS NULL    - -如果是空则显示消息
    PRINT '没有找到对应的表! '
ELSE
    EXECUTE ('SELECT * FROM '+@TableNam)       - -执行字符串查询语
GO
EXECUTE DispTab '供应'               - -指定查询表名的关键字
```

运行结果如图 8-4 所示。

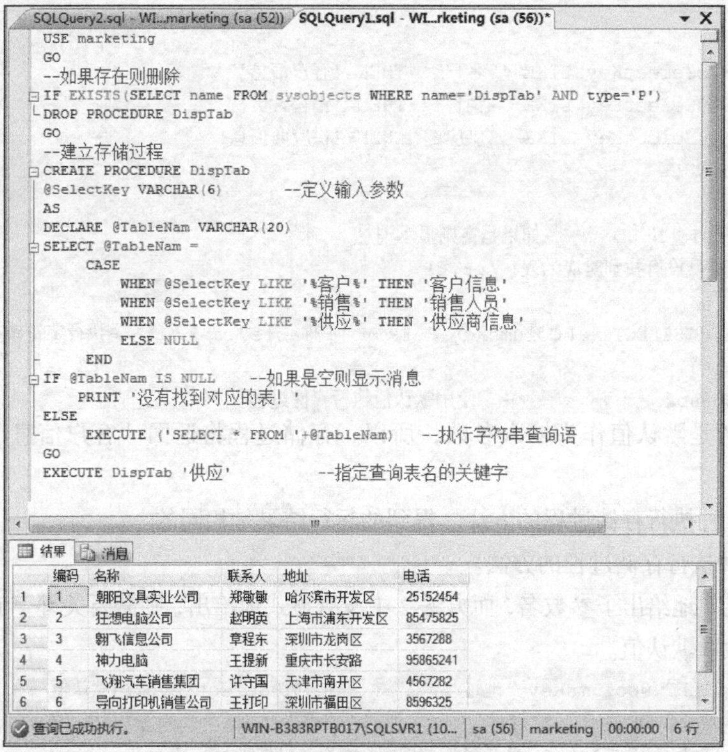

图 8-4　存储过程执行结果

2．执行存储过程

在执行存储过程的语句中，有两种方式来传递参数值，分别是使用参数名传递参数值和按参数位置传递参数值。

使用参数名传递参数值，是通过语句"@参数名=参数值"给参数传递值。当存储过程含有多个输入参数时，参数值可以按任意顺序制定，对于允许空值和具有默认值的输入参数可以不给出参数的传递值。

执行使用参数名传递参数值的存储过程的语法格式如下。

```
EXECUTE 存储过程名 [@参数名=参数值] [,...n]
```

按参数位置传递参数值，不显式地给出"@参数名"，而是按照参数定义的顺序给出参数值。按位置传递参数时，也可以忽略允许空值和具有默认值的参数，但不能因此破坏输入参数的指定顺序。必要时，使用关键字"DEFAULT"作为默认值的占位。参见例 8-5。

例 8-4　带多个输入参数及默认值的存储过程，在例 8-3 的基础上增加一个列选择参数，即存储过程可以根据指定的列名给出数据。

扩展例 8-3，将列名作为输入参数就可以实现要求，新建的存储过程命名为 DispTab2。在查询设计器中运行如下命令。

```
- -建立存储过程
CREATE PROCEDURE DispTab2
@SelectKey VARCHAR(6)='客户',          - -定义输入参数,及默认值
@ColumnKey VARCHAR(6)='*'             - -定义输入参数,及默认值
AS
DECLARE @TableNam VARCHAR(20)
SELECT @TableNam =
    CASE
        WHEN @SelectKey LIKE '%客户%' THEN '客户信息'
        WHEN @SelectKey LIKE '%销售%' THEN '销售人员'
        WHEN @SelectKey LIKE '%供应%' THEN '供应商信息'
        ELSE NULL
    END
IF @TableNam IS NULL   - -如果是空则显示消息
    RAISERROR('没有找到对应的表! ',6,6)
ELSE
    EXECUTE ('SELECT '+@ColumnKey+' FROM '+@TableNam)      - -执行字符串查询语
GO
EXECUTE DispTab2              - -使用默认值执行存储过程
```

由于采用的是默认值作为输入参数，所以，存储过程将返回"客户信息"表的所有列的数据。

下面给出 4 种执行存储过程的方法，得到的运行结果是相同的。

例 8-5 4 种执行存储过程的方法。

方法 1 中显式地给出了参数名，而方法 2 中没有显式地给出，则需要关键字 DEFAULT 占位，表示第 1 个参数取默认值。

```
EXECUTE DispTab2 @ColumnKey='地址'        - -参数@SelectKey 采用默认值
EXECUTE DispTab2 DEFAULT, '地址'          - -参数@SelectKey 采用默认值
EXECUTE DispTab2 @SelectKey='客户', @ColumnKey='地址'
EXECUTE DispTab2 '客户', '地址'
GO
```

从这里可以看出，按参数位置传递参数值比按参数名传递参数值简洁，比较适合参数值较少的情况。而按参数名传递使程序可读性增强，特别是参数数量较多时。建议使用按参数名称传递参数的方法，这样的程序可读性、可维护性都要好一些。

8.3.2 带输出参数的存储过程

如果我们需要从存储过程中返回一个或多个值，可以通过在创建存储过程的语句中定义输出参数来实现，为了使用输出参数，需要在 CREATE PROCEDURE 语句中指定 OUTPUT 关键字。

声明带输出参数的存储过程的语法格式如下。

```
CREATE PROCEDURE 存储过程名
@参数名 数据类型 [VARYING][=默认值] OUTPUT [,...n]
[WITH ENCRYPTION]
```

```
[WITH RECOMPILE]
AS
SQL 语句
```

　　游标可以作为输出参数，返回存储过程中产生的结果集，但是不能作为输入参数。用关键字
VARYING 指定输出参数是结果集，专门用于游标作为输出参数的情况。

　　例 8-6　创建存储过程 DispTab3，它是在例 8-4 的基础上，提供一个游标输出参数，将查询的
结果以结果集的方式返回。

　　到目前为止，该实例涉及前面介绍的一些内容，本身也是一种复习。在建立存储过程
时，注意输出参数的定义；执行存储过程时，注意输出参数的指定。在查询设计器中运行如
下命令。

```
- -建立存储过程
CREATE PROCEDURE DispTab3
@SelectKey VARCHAR(6)='客户',          - -定义输入参数,及默认值
@ColumnKey VARCHAR(6)='*',            - -定义输入参数,及默认值
@ListTab CURSOR VARYING OUTPUT       - -定义游标作为输出参数
AS
DECLARE @TableNam VARCHAR(20)
SELECT @TableNam =
    CASE
        WHEN @SelectKey LIKE '%客户%' THEN '客户信息'
        WHEN @SelectKey LIKE '%销售%' THEN '销售人员'
        WHEN @SelectKey LIKE '%供应%' THEN '供应商信息'
        ELSE NULL
    END
IF @TableNam IS NULL    - -如果是空则显示消息
    RAISERROR('没有找到对应的表! ',6,6)
ELSE
    BEGIN
        EXECUTE (              - -执行字符串查询语,建立临时游标
            'DECLARE TempCs CURSOR FOR SELECT '
            +@ColumnKey+' FROM '+@TableNam)
        SET @ListTab=TempCs        - -设置临时游标给输出参数
        OPEN @ListTab              - -打开游标
        DEALLOCATE TempCs          - -释放临时游标
    END
GO
- -建立存储过程结束, 执行存储过程
DECLARE @DispData CURSOR              - -定义执行存储过程要用的输出参数
        - -执行存储过程。输入参数使用默认值, 指定输出参数
EXECUTE DispTab3 @ListTab=@DispData OUTPUT
FETCH NEXT FROM @DispData   - -循环输出游标内容
WHILE (@@FETCH_STATUS=0)
    FETCH NEXT FROM @DispData
CLOSE @DispData
DEALLOCATE @DispData
GO
```

　　执行该存储过程的结果如图 8-5 所示。

图 8-5　带游标输出参数的存储过程的运行结果

存储过程 DispTab3 有两个输入参数和一个游标输出参数，给查询带来了很大的灵活性，可以尝试多种调用方法。

8.3.3　通过 RETURN 返回参数

用户可以通过 RETUEN 语句返回状态值，RETURN 语句只能返回整数，在存储过程中 RETURN 不能返回空值，默认返回值是 0。也可以利用它返回整数输出参数值。

例 8-7　在例 7-24 中，用客户的地址信息进行检索，实现了统计"客户信息"表中指定城市客户的数量。这里建立一个存储过程，它带一个输入参数用来指定城市，带一个输出参数用来接收统计结果，另外该统计结果也可以通过 RETURN 语句返回。

在例 7-24 中由于仅是批处理，所以缺少灵活性，在查询设计器中运行如下的语句。

```
CREATE PROCEDURE Cst_City
@City AS VARCHAR(20), @CountOUT INT OUTPUT
   AS
DECLARE customers CURSOR
  FOR SELECT 地址 FROM 客户信息
OPEN customers            - -打开游标
DECLARE @Address VARCHAR(50)
DECLARE @Loop BIT
DECLARE @Count INT
SET @Count=0
```

176

```
IF @@ERROR = 0
    BEGIN
    WHILE 1=1              - -控制循环
        BEGIN
        FETCH NEXT FROM customers INTO @Address
        IF @@FETCH_STATUS = 0   - -判断读入是否正确
            BEGIN
                IF CHARINDEX(@City, @Address)>0
                    SET @Count=@Count+1
            END
        ELSE
            BREAK
        END
    PRINT '表中'+@City+'的客户数量为: '+CONVERT(VARCHAR(3), @Count)
    END
CLOSE customers                - -关闭游标
DEALLOCATE customers           - -释放游标
SET @CountOUT=@Count           - -建立输出参数值
RETURN @Count                  - -返回参数
GO
- -执行存储过程
DECLARE @COUNT1 INT, @COUNT2 INT
EXECUTE @COUNT2=Cst_City '深圳',@COUNT1 OUTPUT
PRINT @COUNT2
PRINT @COUNT1
GO
```

这里使用两个变量分别接收输出参数和返回值, 这两个值都是统计结果。运行结果如图 8-6 所示。

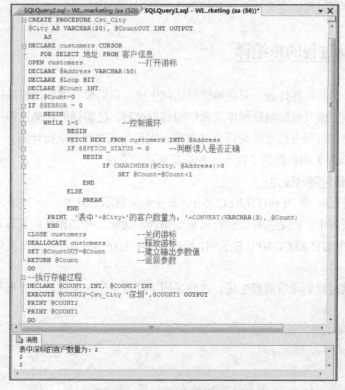

图 8-6 RETURN 语句使用演示

8.4 存储过程的管理与维护

存储过程建立完成后，如果希望了解存储过程的实现细节则需要查看其定义信息。有时要根据需要修改存储过程，数据环境变换后要重新编译存储过程。这些就是对存储过程的管理与维护工作。

8.4.1 查看存储过程的定义信息

在 SQL Server Management Studio 下，对存储过程进行维护，可以参见 8.2 节中打开存储过程设计窗口的方法。在这个窗口中，可以查看存储过程的定义信息、修改存储过程的定义；对存储过程的权限的管理，可以在"存储过程属性"窗口中进行设定。

在查询设计器下，可以通过系统存储过程 sp_helptext 查看存储过程的定义；通过 sp_help 查看存储过程的参数；通过 sp_depends 查看存储过程的相关性。

例 8-8 在查询设计器下，使用系统存储过程，查看例 8-6 创建的存储过程 DispTab3 的定义、参数和相关性。

在查询设计器中运行如下的 SQL 语句。

```
EXECUTE sp_helptext DispTab3
EXECUTE sp_help DispTab3
EXECUTE sp_depends DispTab3
GO
```

运行后得到存储过程的定义、参数和相关性信息。

8.4.2 存储过程的重编译

存储过程所采用的执行计划，只在编译时优化生成，以后便驻留在过程高速缓存中。当用户对数据库新增了索引或其他影响数据库逻辑结构的更改后，已编译的存储过程执行计划可能会失去效率。通过对存储过程进行重新编译，可以重新优化存储过程的执行计划。

SQL Server 2008 为用户提供了以下 3 种重新编译的方法。

1. 在创建存储过程时设定

在创建存储过程时，使用 WITH RECOMPILE 子句来指示 SQL Server 2008 不将该存储过程的查询计划保存在缓存中，而是在每次运行时重新编译和优化，并创建新的执行计划。

例 8-9 使用 WITH RECOMPILE 子句，修改例 8-1 的存储过程，使其每次运行时重新编译和优化。

可以将该存储过程删除后重新生成，这里采用了修改语句来实现。在查询设计器中运行如下的 SQL 语句。

```
- -修改信息的存储过程 simpleOrders
ALTER PROCEDURE simpleOrders
WITH RECOMPILE
AS
SELECT A.姓名, A.电话, A.订货日期, B.货品名称, B.供应商
```

```
        FROM 客户订单视图 A INNER JOIN 货品视图 B ON A.货品编码=B.编码
GO
```

这种方法并不常用，因为每次执行存储过程时都要重新编译，在整体上降低了存储过程的执行速度。除非存储过程本身进行的是一个比较复杂、耗时的操作，编译的时间相对执行存储过程的时间而言较少。

2．在执行存储过程时设定

通过在执行存储过程时设定重新编译，可以让 SQL Server 2008 在执行存储过程时重新编译该存储过程，这一次执行完后，新的执行计划又被保存在缓存中。这样用户就可以根据需要进行重新编译。

例 8-10　将例 8-9 修改后的存储过程 simpleOrders 再修改回去，然后以重新编译的方式执行一次该存储过程，实现执行计划的更新。

在查询设计器中运行如下命令。

```
- -修改信息的存储过程
ALTER PROCEDURE simpleOrders
AS
SELECT A.姓名, A.电话, A.订货日期, B.货品名称, B.供应商
      FROM 客户订单视图 A INNER JOIN 货品视图 B ON A.货品编码=B.编码
GO
- -调用存储过程,并重新编译
EXECUTE simpleOrders WITH RECOMPILE
```

此方法一般在存储过程创建后数据发生了显著变化时使用。

3．通过系统存储过程设定

通过系统存储过程 sp_recompile 设定重新编译标记，使存储过程和触发器在下次运行时重新编译。

具体语法格式如下。

```
EXECUTE sp_recompile 数据库对象
```

其中"数据库对象"为当前数据库中的存储过程、表或视图的名称。如果数据库对象是存储过程或触发器的名称，那么该存储过程或触发器将在下次运行时重新编译。如果数据库对象是表或视图的名称，那么所有引用该表或视图的存储过程都将在下次运行时重新编译。

例 8-11　执行下面的语句将导致使用"客户信息"表的触发器和存储过程在下次运行时重新编译。

```
EXEC sp_recompile 客户信息
```

8.4.3　重新命名存储过程

在对象浏览下，可以通过在弹出的快捷菜单中选择"重命名"，来给存储过程重新命名。此外，也可以使用系统存储过程 sp_rename 来更改存储过程的名称，其语法格式如下。

```
sp_rename 存储过程原名 存储过程新名
```

一般不要随便更改存储过程的名称，否则会造成许多与存储过程有依附关系的对象因找不到存储过程而产生错误。例如，在应用系统中有许多程序代码都调用存储过程来完成特定的操作，此时若更改了存储过程的名称，也必须更改应用系统中所调用的相应存储过程的名称，才能确保执行无误。

8.4.4 修改和删除存储过程

1．修改存储过程

存储过程的修改是由 ALTER 语句来完成的，基本语法如下。

```
ALTER PROCEDURE 存储过程名
[WITH ENCRYPTION]
[WITH RECOMPILE]
AS
SQL 语句
```

例 8-12 在例 8-9 和例 8-10 中已经用到了修改语句，这里使用 Transact-SQL 语句修改存储过程 simpleOrders，进行加密。

执行修改后，尝试查看存储过程的定义，则不能实现。所以，对要加密的存储过程，要留有其他的备份。在查询设计器中运行如下命令。

```
ALTER PROCEDURE simpleOrders
WITH ENCRYPTION            - -进行加密
AS
SELECT A.姓名，A.电话，A.订货日期，B.货品名称，B.供应商
    FROM 客户订单视图 A INNER JOIN 货品视图 B ON A.货品编码=B.编码
GO
- -尝试查看存储过程的定义信息
EXECUTE sp_helptext simpleOrders
GO
```

查看存储过程的定义命令将显示"对象'simpleOrders' 的文本已加密"信息。

因为该存储过程已加密，所以和加密视图类似，即使是 sa 用户和 dbo 用户也不能查看加密后的存储过程的内容，所以对加密的存储过程一定要留有其他的备份。要想取消加密，用不带 WITH ENCRYPTION 子句的修改语句，再重新修改回来即可。

2．删除存储过程

存储过程的删除是通过 DROP 语句来实现的，在 SQL Server Management Studio 中也同样可以进行删除。例如，在查询设计器下，使用 DROP PROCEDURE simpleOrders 命令，即可删除该存储过程。

8.5 系统存储过程和扩展存储过程

除了前面涉及的自定义存储过程外，SQL Server 2008 还提供了系统存储过程和扩展存储过程。

8.5.1 系统存储过程

在 SQL Server 2008 中的许多管理工作是通过执行系统存储过程来完成的。在前面章节中已经用到了一些系统存储过程。

系统存储过程创建和保存在 master 数据库中，都是以 sp_作为前缀的，可以在任何数据库中

使用系统存储过程。

这里再介绍一个对实现三层或多层结构十分有用的存储过程 sp_OACreate，它可以在 SQL 语句中调用 COM 组件，实现带有复杂商业逻辑的处理。调用 COM 组件中函数的过程如下。

（1）通过 sp_OACreate 创建一个 COM 实例。

（2）通过 sp_OAMethod 调用 COM 实例中的方法。

（3）通过 sp_OADestory 取消 COM 实例。

（4）如果当中发生错误，可以使用 sp_OAGetErrorInfo 获得失败原因。

具体实例可参阅联机帮助。

8.5.2　扩展存储过程

扩展存储过程提供从 SQL Server 2008 到外部程序的接口。扩展存储过程和普通存储过程一样，可以接收用户的输入参数，也可以返回执行结果和执行状态。扩展存储过程能够以类似存储过程的方式，动态装入和执行动态链接库（DLL）内的函数，无缝地扩展 SQL Server 2008 的功能。

例如，扩展存储过程 xp_cmdshell 以操作系统命令行解释器的方式执行给定的命令字符串，并以文本行方式返回任何输出。

例 8-13　执行下列 xp_cmdshell 语句，返回指定目录的匹配文件列表。

在查询设计器中运行如下命令。

```
EXEC master..xp_cmdshell 'dir c:\*.txt'
GO
```

执行结果如图 8-7 所示。

图 8-7　执行 xp_cmdshell 的返回结果

其他的扩展存储过程请参阅系统的联机帮助。

习题

1. 简述使用存储过程有哪些优缺点。

2. 创建存储过程有哪些方法？执行存储过程使用什么命令？

3. 执行存储过程时，在什么情况下可以省略 EXECUTE 关键字？

4. 仿照例 8-3，在 SQL Server Management Studio 中，创建一个带输入参数的存储过程，它能根据指定的表名关键字显示相应的表信息。

5. 在 marketing 数据库中编写一个名为 sp_findCustomers 的存储过程，以客户名作为输入参数。如果找到了指定的客户，则显示该客户的信息并用 RETURN 语句返回 1，否则返回 0。

6. 修改存储过程 sp_findCustomers，除了提供输入参数外，再提供一个游标输出参数，将查询的结果以结果集的方式返回。

7. 说明存储过程重新编译的作用和 3 种重新编译的方法。

第9章

触发器

触发器是一种特殊类型的存储过程，通常用于实现强制业务规则和数据完整性。存储过程是通过存储过程名称被调用执行，而触发器是通过事件触发而由系统自动执行的。在对表进行修改操作，包括 UPDATE、INSERT 或 DELETE 时激活相应的触发器。本章主要介绍触发器。通过本章的学习，读者应该掌握以下内容。

- 触发器的作用
- 熟练创建、修改、删除触发器

9.1 触发器的概念

9.1.1 基本概念

SQL Server 2008 为每个触发器都创建了两个专用临时表：INSERTED 表和 DELETED 表。这两个表的结构与激发触发器的表的结构相同。用户不能对它们进行修改，只能在触发器程序中查询表中的内容。触发器执行完毕后，与该触发器相关的这两个表也会被删除。

当执行 INSERT 语句时，INSERTED 表存放要向表中插入的所有行。

当执行 DELETE 语句时，DELETED 表存放要从表中删除的所有行。

当执行 UPDATE 语句时，相当于先执行一个 DELETE 操作，再执行一个 INSERT 操作。所以旧的行被移动到 DELETED 表，而新的行插入到 INSERTED 表。

触发器不允许带参数，也不允许被调用。使用触发器可以对表实现更为复杂的数据完整性限制。触发器分为后触发和替代触发两种触发方式。

9.1.2 使用触发器的优点

SQL Server 2008 主要提供了两种机制来强制业务规则和数据完整性：约束和触发器。

触发器可以完成比 CHECK 约束更复杂的限制操作。触发器的优点主要有以下几个方面。

（1）多张表的级联修改。级联修改是指当修改一张表的记录时，该记录在其他表中的修改自动实现，通常在保证数据的参照完整性时使用。触发器能实现各种级联操作，包括数据的修改、插入和删除。级联删除也可以通过外键约束来实现，并且使用外键约束比触发器的效率更高。

（2）强于 CHECK 约束的复杂限制。使用 CHECK 约束，可以限制不满足检查条件的记录输入表中，但 CHECK 约束的检查表达式不允许引用其他表中的字段，而触发器则可以。

（3）比较数据修改前后的差别。由于触发器中 INSERTED 和 DELETED 临时表的存在，所以用户就可以对新旧数据的更替情况进行分析，得到更新前后数据的变化状况。这是通常的修改功能无法实现的。

（4）强制表的修改要合乎业务规则。触发器可以引用其他表，可以包含复杂的 SQL 语句。利用触发器负责业务规则的检查，能够强制对一个表中数据的修改要满足业务规则。因为当修改一个表时，通过触发器按照业务规则修改其他的表，一旦发现修改过程中出现违背规则的错误情况，则可以放弃修改，并通过事务的回滚，保证数据恢复到修改前的状态。

9.2　创建和应用触发器

在创建触发器时，需要指定触发器的名称、包含触发器的表、引发触发器的条件以及当触发器启动后要执行的语句等内容。和创建维护存储过程一样，可以通过 CREATE TRIGGER 语句或对象管理器来创建触发器。

使用 CREATE TRIGGER 命令创建触发器的语法格式如下。

```
CREATE TRIGGER 触发器名
ON {表|视图}
[ WITH ENCRYPTION ]
{ FOR | AFTER | INSTEAD OF } { [ INSERT ] [ , ] [ UPDATE ] [ , ] [DELETE] }
[ NOT FOR REPLICATION ]
AS
[{IF UPDATE(列名) [{AND|OR} UPDATE(列名)] [ ...n ] }]
SQL 语句
```

各参数的含义如下。

（1）WITH ENCRYPTION。加密 CREATE TRIGGER 语句文本的条目。

（2）FOR|AFTER。FOR 与 AFTER 同义，指定触发器只有在触发 SQL 语句中指定的所有操作都已成功执行后才激发。所有的引用级联操作和约束检查也必须成功完成后，才能执行此触发器，即为后触发。

（3）INSTEAD OF。指定执行触发器而不执行造成触发的 SQL 语句，从而替代造成触发的语句。在表或视图上，每个 INSERT、UPDATE 或 DELETE 语句只能定义一个 INSTEAD OF 触发器，替代触发。

（4）[INSERT] [,] [UPDATE] [,] [DELETE]。指定在表上执行哪些数据修改语句时将激活触发器的关键字。必须至少指定一个选项。在触发器定义中允许使用任意顺序组合的这些关键字。当进行触发条件的操作时（INSERT、UPDATE 或 DELETE），将执行 SQL 语句中指定的触发器操作。

（5）NOT FOR REPLICATION。表示当复制进程更改触发器所涉及的表时，不要执行该触发器。

（6）IF UPDATE（列名）。测试在指定的列上进行的 INSERT 或 UPDATE 操作，不能用于 DELETE 操作，可以指定多列。因为已经在 ON 子句中指定了表名，所以在 IF UPDATE 子句中的列名前不要包含表名。若要测试在多个列上进行的 INSERT 或 UPDATE 操作，要分别单独地指定 UPDATE（列名）子句。在 INSERT 操作中 IF UPDATE 将返回 TRUE 值。

 　　创建触发器时使用 AFTER 或 FOR 关键字，创建的是后触发，即当引起触发器执行的修改语句完成后，并通过了各种约束检查后，才执行触发器中的语句。后触发只能建在表上，不能建在视图上。创建触发器时使用 INSTEAD OF 关键字，创建的是替代触发。替代触发的特征是引起触发器执行的修改语句只起到启动触发器的作用，而并没有执行，取而代之的是执行触发器中的语句。替代触发可以建在表上或视图上。

由于 TRUNCATE TABLE 语句的操作不被记录到事务日志文件，所以它不会激发 DELETE 触发器。虽然大部分 SQL 语句在触发器中都可以使用，但是也有一些限制，例如，所有建立和修改数据库及其对象的语句、所有 DROP 语句都不允许在触发器中使用。

9.2.1　INSERT 触发器

通过 INSERT 触发器检查添加操作的业务规则。

例 9-1　在"订单信息"表上，建立后触发的插入触发器，当用户插入新的订单行时，如果订货量大于货品信息表上的库存量，则不能实现插入操作，并给出提示信息。

这里需要由临时表 INSERTED 中，得到新订单的货品编码和订货量，然后按照这个货品编码查看货品信息表中该货品的库存量，根据比较结果作出处理选择。建立和测试该触发器的语句如下。

```
- -如果存在则删除
IF EXISTS(SELECT name,type FROM sysobjects WHERE name='Check_库存量' AND type='TR')
DROP TRIGGER Check_库存量
GO
- -建立后触发的插入触发器
CREATE TRIGGER Check_库存量 ON 订单信息
FOR INSERT            - -表明是后触发
AS
DECLARE @OrderNum INT, @Stored INT, @GoodNo INT
SELECT @GoodNo=货品编码, @OrderNum=数量 FROM INSERTED
SELECT @Stored=库存量 FROM 货品信息 WHERE 编码=@GoodNo
IF @OrderNum > @Stored         - -如果订货量超出库存量则回滚所做的操作
    BEGIN
        RAISERROR('订货量超出库存，不能订货! ',7,1)  - -显示信息
        ROLLBACK TRANSACTION    - -回滚插入操作
    END
GO
- -测试该触发器
INSERT 订单信息(订单号, 销售工号, 货品编码, 客户编号, 数量)
    VALUES(9, 4,6,1,21)
GO
```

由于在货品信息表中编号为 6 的货品库存量仅为 20，所以这个插入操作不能执行，显示信息如图 9-1 所示。

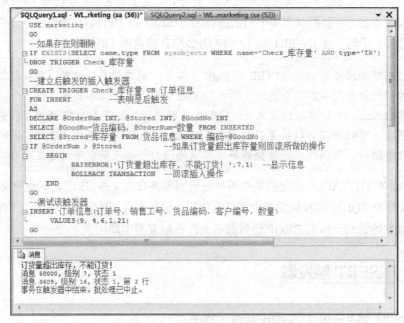

图 9-1　测试后触发器运行的结果

在这个实例中使用的是后触发。根据后触发的特点可知，插入操作已经执行，所以在触发器语句中一旦发现不能执行插入操作，则要通过事务回滚，恢复插入前的数据状态。下面给出一个使用替代触发的实例，大家可以比较两者的区别。

例 9-2　在"订单信息"表上，建立替代触发的插入触发器，当用户插入新的订单行时，如果订货量大于货品信息表上的库存量，则不能实现插入操作，并给出提示信息。

这里和例 9-1 的区别主要是在事务回滚和数据插入的处理上。建立和测试该触发器的语句如下。

```
- -建立替代触发的插入触发器
CREATE TRIGGER Check_库存量 ON 订单信息
INSTEAD OF INSERT          - -表明是替代触发
AS
DECLARE @OrderNum INT, @Stored INT, @GoodNo INT
SELECT @GoodNo=货品编码, @OrderNum=数量 FROM INSERTED
SELECT @Stored=库存量 FROM 货品信息 WHERE 编码=@GoodNo
IF @OrderNum > @Stored          - -如果订货量超出库存量则显示信息
    RAISERROR('订货量超出库存，不能订货！',7,1)    - -显示信息
ELSE
   INSERT 订单信息    SELECT * FROM INSERTED - -执行订单的插入操作
GO
- -测试该触发器
INSERT 订单信息(订单号, 销售工号, 货品编码, 客户编号, 数量)
    VALUES(9, 4,6,1,21)
GO
```

由于订货量超出库存量，所以这里的插入操作也不能进行，显示信息如图 9-2 所示。

```
SQLQuery1.sql - WI...rketing (sa (56))*   SQLQuery2.sql - WI...marketing (sa (52))
    USE marketing
    GO
    --如果存在则删除
  IF EXISTS(SELECT name,type FROM sysobjects WHERE name='Check_库存量' AND type='TR')
    DROP TRIGGER Check_库存量
    GO
    --建立替代触发的插入触发器
  CREATE TRIGGER Check_库存量 ON 订单信息
    INSTEAD OF INSERT              --表明是替代触发
    AS
    DECLARE @OrderNum INT, @Stored INT, @GoodNo INT
    SELECT @GoodNo=货品编码, @OrderNum=数量 FROM INSERTED
    SELECT @Stored=库存量 FROM 货品信息 WHERE 编码=@GoodNo
  IF @OrderNum > @Stored          --如果订货量超出库存量则显示信息
        RAISERROR('订货量超出库存,不能订货!',7,1)    --显示信息
    ELSE
        INSERT 订单信息  SELECT * FROM INSERTED --执行订单的插入操作
    GO
    --测试该触发器
  INSERT 订单信息(订单号, 销售工号, 货品编码, 客户编号, 数量)
        VALUES(9, 4,6,1,21)
    GO

  消息
    订货量超出库存,不能订货!
    消息 50000, 级别 7, 状态 1

  (1 行受影响)
```

图 9-2　测试替代触发器运行的结果

在这个实例中虽然不用事务回滚,但是,如果库存量满足条件则要在触发器语句中执行插入操作。所以,对于经常是满足插入条件的情况使用后触发,反之使用替代触发。

例 9-3　这里插入一个满足条件的订单,查看执行结果。

在查询设计器中运行如下的测试语句。

```
INSERT 订单信息(订单号, 销售工号, 货品编码, 客户编号, 数量)
    VALUES(10, 4,6,1,5)
SELECT * FROM 订单信息
GO
```

运行结果如图 9-3 所示,这里进行了订单的成功插入。

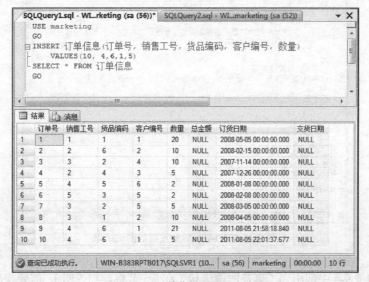

图 9-3　显示替代触发器插入成功

9.2.2 UPDATE 触发器

对于 UPDATE 触发器，当 UPDATE 操作在表上执行时，则产生触发。在触发器程序中，有时只关心某些列的变化，则可以使用 IF UPDATE（列名），仅对指定列的修改作出反应，这点是其他两种触发器没有的。

例 9-4 在"客户信息"表上，建立一个 UPDATE 后触发器，当用户修改客户的"编号"列时，给出提示信息，并不能修改该列。

在查询设计器中运行如下的测试语句。

```
CREATE TRIGGER Check_CstNo ON 客户信息
AFTER UPDATE       - -后触发器
AS
IF UPDATE(编号)              - -针对该列的处理
    BEGIN
        RAISERROR('客户编号不能进行修改！',7,2) - -显示信息
        ROLLBACK TRANSACTION
    END
GO
- -测试该修改触发器
UPDATE 客户信息 SET 编号=8 WHERE 编号=7              - -修改编号失败
GO
UPDATE 客户信息 SET 电话='80256716' WHERE 编号=6      - -修改电话成功
GO
```

测试结果如图 9-4 所示。

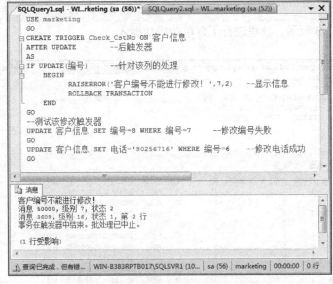

图 9-4　UPDATE 后触发器的测试结果

在例 9-1 和例 9-4 中都用到了事务回滚语句（在 9.5 节将详细说明），需要指出的是，在触发

器中发出 ROLLBACK TRANSACTION 命令，有如下的作用。

（1）在当前事务（指进入触发器前的当前事务）中，所做的所有数据修改都将回滚，包括触发器所做的修改。

（2）触发器将继续执行 ROLLBACK 语句之后的其余语句。这些后来执行的语句中对数据的修改，不受前面回滚语句的影响。这些语句的执行也不会激发嵌套触发器。

（3）在批处理中，所有位于激发触发器的语句之后的语句都不被执行。

（4）在一个批处理中声明并打开了游标，如果该批处理中的某条语句激发了触发器，并执行了触发器中的 ROLLBACK 语句，则它将关闭并释放该批处理中包含的所有游标。

在例 9-4 中的两个测试 UPDATE 语句之间，要有一个 GO 语句来结束前一个批处理，否则下一个 UPDATE 虽然没有修改编号，但是也会因为触发器中执行了 ROLLBACK 语句而被回滚。例 9-1 中也同样。

要避免在触发器中使用回滚，可以将例 9-4 改写为例 9-5。

例 9-5　改写例 9-4 中的触发器，使它不包含事务回滚语句，并且当修改用户名时，给出提示信息。

在查询设计器中运行如下的测试语句。

```
CREATE TRIGGER Check_CstNo ON 客户信息
AFTER UPDATE      - -后触发器
AS
DECLARE @CsNo1 INT, @CsNo2 INT
SELECT @CsNo1=编号 FROM DELETED
SELECT @CsNo2=编号 FROM INSERTED
IF UPDATE(编号)            - -针对该列的处理
    BEGIN
        RAISERROR('客户编号不能进行修改! ',7,2)  - -显示信息
        UPDATE 客户信息 SET 编号=@CsNo1 WHERE 编号=@CsNo2
    END
DECLARE @TpName1 VARCHAR(10), @TpName2 VARCHAR(10), @Msg VARCHAR(50)
SELECT @TpName1=姓名 FROM DELETED
SELECT @TpName2=姓名 FROM INSERTED
SET @Msg ='将客户姓名"'+@TpName1+'"改为"'+@TpName2+'"'
IF UPDATE(姓名)            - -针对该列的处理
    RAISERROR(@Msg,2,2) - -显示信息
GO
- -测试该修改触发器
UPDATE 客户信息 SET 编号=2 WHERE 编号=1      - -修改编号失败
UPDATE 客户信息 SET 编号=2,姓名='辛明星',电话='61****16'
    WHERE 编号=1        - -修改编号失败,但其他列修改成功
GO
```

在这两条测试语句中，第一条语句修改失败，而第二条语句，虽然编号修改失败，但是，后面对姓名和电话号码的修改依然成功。在例 9-4 的实现中，由于采用的是回滚方式，所以，如果编号修改失败，则其他列的修改也失败。测试结果如图 9-5 所示。

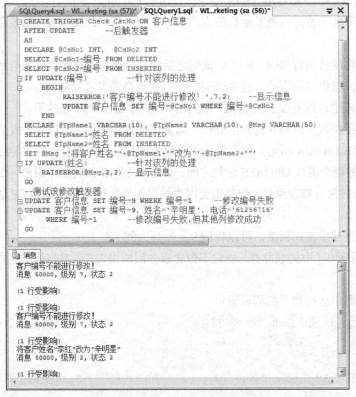

图 9-5　针对两列进行修改的测试结果

9.2.3　DELETE 触发器

当对表执行 DELETE 操作时，激发该表的 DELETE 触发器。这里给出一个级联操作的实例。

例 9-6　当用户从"订单信息"表中删除一个订单时，表示是用户退单，即不再订购该货品。在这种情况下，假定添加订单时减少了"货品信息"的库存量，这时，就要将原来的订货数量增加到库存量上。

在查询设计器中运行如下的测试语句。

```
CREATE TRIGGER Add_库存量 ON 订单信息
AFTER DELETE        - -后触发器
AS
DECLARE @OrderNum INT, @Stored INT, @GoodNo INT
SELECT @GoodNo=货品编码, @OrderNum=数量 FROM DELETED
UPDATE 货品信息 SET 库存量=库存量+@OrderNum WHERE 编码=@GoodNo
GO
- -测试该触发器的级联操作功能
SELECT 库存量 FROM 货品信息 WHERE 编码=6
SELECT 数量 FROM 订单信息 WHERE 订单号=9
DELETE 订单信息 WHERE 订单号=9
SELECT 库存量 FROM 货品信息 WHERE 编码=6
SELECT 数量 FROM 订单信息 WHERE 订单号=9
GO
```

为了测试该触发器的执行情况，分别在删除订单 9 之前显示了库存量 20 和订货数量 21。之后又显示库存量 41，订单已经不存在。结果如图 9-6 所示。

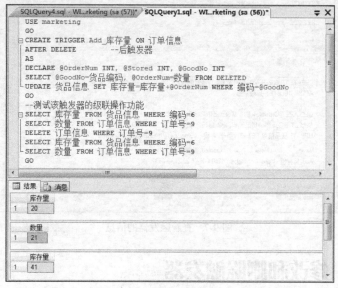

图 9-6　级联操作触发器的执行结果

9.2.4　查看触发器的定义信息

在 SQL Server Management Studio 对象资源管理器下，可以轻松创建触发器、查看触发器的定义信息和修改触发器，具体的操作步骤如下。

（1）在对象资源管理器中依次展开节点到 "marketing" 数据库，在该数据库中选择要建立、查看或修改触发器的表节点，例如 "订单信息" 表节点。

（2）右击数据表里的 "触发器"，在弹出的快捷菜单中，选中 "新建触发器" 命令，则调出新建触发器窗口。

（3）如果已建立了触发器，右击想要查看或修改的触发器，在弹出的快捷菜单中，选中 "修改" 命令，则调出修改触发器窗口，在该窗口中可以查看或修改触发器的定义。

（4）如果要删除触发器，右击想要删除的触发器，在弹出的快捷菜单中，选中 "删除" 命令，则调出删除触发器窗口，单击 "确定" 按钮完成删除。

在查询设计器下，可以通过系统存储过程 sp_helptext 查看触发器的定义；通过 sp_help 查看触发器的参数；通过 sp_depends 查看触发器的相关性。

例 9-7　在查询设计器下，使用系统存储过程，查看例 9-6 创建的触发器 Add_库存量的定义、参数和相关性。

在查询设计器中运行如下的 SQL 语句。

```
EXECUTE sp_helptext Add_库存量
EXECUTE sp_help Add_库存量
EXECUTE sp_depends Add_库存量
GO
```

运行后得到触发器的定义、参数和相关性信息如图 9-7 所示。

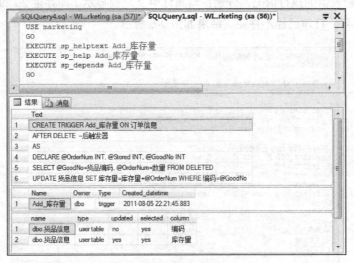

图 9-7　查看触发器的信息

9.3　修改和删除触发器

在 SQL Server Management Studio 对象资源管理器下修改和删除触发器，在前面介绍查看触发器的定义时已经作了说明，这里不再赘述，仅说明使用 SQL 语句的情况。

9.3.1　修改和删除触发器

1. 修改触发器

用户可以使用 ALTER TRIGGER 语句修改触发器，它可以在保留现有触发器名称的同时，修改触发器的触发动作和执行内容。

修改触发器的语法格式如下。

```
ALTER TRIGGER 触发器名
ON {表|视图}
[ WITH ENCRYPTION ]
{ FOR | AFTER | INSTEAD OF } { [ INSERT ] [ , ] [ UPDATE ] [ , ] [DELETE] }
[ NOT FOR REPLICATION ]
AS
[{IF UPDATE(列名)[{AND|OR} UPDATE(列名)][ ...n ]}
SQL 语句
```

其中各参数的意义与建立触发器语句中的意义相同。

和存储过程一样，使用 WITH ENCRYPTION 子句可以对触发器的定义加密。

例 9-8　在查询设计器下，使用 WITH ENCRYPTION 子句，对例 9-6 创建的触发器 Add_库存量进行加密。

在查询设计器中运行如下的 SQL 语句。

```
ALTER TRIGGER Add_库存量 ON 订单信息
WITH ENCRYPTION       - -指明要加密
AFTER DELETE          - -后触发器
```

```
AS
DECLARE @OrderNum INT, @Stored INT, @GoodNo INT
SELECT @GoodNo=货品编码, @OrderNum=数量 FROM DELETED
UPDATE 货品信息 SET 库存量=库存量+@OrderNum
                WHERE 编码=@GoodNo
GO
- -测试是否能够查看触发器的定义
EXECUTE sp_helptext Add_库存量
GO
```

查看触发器的定义命令将显示"对象'Add_库存量'的文本已加密"信息，如图 9-8 所示。

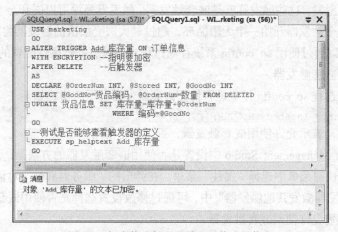

图 9-8　加密修改触发器并查看修改后信息

因为该触发器已加密，所以和加密的存储过程一样，即使是 sa 用户和 dbo 用户也不能查看加密后的触发器的内容，所以对加密的触发器一定要留有其他的备份。要想取消加密，用不带 WITH ENCRYPTION 子句的修改语句，再重新修改回来即可。

2．删除触发器

触发器的删除是通过 DROP 语句来实现的，在 SQL Server Management Studio 也同样可以进行删除。例如，在查询设计器下，使用 DROP TRIGGER Add_库存量命令，即可删除该触发器。

9.3.2　禁止或启用触发器

在有些情况，用户希望暂停触发器的作用，但并不删除它。例如，当清理订单时要批量删除一些记录，但是并不希望这个删除操作激活触发器"Add_库存量"，以免增加"货品信息"表的库存量。在这种情况下就可以先"禁止"触发器，等清理完成后再"启用"触发器。

禁止和启用触发器的语法格式如下。

```
ALTER TABLE 表名
{ENABLE|DISABLE} TRIGGER
{ALL|触发器名[,...n]}
```

使用该语句可以禁用或启用指定表上的某些触发器或所有触发器。

9.4 触发器的嵌套与递归

如果一个触发器执行语句时又激发了另一个触发器该如何处理？一个触发器在执行语句时是否允许激发自己？这就是触发器的嵌套和递归问题。这样的问题要根据情况谨慎处理。

9.4.1 嵌套触发器

一个触发器在执行操作时又激发另一个触发器，而这个触发器接下来又激发下一个触发器，所有的触发器依次激发，这些触发器就是嵌套触发器。触发器最深可以嵌套至 32 层，如果触发器嵌套链中的任何一个触发器开始一个无限循环，超过最大嵌套层次的触发器将被终止，并且回滚整个事务。用户可以通过使用 sp_config 系统存储过程或通过服务器属性配置的"嵌套触发器"选项来设置是否使用嵌套触发器。

使用系统存储过程 sp_config 设置是否使用嵌套触发器的语法格式如下。

```
EXECUTE sp_config inested_TRIGGER, {0|1}
```

当设置为 1 时，表示允许使用嵌套触发器，否则禁止使用。

在 SQL Server Management Studio 中设置是否使用嵌套触发器的方法是，选中服务器名，右击鼠标，在弹出的快捷菜单中选择"属性"菜单，在弹出的"服务器属性"对话框中选择"高级"标签，在"允许触发器激发其他触发器"中，可通过修改设置选择是否使用嵌套触发器。如图 9-9所示。系统默认配置允许使用嵌套触发器。

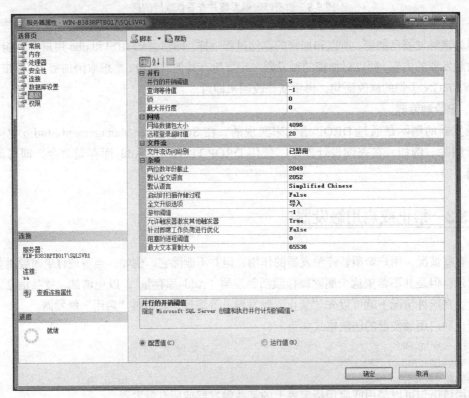

图 9-9　查看和设置服务器的行为属性

9.4.2　递归触发器

当一个嵌套触发器嵌套的是其自身时，这种特殊情况就称为递归。递归触发器又因是直接激发自身还是间接激发自身而分为直接递归和间接递归。在数据库创建时，递归触发器的默认选项是禁止的，但可以使用 ALTER DATABASE 语句来启动它。和嵌套触发器一样，递归触发器的深度最多也可以达到 32 层。

在 SQL Server Management Studio 中设置是否使用递归触发器的方法是，选中"marketing"数据库，右击鼠标，在弹出的快捷菜单中选择"属性"菜单，在弹出的"数据库属性"对话框中选择"选项"标签，在"递归触发器已启用"中，可通过修改设置选择是否使用递归触发器。如图 9-10 所示。系统默认配置是不使用递归触发器的，建议通常情况下不要修改系统的默认配置。

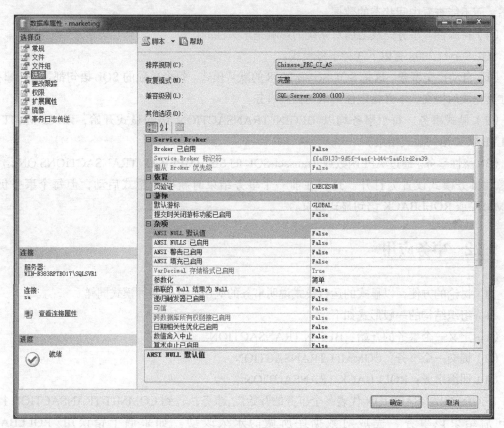

图 9-10　查看和设置数据库递归触发器

9.5　事务

9.5.1　基本概念

事务是作为单个逻辑工作单元执行的一系列操作。这一系列的操作或者都被执行，或者都不被执行。例如，两个银行账号之间转账，将 A 账号的 1 万元转到 B 账号上，这个过程在处理时是先将 A 账号减去 1 万元，然后再将 B 账号加上 1 万元。如果当 A 账号减去 1 万元后系统发生错误，使得 B 账号加上 1 万元的操作无法执行，这样的结果将造成账务混乱。有了事务机制，就可以利用事务避免上述情况，保证或者减去和加上两个操作同时成功，或者同时回退。

事务作为一个逻辑工作单元有 4 个属性，称为 ACID（原子性、一致性、隔离性和持久性）属性。

（1）原子性。事务必须是原子工作单元，对于其数据修改，要么全都执行，要么全都不执行。

（2）一致性。事务在完成时，必须使所有的数据都保持一致状态。在相关数据库中，所有规则都必须应用于事务的修改，以保持所有数据的完整性。事务结束时，所有的内部数据结构都必须是正确的。

（3）隔离性。由并发事务所做的修改必须与任何其他并发事务所做的修改隔离。保证事务查看数据时数据所处的状态，只能是另一并发事务修改它之前的状态或者是另一事务修改它之后的状态，而不能查看中间状态的数据。

（4）持久性。事务完成之后对系统的影响是永久性的。

SQL Server 2008 有以下 3 种事务模式。

（1）自动提交事务。这是 SQL Server 2008 的默认模式。每个单独的 SQL 语句都是一个事务，并在其完成后提交。不必指定任何语句控制事务。

（2）显式事务。每个事务均以 BEGIN TRANSACTION 语句显式开始，以 COMMIT 或 ROLLBACK 语句显式结束。

（3）隐性事务。通过 API 函数或 Transact-SQL 的 SET IMPLICIT_TRANSACTIONS ON 语句，将隐性事务模式设置为打开。这样在前一个事务结束时新事务隐式启动，但每个事务仍以 COMMIT 或 ROLLBACK 语句显式结束。

9.5.2　事务应用

为了讨论的方便，以显式的运行模式说明事务的应用，其他两种模式同样。

事务组织结构的一般形式如下。

（1）定义一个事务的开始：BEGIN TRANSACTION。

（2）提交一个事务：COMMIT TRANSACTION。

（3）回滚事务：ROLLBACK TRANSACTION。

BEGIN TRANSACTION 代表一个事务的开始点，事务执行到 COMMIT TRANSACTION 提交语句后结束该事务，完成对数据库所做的永久改动。如果遇上错误用 ROLLBACK TRANSACTION 语句可以撤销所有改动。

下面详细说明事务组织语句。

（1）BEGIN TRANSACTION：标记一个显式事务的起始点。语法格式如下。

```
BEGIN TRANSACTION [事务名称]
```

显式事务可以指定一个名称。

（2）COMMIT TRANSACTION：标志一个成功的显式事务或隐性事务的结束。语法格式如下。

```
COMMIT TRANSACTION [事务名称]
```

事务名称向程序员指明 COMMIT TRANSACTION 与哪些嵌套的 BEGIN TRANSACTION 相

关联。实际上 SQL Server 忽略该参数。但事务名称能够提高程序的可读性。

执行 COMMIT TRANSACTION 语句后数据已经永久修改，所以不能再回滚事务。

当在嵌套事务中使用 COMMIT TRANSACTION 时，内部事务的提交并不释放资源，也没有执行永久修改。只有在提交了外部事务时，数据修改才具有永久性，而且资源才会被释放。

（3）ROLLBACK TRANSACTION：将显式事务或隐性事务回滚到事务的起点或事务内的某个保存点。语法格式如下。

```
ROLLBACK TRANSACTION [事务名称]
```

事务名称是在 BEGIN TRANSACTION 上指定的事务名称。

不带事务名称的 ROLLBACK TRANSACTION 回滚到事务的起点。嵌套事务时，该语句将所有内层事务回滚到最外层的 BEGIN TRANSACTION 语句，事务名称也只能是来自最外层的 BEGIN TRANSACTION 语句中指定的事务名称，否则出错。

在执行 COMMIT TRANSACTION 语句后不能回滚事务。

在 9.2.2 小节中讨论了在触发器中发出 ROLLBACK TRANSACTION 的情况。

如果在事务执行过程中出现任何错误，SQL Server 2008 服务器实例将回滚事务。某些错误（如死锁）会自动回滚事务。

如果在事务活动时由于任何原因（如客户端应用程序终止；客户端计算机关闭或重新启动；客户端网络连接中断等）中断了客户端和 SQL Server 2008 服务器实例之间的通信，SQL Server 2008 服务器实例将在收到网络或操作系统发出的中断通知时自动回滚事务。在所有这些错误情况下，将回滚任何未完成的事务以保护数据库的完整性。

下面给出应用事务的综合实例。

例 9-9　使用显式事务，处理添加订单和修改库存量的操作，保证如果添加订单成功，则订单中的订货数量要从货品信息表的库存量中减去，两个操作同时进行。这里添加一个限制，即如果一次订货超出 10 件则不能下订单，否则可以。

首先在查询设计器中运行如下命令观察正常添加记录的情况。

```
- -开始事务
BEGIN TRANSACTION SUB_库存量
DECLARE @OrderNo INT, @GoodNo INT, @OrderAdd INT
SELECT @OrderNo=MAX(订单号)+1 FROM 订单信息   - -建立新订单号
SET @GoodNo=6                              - -建立货品编码
SET @OrderAdd=12                          - -建立订货量
INSERT 订单信息(订单号, 销售工号, 货品编码, 客户编号, 数量)  - -添加订单
    VALUES(@OrderNo, 4,@GoodNo,1,@OrderAdd)
- -这里由于是在触发器中控制插入订单的，所以即使没有插入也不会产生@@ERROR<>0
- -所以要通过记录中的订单号判断，如果添加成功则减少库存
IF @OrderNo IN (SELECT MAX(订单号) FROM 订单信息)
    UPDATE 货品信息 SET 库存量=库存量-@OrderAdd
                  WHERE 编码=@GoodNo
IF @OrderAdd >10                          - -如果一次订货量超出则回滚事务
    ROLLBACK TRANSACTION SUB_库存量
ELSE
    COMMIT TRANSACTION SUB_库存量     - -提交事务
GO
```

运行后可见，如果 SET @OrderAdd=12 大于 10，则添加订单和库存减少都没有做，否则执

行成功。

习题

1. 简述使用触发器有哪些优缺点。

2. 说明创建触发器命令中 FOR、AFTER、INSTEAD OF 各表示什么含义？

3. TRUNCATE TABLE 语句是否会激发 DELETE 触发器？在触发器中的 SQL 语句有哪些限制？

4. 仿照例 9-1，在"订单信息"表上，建立后触发的插入触发器，当用户插入新的订单行时，对价格大于 5000 元的货品如果订货量大于 5 则不能插入订单，并给出说明信息。

5. 仿照例 9-2，在"订单信息"表上，建立替代触发的插入触发器，当用户插入新的订单行时，对价格大于 5 000 元的货品如果订货量大于 5 则不能插入订单，并给出说明信息。

6. 在"订单信息"表上，建立后触发器，当用户插入新的订单行时，按照订货量的增加相应地在货品表中减少库存量。

7. 在"部门信息"表上，建立一个 UPDATE 后触发器，当修改"部门信息"的"编号"列时，同时修改销售人员表中的"部门号"。

8. 和习题 6 相对应，当客户退订单时，即从订单表中删除记录时通过"订单信息"表上建立的删除触发器，自动归还"货品信息"信息表中的库存量。

9. 什么是事务的 4 个基本属性？说明 3 种事务各有什么特点。

第10章

SQL Server 2008 的安全管理

数据库中存放着大量的数据，保护数据不受内部和外部的侵害是一项重要的任务。SQL Server 2008 广泛地应用于企业的各个部门，作为数据库系统管理员，需要深入地理解 SQL Server 2008 的安全控制策略，以实现安全管理的目标。本章主要介绍 SQL Server 2008 的安全管理。通过本章的学习，读者应该掌握以下内容。

- SQL Server 2008 的安全特性以及安全模型
- 使用 SQL Server 2008 的安全管理工具构造灵活、安全的管理机制

10.1 SQL Server 2008 的安全特性

虽然改进的过程很艰辛，但是 Microsoft SQL Server 2008 比 2005 和 2000 更安全了。SQL Server 2008 中的安全特性是经过深思熟虑而设计的，并且是合理实施的。到目前为止，与其先前的产品相比，最显著的变化是其精密的数据安全性能：加密、密钥管理和增强元数据的安全性。尽管基于功能的权限并不是新产生的，但是增强的灵活性却提供了对数据库更多方面更紧密的控制。

1. SQL Server 2008 支持多种认证机制。

你仍然可以利用 LDAP 和 Active Directory 的投资，进而以一种安全的方式登录到 SQL Server，但是，现在与非 Windows 客户端的结合支持全信道加密技术。在默认的情况下，全信道加密采用 SQL 生成的 SSL 证书，几乎可以防止所有的即开即用的中间人攻击。

全信道加密也可以确保 SQL 语句所传输的用户名的安全，以及其他任何有效载荷详细信息的安全。与 2005 版中所默认的用户名和密码哈希（Hosh）相比，这是一个重大的成就。

2. 有特权的实体

SQL Server 2008 引进了许多全新的、精细的控制机制，以确保合理地创建、分配、

执行这些权限，而且比前几个版本的误差更小。

（1）公共职能。虽然大部分以核心职能为基础的访问性能都与 SQL 2005 保持相似，但是同时也包含附加的功能来帮助以网络为基础的应用程序软件盒，并且防止匿名的因特网攻击。创建一个新的公共职能，微软已经有了很大的提高。通过 SQL 2008 服务器的默认值，每一个数据库用户被自动添加到该组。

（2）元数据保护。数据库或者表格的元数据和其本来的数据同样重要。SQL Server 2008 允许你通过以用户分配的职能为基础的错误响应来保护这个元数据。

（3）更精细的 schema。SQL Server 2008 中的突出之处是实施了以 schema 为基础的数据库安全及其文本。2008 版之前，SQL Server 通过采用某个用户进行逻辑配对，进而处理了一个 schema。在 2008 版，你必须创建一个用户，再创建或者分配给他一个特定的 schema。这个用户获得了一个或者几个 schema 的拥有权，然后这个 schema 分配不同的权限到数据库的基本元素中。这个额外的数据库层允许你为用户和数据库元素设置更精细的许可和控制。

（4）可获得的对象。2005 中引进了可获得的对象，SQL Server 2008 就是建立在这个理念的基础上的。被认为是主要功能的登录和服务可以划分为多个组分，将更精细的许可授予数据库中、表格中的几乎每个对象。这个以职能为基础的或者许可的精细度是数据安全性方面一个大的提高，很好地对公共职能进行了补充。

（5）代理服务器。SQL Server 的代理服务器连接到用户证书和工作许可。这就提供了一种精细的方法来为任务中每个单独的步骤授予许可。这与先前的版本形成鲜明的对比，先前的版本使用一个单一的，通常是全面的功能强大的代理器账户。每个子系统可以拥有任意数量的相关代理器。

3. 加密是关键

SQL Server 2008 提供了不同形式的加密技术，这是密钥管理的一个内部系统。过去的版本中，加密密钥管理基本上是由外部的第三方产品处理的，这是因为 SQL Server 缺少适用的用户管理。

4. 简单的审核

传统上，管理员所面对的最大挑战之一一直都是审核数据库。为了审核前面版本中的数据库，管理员不得不在不同的数据点，启动多个触发器和警报，以记入日志，并稍后进行结果分析进而确定不规则的数据点。SQL Server 2008 简化了这一过程。某个审计员或者管理员需要对审核的数据点进行定义（比如，用户的行为、数据的要素、用户或者职能），然后在服务器上创建服务器审核或者数据库审核的技术说明。从那里可以采用 SQL Server 2008 Management Studio 中的 Windows 事件观察器或者日志观察器来检查事件。 虽然，完成审核与日志性能的配置需要几天的时间，但是，灵活性允许你将详细的、适用的日志结合到第三方的解决方案中。

10.2 SQL Server 2008 的安全机制

Microsoft SQL Server 2008 系统提供了一整套保护数据安全的机制，包括角色、架构、用户、权限等手段，可以有效地实现对系统访问和数据访问的控制。

Microsoft SQL Server 2008 安全性包括服务器安全和数据安全两部分。对数据库服务器本身的控制权限包括创建、修改、删除数据库，管理数据库文件等。对数据库数据的控制权限包括访问哪些数据表、查看哪些视图、存储过程等。数据的访问权限可以设置给用户或角色。

10.2.1　SQL Server 2008 访问控制

主体是可以请求系统资源的个体、组合过程。在 Microsoft SQL Server 2008 系统中，把主体的层次分为 3 个级别：Windows 级别、SQL Server 级别和数据库级别。Windows 级别的主体包括 Windows 组、Windows 域登录名和 Windows 本地登录名，这些级别的主体的作用范围是整个 Windows 操作系统；SQL Server 系统只是 Windows 操作系统中的一部分，SQL Server 级别的主体包括 SQL Serrer 登录名和固定服务器角色，这两种主体的作用范围是整个 SQL Server 系统；数据库级别的主体的作用范围是数据库，这些主体包括数据库用户、固定数据库角色、应用程序角色，这些主体可以请求数据库内的各种资源。

Microsoft SQL Server 2008 系统管理者可以通过权限保护分层实体集合，这些实体被称为安全对象。安全对象是 Microsoft SQL Server 2008 系统控制对其进行访问的资源。SQL Server 系统通过验证主体是否已经获得适当的权限来控制主体对安全对象的各种操作。

在 Microsoft SQL Server 2008 系统中，可以分为 3 个安全对象范围：服务器安全对象范围，数据库安全对象范围和架构安全对象范围。主体和安全对象之间是通过权限关联起来的，主体通过发出请求来访问系统资源，安全对象就是相关主体访问的系统资源。主体能否对安全对象执行访问操作，需要判断主体是否拥有访问安全对象的权限。

10.2.2　SQL Server 2008 身份验证模式

身份验证模式是 Microsoft SQL Server 2008 系统验证客户端和服务器之间连接的方式。Microsoft SQL Server 2008 系统提供了两种身份验证模式：Windows 身份验证模式和混合模式。在 Windows 身份验证模式中，用户通过 Microsoft Windows 用户账户连接时，SQL Server 使用 Windows 操作系统中的信息验证账户名和密码。Wiodows 身份验证模式使用 Kerberos 安全协议，通过强密码的复杂性验证提供密码策略强制、账户锁定支持、支持密码过期等。在混合模式中，当客户端连接到服务器时，既可能采取 Windows 身份验证，也可能采取 SQL Server 身份验证。当设置为混合模式时，允许用户使用 Windows 身份验证 SQL Server 身份验证进行连接。Windows 身份验证模式是默认的身份验证模式，它比混合模式安全。

用户可以在系统安装时或安装后配置 SQL Server 2008 的身份验证模式。安装完成后修改身份验证模式的方法为：右击需要修改模式的服务器实例，在弹出的快捷菜单中选择"属性"命令，在弹出的属性窗口中选择"安全性"标签，如图 10-1 所示。在该窗口的身份验证栏中，选择"Windows 身份验证模式"或者"SQL Server 和 Windows 身份验证模式"。

使用仅 Windows 身份验证模式的时候，SQL Server 2008 仅接受那些 Windows 系统中的账户的登录请求，这时，如果用户使用 SQL Server 身份验证的登录账户请求登录，则会收到登录失败的信息。

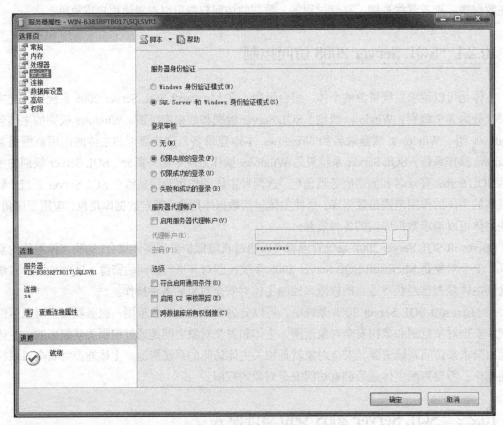

图 10-1　选择身份验证模式

10.3　服务器的安全性

服务器的安全性是通过建立和管理 SQL Server 2008 登录账户来保证的。安装完成后 SQL Server 2008 已经存在了一些内置的登录账户，例如数据库管理员账户 sa，通过该登录账户，用户可以建立其他的登录账户。

10.3.1　创建或修改登录账户

在 SQL Server Management Studio 对象资源管理器下或使用 SQL 语句都能创建和修改登录账户。通常情况下，创建登录账户一般是一次性的，所以，在 SQL Server Management Studio 的图形界面下操作更方便些。而且，SQL Server Management Studio 的创建界面是一个综合界面，它集成了使用 SQL 语句的多个环节。创建登录账户时，需要指出该账户的登录是使用 Windows 身份验证还是使用 SQL Server 身份验证。如果使用 Windows 身份验证登录 SQL Server 2008，则该登录账户必须是 Windows 操作系统的系统账户。

1. 在 SQL Server Management Studio 下创建使用 Windows 身份验证的登录账户

使用 Windows 身份验证的登录账户是 Windows 操作系统的系统账户到 SQL Server 2008 登录账户的映射，这种映射有两种形式：一种是将一个系统账户对应一个登录账户；另一种是将一个系统账户组映射到一个登录账户。这一点是采用 Windows 身份验证的特色。所以在创建新的登录账户时，系统账户可以有账户或账户组的选择。

在 Windows 操作系统下已经建好了一个系统账户"SQLTest"和一个系统账户组"Test"，并将系统账户"SQLTest"加入该组中。为它们在 SQL Server 2008 中创建使用 Windows 身份验证的登录账户"WIN-B383RPTB017 \Test"，步骤如下。

（1）在对象资源管理器中，展开服务器实例。

（2）展开"安全性"，右击"登录名"，在弹出菜单中单击"新建登录名"命令。

（3）当出现"登录名 – 新建"对话框时，选择"常规"标签。确认身份验证栏中选中的是 Windows 身份验证，如图 10-2 所示。单击"登录名"框旁的"搜索(E)…"图标，出现如图 10-2 所示对话框。

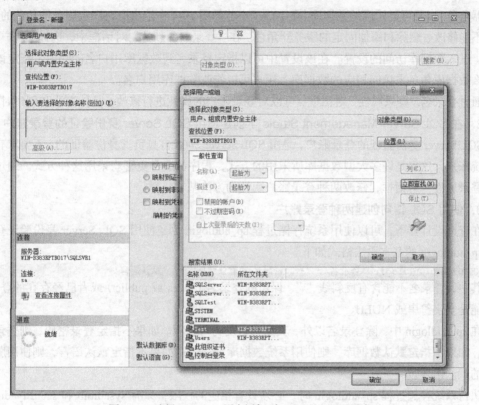

图 10-2　选择 Windows 用户添加到 SQL Server 登录中

（4）如果希望"Test"系统账户组映射为一个登录账户，则在名称列表中找到名为"Test"的账户组，选中后单击"添加"按钮。如果希望将系统账户"SQLTest"映射为一个登录账户，则在名称列表中找到名为"SQLTest"的账户，然后添加。这里选择将"Test"的账户组映射为一个登录账户"Test"，参见图 10-2。

（5）单击"确定"按钮。回到"登录名 – 新建"对话框。注意到"登录名"框中显示为"WIN-B383RPTB017\Test"，其中"WIN-B383RPTB017"代表使用的机器名称（具体环境会显示不一样），然后是"\"，最后是 Windows 下创建的系统账户组名"Test"。当然也可以不用查找按此格式直接输入。注意：在"登录名"框中，如果填写的名称在系统账户组或账户中找不到，则显示出错信息。

（6）在"密码"和"确认密码"文本框中输入账户密码。登录名属性里的"强制实施密钥策略"表示按照一定的密码策略来检验设置的密码，可根据需要进行选择。如果没有选择密码策略，那么设置的密码可以为任意位数。选择"强制实施密钥策略"后，可以选择"强制密码过期"，表示使用密码过期策略来检验密码。选择"用户在下次登录时必须更改密码"，表示每次使用该登录名都必须更改密码。

（7）在"默认数据库"列表中选择登录的默认数据库，默认设置为系统数据库 master，也可以根据需要选择其他的数据库，这里指定为 marketing。

（8）在"默认语言"列表中选择登录的默认语言，这里选择"默认值"或 Simplified Chinese。这时已经完成了一个登录账户的基本设置。

在 SQL Server Management Studio 的"登录名－新建"对话框中，同时还可以指定该账户的服务器角色，以及可以访问的数据库。在 10.3.3 小节的图 10-4 中给出所有固定服务器角色的说明。用户不能修改、删除和添加固定的服务器角色。在"登录名－新建"对话框中，选择"用户映射"标签，进入数据库访问的设置。在该设置中可以指定登录名到数据库用户名的映射，指定该用户以什么数据库角色来访问相应的数据库。用户可以修改数据库用户名。

通过登录名"登录属性"对话框，可以对登录账户的属性进行修改。具体方法和创建时相同。

2．在 SQL Server Management Studio 下创建使用 SQL Server 身份验证的登录账户

SQL Server 身份验证的登录账户，是由 SQL Server 2008 自身负责身份验证的，不要求有对应的系统账户，这也是许多大型数据库所采用的方式，程序员通常更喜欢采用这种方式。通过登录名"登录属性"对话框，修改两种登录账户属性的方法基本一样。

3．使用 SQL 语句创建两种登录账户

在查询设计器下，可以使用系统存储过程 sp_addlogin 创建使用 SQL Server 身份验证登录账户。sp_addlogin 的基本语法格式如下。

```
EXECUTE sp_addlogin '登录名', '登录密码', '默认数据库', '默认语言'
```

其中，登录名不能含有反斜线"\"、保留的登录名（如 sa 或 public）或者已经存在的登录名，也不能是空字符串或 NULL。

在 sp_addlogin 中，除登录名以外，其余参数均为可选项。如果不指定登录密码，则登录密码为空；如果不指定默认数据库，则使用系统数据库 master；如果不指定默认语言，则使用服务器当前的默认语言。

执行系统存储过程 sp_addlogin 时，必须具有相应的权限，只有 sysadmin 和 securityadmin 固定服务器角色的成员才可以执行该存储过程。

例 10-1　创建一个名为 stu04，使用 SQL Server 身份验证的登录账户，其密码为 stu04，默认的数据库为 marketing，默认语言不变。

在查询设计器中运行如下命令。

```
EXEC sp_addlogin 'stu04', 'keyword04', 'marketing'
```

使用系统存储过程 sp_grantlogin 将一个 Windows 操作系统客户映射为一个使用 Windows 身份验证的 SQL Server 登录账户。sp_grantlogin 的基本语法格式如下。

```
EXECUTE sp_grantlogin '登录名'
```

这里登录名是要映射的 Windows 系统账户名或组名，必须使用"域名\用户"的格式。执行该系统存储过程同样需要具有相应的权限，只有 sysadmin 和 securityadmin 固定服务器角色的成员才可以执行该存储过程。

10.3.2　禁止或删除登录账户

如果要暂时禁止一个使用 SQL Server 身份验证的登录账户，管理员只需要修改该账户的登录密码就可以了。如果要暂时禁止一个使用 Windows 身份验证的登录账户，则要使用 SQL Server Management Studio 或执行 SQL 语句来实现。要删除任何一种登录账户，都需要执行相应的命令。

1．使用 SQL Server Management Studio 禁止 Windows 身份验证的登录账户

（1）在对象资源管理器中，展开具有该登录账户的服务器实例。

（2）在目标服务器下，展开"安全性"节点，单击"登录名"。

（3）在"登录名"的详细列表中，右击要禁止的登录账户，在弹出菜单中单击"属性"命令。

（4）当出现"登录属性"对话框时，参见图 10-3 左侧，选择"状态"标签，然后将"是否允许连接到数据库引擎"设置为"拒绝"，然后单击"确定"按钮，使所做的设置生效。

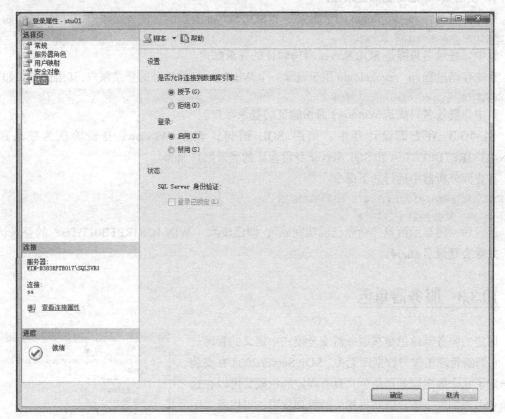

图 10-3　登录属性设置

2．使用 SQL Server Management Studio 删除登录账户

（1）在对象资源管理器中，展开具有该登录账户的服务器实例。

（2）在目标服务器下，展开"安全性"节点，单击"登录名"。

（3）在"登录名"的详细列表中，右击要删除的登录账户，在弹出菜单中单击"删除"命令，或直接按下【Delete】键。

（4）在弹出的"删除对象"对话框中，单击"确定"按钮完成删除。

3．使用 SQL 语句禁止 Windows 身份验证的登录账户

系统存储过程 sp_denylogin 可以暂时禁止一个 Windows 身份验证的登录账户，语法格式如下。

```
EXECUTE sp_denylogin '登录名'
```

其中，登录名是一个 Windows 操作系统用户或组的名称。注意：该存储过程只能用于 Windows 身份验证的登录账户，而不能用于 SQL Server 身份验证的登录账户。

例 10-2 在查询设计器中，使用 SQL 语句，禁止 Windows 身份验证的登录账户 WIN-B383RPTB017\Test。

在查询设计器中运行如下命令。

```
EXECUTE sp_denylogin ' WIN-B383RPTB017\Test'
```

执行该语句后，将显示消息"命令已成功完成"，即已拒绝对 ' WIN-B383RPTB017\Test' 的登录访问权。

使用 sp_grantlogin 可恢复 Windows 操作系统用户的访问权。

4．使用 SQL 语句删除登录账户

系统存储过程 sp_droplogin 用于删除一个 SQL Server 身份验证的登录账户，其语法格式如下。

```
EXECUTE sp_droplogin '登录名'
```

其中，登录名只能是 SQL Server 身份验证的登录账户。

系统存储过程 sp_revokelogin 用于删除一个 Windows 身份验证的登录账户，其语法格式如下。

```
EXECUTE sp_ revokelogin '登录名'
```

其中，登录名只能是 Windows 身份验证的登录账户。

例 10-3 在查询设计器中，使用 SQL 语句，删除 Windows 身份验证的登录账户 WIN-B383RPTB017\Test 和 SQL Server 身份验证的登录账户 stu04。

在查询分析器中运行如下命令。

```
EXEC sp_revokelogin ' WIN-B383RPTB017\Test'
EXEC sp_droplogin 'stu04'
```

运行后，将显示消息"命令已成功完成"，即已废除 ' WIN-B383RPTB017\Test' 的登录访问权，并除去登录名 stu04。

10.3.3 服务器角色

固定的服务器角色是在服务器安全模式中定义的管理员组，它们的管理工作与数据库无关。SQL Server 2008 在安装后给定了几个固定服务器角色，具有固定的权限，可以在这些角色中添加登录账户以获得相应的管理权限。可以参考图 10-4 查看固定服务器角色。

在 10.3.1 小节，已经讨论了在 SQL Server Management Studio 中如何为登录名指定服务器角色，这里将说明使用系统存储过程 sp_addsrvrolemember 指定服务器角色，使用系统存储过程 sp_dropsrvrole-member 取消服务器角色。

每个服务器角色代表一定的在服务器上操作的权限，具有这样角色的登录账户则成为了与该角色相关联的一个登录

图 10-4 固定服务器角色

账户组。为登录账户指定服务器角色，在实现上就是将该登录名添加到相应的角色组中。相对地，取消登录账户的一个角色，就是从该角色的组中删除该登录账户。

例 10-4　在查询设计器中，使用 SQL 语句，为 Windows 身份验证的登录账户 WIN-B383RPTB017\Test 和 SQL Server 身份验证的登录账户 stu04，指定磁盘管理员的服务器角色 diskadmin。完成指定后再取消该角色。

在查询设计器中运行如下命令。

```
EXEC sp_addsrvrolemember ' WIN-B383RPTB017\Test', 'diskadmin'
EXEC sp_addsrvrolemember 'stu04', 'diskadmin'
EXEC sp_dropsrvrolemember ' WIN-B383RPTB017\Test', 'diskadmin'
EXEC sp_dropsrvrolemember 'stu04', 'diskadmin'
```

运行后，将显示如下消息。

命令已成功完成。

10.4　数据库的安全性

一般情况下，用户登录到 SQL Server 2008 后，还不具备访问数据库的条件，用户要访问数据库，管理员还必须为他的登录名在要访问的数据库中映射一个数据库用户账号或称用户名。数据库的安全性主要是靠管理数据库用户账号来控制的。

10.4.1　添加数据库用户

可以有多种方式添加数据库用户。在创建和修改登录账户时，可以在"登录名属性"的"用户映射"标签下建立登录名到每个数据库的映射，即在要访问的数据库中建立用户名，同时给该用户指定相应的数据库角色。如图 10-5 所示。

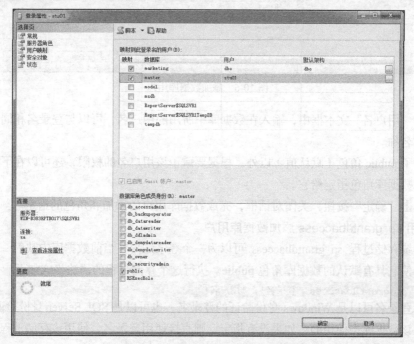

图 10-5　建立数据库用户并指定角色

从数据库的管理界面中也可以添加数据库用户。

1. 在数据库用户管理界面下添加数据库用户

（1）在对象资源管理器中，依次展开到"数据库"文件夹，然后展开将添加用户的数据库。

（2）在目标数据库下，展开"安全性"文件夹，右键单击"用户"节点，在弹出的快捷菜单中选择"新建用户"命令。

（3）在出现的"数据库用户-新建"对话框中，参见图 10-6，单击登录名文本框的▢按钮，弹出"选择登录名"对话框，单击"浏览"按钮，在"查找对象"对话框中选择要授权访问数据库的 SQL Server 2008 登录账户。

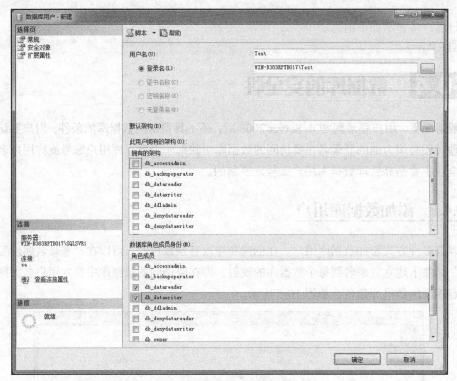

图 10-6　添加数据库用户

（4）在"用户名"文本框中，输入在数据库中所用的用户名，可以与登录名相同，也可以另外设置新的名称。

（5）除了 public 角色（默认值）以外，根据要赋予该用户名的权限，还可以在下面的列表中选择其他的数据库角色指定给它。

（6）单击"确定"按钮，关闭对话框，完成数据库用户的添加和角色的指定。

2. 使用 sp_grantdbaccess 添加数据库用户

使用系统存储过程 sp_grantdbaccess 可以为一个登录账户在当前数据库中映射一个或多个数据库用户，使它具有默认的数据库角色 public。执行这个存储过程的语法格式如下。

```
EXECUTE sp_grantdbaccess '登录名', '用户名'
```

其中，登录名可以是 Windows 身份验证的登录名，也可以是 SQL Server 身份验证的登录名。用户名是在该数据库中使用的，如果没有指定，则直接使用登录名。使用该存储过程，只能向当前数据库中添加用户登录账户的用户名，而不能添加 sa 的用户名。

例 10-5　在查询设计器中，使用 SQL 语句，为 Windows 身份验证的登录账户 WIN-B383RPTB017 \Test 和 SQL Server 身份验证的登录账户 stu04，在数据库 marketing 中分别建立用户名 test 和 stu04。

由于登录账户 stu04 的用户名和登录名相同，则可以不用指定。在查询设计器中运行如下命令。

```
EXECUTE sp_grantdbaccess ' WIN-B383RPTB017 \Test', 'test'
EXECUTE sp_grantdbaccess 'stu04'
GO
```

运行后在数据库的用户中将见到新添加的这两个登录名，结果如图 10-7 所示。

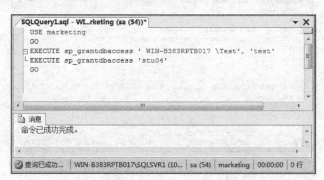

图 10-7　通过 SQL 语句添加数据库用户

10.4.2　修改数据库用户

修改数据用户主要是修改他的访问权限，通过数据库角色的管理可以有效地管理数据库用户的访问权限。在 SQL Server Management Studio 下创建数据库用户时可以指定角色，同样也能修改指定给用户的角色。这里不再讨论，参见添加数据库用户的过程。

在查询设计器下可以通过 SQL 语句修改用户的角色。实现该功能的系统存储过程 sp_addrolemember 指定数据库角色，使用系统存储过程 sp_droprolemember 取消数据库角色。固定数据库角色的列表见表 10-1。

表 10-1　　　　　　　　　　　　　固定数据库用户角色

固定数据库角色	说　　明
db_owner	在数据库中有全部权限
db_accessadmin	可以添加或删除用户 ID
db_securityadmin	可以管理全部权限、对象所有权、角色和角色成员资格
db_ddladmin	可以发出 ALL DDL，但不能发出 GRANT、REVOKE 或 DENY 语句
db_backupoperator	可以发出 DBCC、CHECKPOINT 和 BACKUP 语句
db_datareader	可以选择数据库内任何用户表中的所有数据
db_datawriter	可以更改数据库内任何用户表中的所有数据
db_denydatareader	不能选择数据库内任何用户表中的任何数据
db_denydatawriter	不能更改数据库内任何用户表中的任何数据
public（非固定角色）	数据库中的每个用户都属于 public 数据库角色。如果没有给用户专门授予对某个对象的权限，他们就使用指派给 public 角色的权限

例 10-6 在查询设计器中，使用 SQL 语句，为数据库用户 Test 指定固定的数据库角色 db_accessadmin。完成指定后再取消该角色。

在查询设计器中运行如下命令。

```
EXEC sp_addrolemember 'db_accessadmin', 'Test'
EXEC sp_droprolemember 'db_accessadmin', 'Test'
GO
```

运行后，将显示如图 10-8 所示。

图 10-8　通过 SQL 语句修改数据库用户角色

10.4.3　删除数据库用户

从当前数据库中删除一个数据库用户，就删除了一个登录账户在当前数据库中的映射。

1. 使用 SQL Server Management Studio 删除数据库用户

（1）在对象资源管理器中，依次展开到"数据库"文件夹，然后展开将添加用户的数据库。

（2）在目标数据库下，展开"安全性"文件夹里面的"用户"节点，右键单击要删除的用户，在弹出的快捷菜单中选择"删除"命令或直接按【Delete】键。

（3）在弹出的"删除对象"对话框中，单击"确定"按钮，完成用户的删除。

2. 使用 sp_revokedbaccess 删除数据库用户

例 10-7 在查询设计器中，使用 SQL 语句，删除数据库用户 stu04。

在查询设计器中运行如下命令。

```
EXECUTE sp_revokedbaccess 'stu04'
GO
```

运行后，将显示如图 10-9 所示内容。

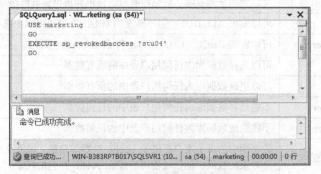

图 10-9　通过SQL语句删除数据库用户

10.5　数据库用户角色

数据库用户角色在 SQL Server 2008 中联系着两个集合：一个是权限的集合，另一个是数据库用户的集合。与现实生活相类似，数据库管理员可以给数据库用户指定角色。由于角色代表了一组权限，具有了相应角色的用户，就具有了该角色的权限。另一方面一个角色也代表了一组具有同样权限的用户，所以，在 SQL Server 2008 中为用户指定角色，就是将该用户添加到相应角色的组中。通过角色简化了直接向数据库用户分配权限的繁琐操作，对于用户数目多、安全策略复杂的数据库系统，能够简化安全管理的工作。

数据库角色分为固定数据库角色和用户自定义数据库角色，固定数据库角色预定义了数据库的安全管理权限和对数据对象的访问权限，用户自定义数据库角色由管理员创建并且定义对数据对象的访问权限。

10.5.1　固定的数据库角色

每个数据库都有一系列固定数据库角色。用户不能增加、修改和删除固定数据库角色。数据库中角色的作用域都只在其对应的数据库内。图 10-10 所示为数据库中的固定数据库角色。表 10-1 所示为 SQL Server 2008 预定义的 10 种固定的数据库角色。

图 10-10　固定数据库角色

10.5.2　自定义的数据库角色

当固定的数据库角色不能满足用户的需要时，可以通过 SQL Server Management Studio 或执行 SQL 语句来添加数据库角色。用户自定义数据库角色有两种：标准角色和应用程序角色。标准角色是指可以通过操作界面或应用程序访问使用的角色，而应用程序角色则是只能够通过应用程序访问使用的角色。这里所讨论的角色均指标准角色，应用程序的角色这里不作讨论，请参见相应的联机帮助文档。

1．使用 SQL Server Management Studio 创建数据库角色

（1）在对象资源管理器中，依次展开文件夹到"数据库"节点，选中要使用的数据库。

（2）在目标数据库中，展开"安全性"文件夹，右键单击"角色"，在弹出的快捷菜单中，单击"新建"里面的"新建数据库角色"命令。如图 10-11 所示。

（3）在"角色名称"文本框中输入新角色的名称。这里输入"oprole"。

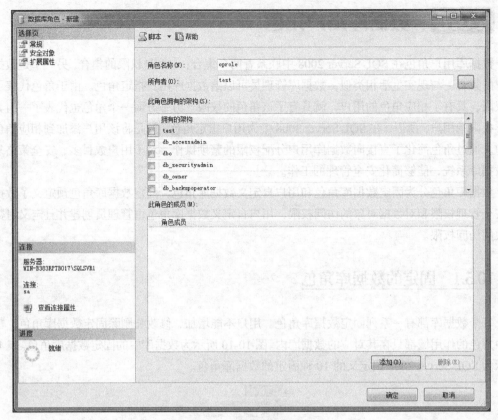

图 10-11　新建数据库角色

（4）单击"所有者"文本框的浏览按钮⬚，选择数据库角色的所有者。

（5）单击"确定"按钮完成。

创建角色只是建立了一个角色名，此时，不能指定角色的权限，但可以添加具有该角色的数据库用户。下一步首先要给该角色指定权限，具体过程见下一节。

2．使用 SQL Server Management Studio 删除数据库角色

（1）在对象资源管理器中，依次展开文件夹到要管理的数据库，例如 marketing。

（2）在目标数据库下，展开"安全性"文件夹里面的"角色"节点。

（3）在角色详细列表中，右键单击要删除的数据库角色，这里我们选择"oprole"，在弹出的菜单中选择"删除"命令。

（4）在弹出的"删除对象"对话框中，单击"确定"按钮完成删除。

3．使用 sp_addrole 创建数据库角色

例 10-8　使用系统存储过程 sp_addrole，在数据库 marketing 中，添加名为"oprole"的数据库角色。

在查询设计器中运行如下命令。

```
EXEC sp_addrole 'oprole'
GO
```

运行后显示如图 10-12 所示内容。

4．使用 sp_droprole 删除数据库角色

例 10-9　使用系统存储过程 sp_droprole，在数据库 marketing 中，删除名为"oprole"的数据库角色。

在查询设计器中运行如下命令。

```
EXEC sp_droprole 'oprole'
GO
```

运行后显示如图 10-13 所示内容。

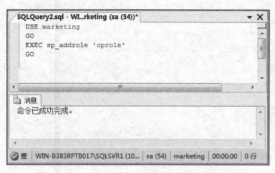

图 10-12　通过 SQL 语句创建数据库角色

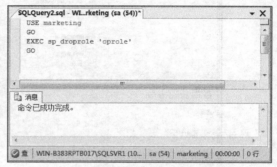

图 10-13　通过 SQL 语句删除数据库角色

10.5.3　增删数据库角色的成员

建立角色的目的就是要将具有相同权限的数据库用户组织到一起，同时也是将一组权限用一个角色来表示，在实现上，将用户增加到相应的角色组中，就是给该用户指定了该角色的权限。相对地，从角色组中删除某个用户，就是取消了该用户相应于该角色的权限。关于角色权限的指定参见下一节。

1．用 SQL Server Management Studio 增删数据库角色成员

（1）在对象资源管理器中，依次展开文件夹到要管理的数据库，例如 marketing。

（2）在目标数据库下，展开"安全性"文件夹里面的"角色"节点，然后在详细列表中双击要对其增删成员的数据库角色，例如 oprole。

（3）弹出的"数据库角色属性"对话框如图 10-14 所示。如果要添加新的数据库用户成为该角色的成员，可在"此角色的成员"里单击"添加"按钮，然后在"选择数据库用户或角色"对话框中，选择一个或多个数据库用户，将其添加到数据库角色中。如果要删除一个成员，可以在成员列表中选中该成员，然后单击"删除"按钮。

（4）单击"确定"按钮，关闭"数据库角色属性"对话框。

2．用 SQL 语句增删数据库角色成员

使用系统存储过程 sp_addrolemember 将数据库用户添加为角色成员，使用系统存储过程 sp_droprolemember 将数据库用户从角色成员中删除。在 10.4.2 小节修改数据库用户时，已经使用了这两个系统存储过程，参见例 10-6。这两个存储过程的语法格式如下。

```
EXECUTE sp_addrolemember '数据库角色名', '用户名'
EXECUTE sp_droprolemember '数据库角色名', '用户名'
```

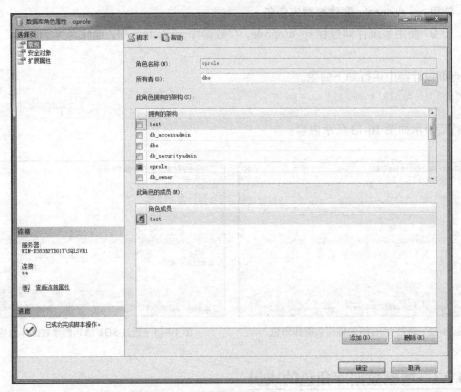

图 10-14　添加删除数据库角色成员

10.6　架构管理

SQL Server 2008 实现了 ANSI 架构概念，架构是一种允许我们对数据库对象进行分组的容器对象，是表、视图、存储过程和触发器等数据库对象的集合。不同于 SQL Server 以前的版本，SQL Server 2008 中架构和用户属于不同的实体，用户名不再是对象名的一部分，每个架构都被一个用户或角色拥有，因此可以在不改变应用程序的情况下删除用户或更改用户名。

10.6.1　添加数据库架构

1. 使用 SQL Server Management Studio 创建数据库架构

（1）在对象资源管理器中，依次展开文件夹到要管理的数据库，例如 marketing。

（2）在目标数据库下，展开"安全性"文件夹，右键单击"架构"，在弹出的快捷菜单中，单击"新建"里面的"新建架构"命令。如图 10-15 所示。

（3）在"架构名称"文本框中输入新架构的名称。这里输入"sch_test"。

（4）点击"架构所有者"文本框的浏览按钮 搜索(R)... ，选择数据库架构的所有者。

（5）在"架构–新建"对话框中，选择"权限"标签，在"用户角色"列表框中添加数据库中的用户、数据库角色或应用程序角色，然后在用户角色的"显示权限"列表框中对权限进行设置。

（6）单击"确定"按钮完成。

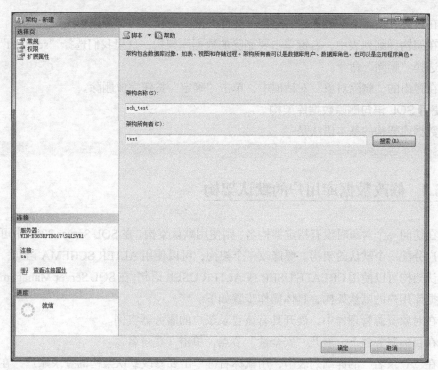

图 10-15　新建数据库架构

2．使用 SQL 语句新建数据库架构

创建数据库架构的基本语法是：

```
CREATE SCHEMA schema_name AUTHORIZATION owner
```

创建数据库架构的时候，可以在调用 CREATE SCHEMA 语句的事务中创建数据库对象并指定权限。

例 10-10　创建一个名为 sch_test 的架构，并将数据库用户 test 指定为这个架构的所有者。在查询设计器中运行如下命令。

```
CREATE SCHEMA sch_test AUTHORIZATION test
GO
```

运行后显示如图 10-16 所示内容。

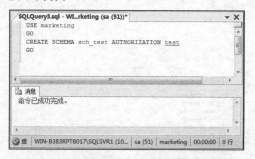

图 10-16　通过 SQL 语句创建数据库架构

10.6.2　删除数据库架构

1．使用 SQL Server Management Studio 删除数据库架构

（1）在对象资源管理器中，依次展开文件夹到要管理的数据库，例如 marketing。

（2）在目标数据库下，展开"安全性"文件夹里面的"架构"节点。

（3）在架构详细列表中，右键单击要删除的数据库架构，这里我们选择"sch_test"，在弹出的菜单中选择"删除"命令。

（4）在弹出的"删除对象"对话框中，单击"确定"按钮完成删除。

2．使用 SQL 语句删除数据库架构

删除数据库架构的基本语法是：

```
DROP SCHEMA schema_name
```

10.6.3　修改数据库用户的默认架构

用户在访问一个对象时没有指定架构名，则使用默认架构。在 SQL Server 2008 中可以为每个数据库用户分配一个默认的架构。要修改一个架构，可以使用 ALTER SCHEMA 语句；为用户分配一个默认架构可以使用 CREATE USER 或 ALTER USER 语句。在 SQL Server Management Studio 中修改数据库用户的默认架构，具体操作步骤如下。

（1）在对象资源管理器中，展开具有该登录账户的服务器实例。

（2）在目标服务器下，展开"安全性"节点，单击"登录名"。

（3）在"登录名"的详细列表中，用鼠标右键单击要修改默认架构的登录账户，在弹出菜单中单击"属性"命令。

（4）弹出的"登录属性"对话框如图 10-17 所示，选择"用户映射"标签，在"映射到此登录名的用户"里的"默认架构"单元格输入新的默认架构。

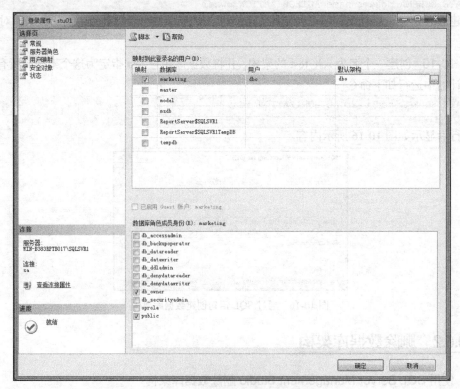

图 10-17　修改数据库用户默认架构

（5）单击"确定"按钮完成修改。

10.7 权限管理

权限管理是 SQL Server 2008 安全管理的最后一关，访问权限指明用户可以获得哪些数据库对象的使用权，以及用户能够对这些对象执行何种操作。将一个登录名映射为一个用户名，并将用户名添加到某种数据库角色中，其实都是为了对数据库的访问权限进行设置，以便让各用户能够进行适合其工作职能的操作。

10.7.1 权限的种类

在 SQL Server 2008 中存在 3 种类型的权限：对象权限、语句权限和隐含权限。

1．对象权限

对象权限是指对数据库中的表、视图、存储过程等对象的操作权限，相当于操作语言的语句权限。例如，是否允许对数据库对象执行 SELECT、INSERT、UPDATE、DELETE、EXECUTE 等操作。

2．语句权限

语句权限相当于执行数据定义语言的语句权限，包括下列语句：BACKUP DATABASE，BACKUP LOG，CREATE DATABASE，CREATE DEFAULT，CREATE FUNCTION，CREATE PROCEDURE，CREATE RULE，CREATE TABLE，CREATE VIEW 等。

3．隐含权限

隐含权限是指由预先定义的系统角色、数据库所有者（dbo）和数据库对象所有者所具有的权限。例如，sysadmin 固定服务器角色成员，具有在 SQL Server 2008 中进行操作的全部权限。数据库所有者可以对所拥有数据库执行一切活动。

10.7.2 权限的管理

在权限的管理中，因为隐含权限是由系统预先定义的，这种权限是不需要设置、也不能够进行设置的。所以，权限的设置实际上是指对访问对象权限和执行语句权限的设置。权限可以通过数据库用户或数据库角色进行管理。权限管理的内容包括以下 3 个方面。

（1）授予权限。即允许某个用户或角色，对一个对象执行某种操作或语句。使用 SQL 语句 GRANT 实现该功能。

（2）拒绝访问。即拒绝某个用户或角色，对一个对象执行某种操作，即使该用户或角色曾经被授予了这种操作的权限，或者由于继承而获得了这种权限，仍然不允许执行相应的操作。使用 SQL 语句 DENY 实现该功能。

（3）取消权限。即不允许某个用户或角色，对一个对象执行某种操作或语句。不允许与拒绝是不同的，不允许执行某个操作，可以通过间接授予权限来获得相应的权限。而拒绝执行某种操作，间接授权则无法起作用，只有通过直接授权才能改变。取消权限，使用 SQL 语句 REVOKE 实现。

3 种权限出现冲突时，拒绝访问权限起作用。

1．使用 SQL Server Management Studio 管理用户权限

（1）在对象资源管理器中，依次展开文件夹到要管理的数据库，例如 marketing。

（2）在目标数据库下，依次展开"安全性"、"用户"文件夹，在用户列表中右键单击要设置权限的用户名，例如 test，在弹出的快捷菜单中选择"属性"。

（3）在弹出的"数据库用户 – test"对话框中，单击"安全对象"标签，如图 10-18 所示。

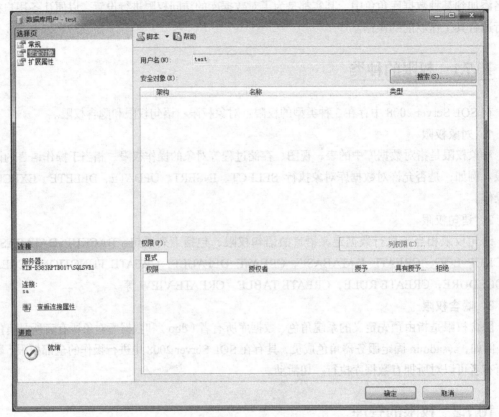

图 10-18　"数据库用户—test"对话框

（4）在"安全对象"列表框中，单击"搜索"按钮，弹出"添加对象"对话框如图 10-19 所示。选择要添加的对象类型，单击"确定"弹出"选择对象"对话框如图 10-20 所示。

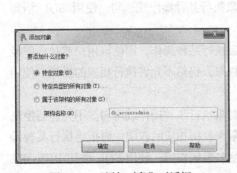

图 10-19　"添加对象"对话框

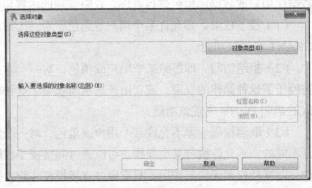

图 10-20　"选择对象"对话框

（5）单击"对象类型"按钮，弹出"选择对象类型"对话框如图 10-21 所示。选择要授权的对象类型包括数据库、存储过程、表、视图等，例如选择"表"，单击"确定"回到"选择对象"对话框。

（6）在"选择对象"对话框中单击"浏览"按钮弹出"查找对象"对话框如图 10-22 所示。选择要授权的对象，例如选择"订单信息"表，单击"确定"按钮回到"选择对象"对话框。

图 10-21　"选择对象类型"对话框　　　　　　　图 10-22　"查找对象"对话框

（7）在"选择对象"对话框中单击"确定"按钮回到"数据库用户—test"对话框，如图 10-23 所示。

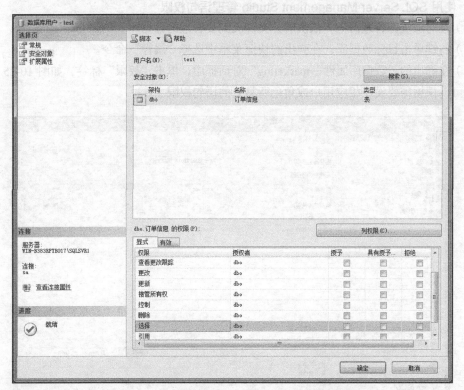

图 10-23　添加安全对象后的"数据库用户—test"对话框

（8）在"列权限"对话框中，可以设置用户对"订单信息"表的访问权限，包括 Alter、Select、Update 等。SQL Server 2008 提供了授予或拒绝访问单独列的选择，在 Reference、Select、Update 权限中可以设置数据表的列权限，如图 10-24 所示，单击"确定"按钮完成列权限设置。

（9）在"数据库用户—test"对话框单击"确定"按钮，完成用户权限的设置。

图 10-24　"列权限"对话框

2. 使用 SQL Server Management Studio 管理角色权限

在 SQL Server Management Studio 中，对数据库角色权限的设置与对数据库用户权限设置步骤基本相同，可以参考对数据库用户权限设置。

3. 使用 SQL Server Management Studio 管理语句权限

（1）在对象资源管理器中，依次展开文件夹到要管理的数据库，例如 marketing。

（2）右键单击目标数据库，在弹出的快捷菜单中选择"属性"命令。

（3）在弹出的"数据库属性—marketing"对话框中，单击"权限"标签，如图 10-25 所示。在这里可以根据需要设定相应用户或角色所具有的语句权限。

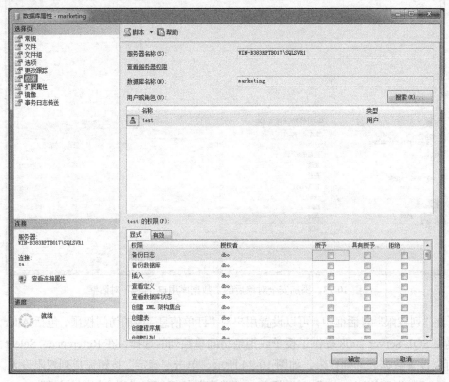

图 10-25　"数据库属性—marketing"对话框

（4）在"用户或角色"列表框中点击"添加"按钮，弹出"选择用户或角色"对话框，如图 10-26 所示。

（5）单击"浏览"按钮，弹出"查找对象"对话框，如图 10-27 所示，例如选择"public"数据库角色，单击"确定"按钮回到"选择用户或角色"对话框。

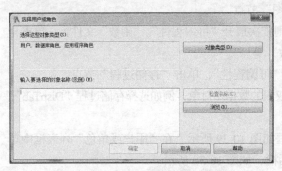

图 10-26　"选择用户或角色"对话框　　　　　　图 10-27　"查找对象"对话框

（6）在"选择用户或角色"对话框中单击"确定"按钮回到"数据库属性—marketing"对话框，如图 10-28 所示。

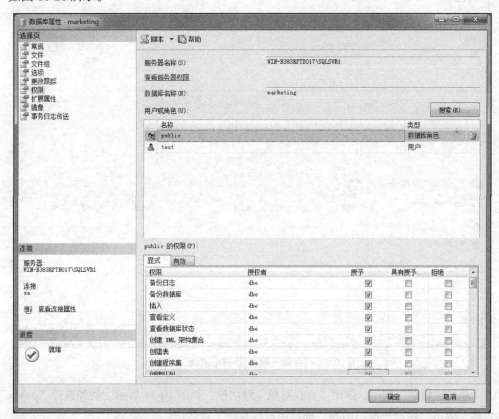

图 10-28　"添加角色后的数据库属性—marketing"对话框

（7）在"显示权限"列表中单击相应的复选框，以便授予、拒绝或取消该用户或角色使用某个语句的权限。

（8）单击"确定"按钮，完成语句权限的设置。

4．使用 SQL Server Management Studio 管理对象权限

（1）在对象资源管理器中，依次展开文件夹到要管理的数据库，例如 marketing。

（2）在目标数据库下，根据需要执行下列操作之一。

① 若要设置表的访问权限，则单击"表"节点。

② 若要设置视图的访问权限，则单击"视图"节点。

③ 若要设置用户定义的函数的访问权限，则依次展开"可编程性"、"函数"文件夹，单击自定义函数类型节点如"表值函数"、"标量值函数"等。

④ 若要设置存储过程的访问权限，则展开"可编程性"，单击"存储过程"节点。

（3）然后在详细列表窗中，右键单击要设置权限的数据库对象，例如选择存储过程"DispTab"，在弹出的快捷菜单中选择"属性"命令。

（4）弹出"存储过程属性—DispTab"对话框如图 10-29 所示。在"用户或角色"列表框中单击"搜索"按钮，弹出"选择用户或角色"对话框，如图 10-30 所示。

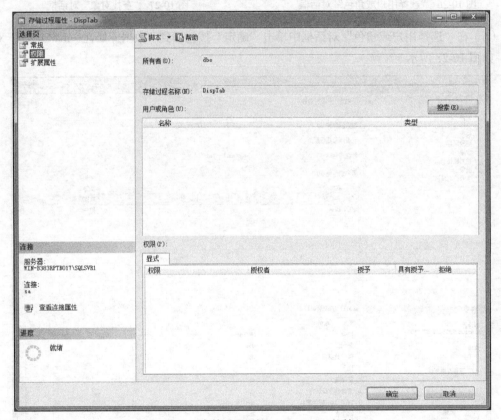

图 10-29 "存储过程属性—DispTab"对话框

（5）单击"浏览"按钮，弹出"查找对象"对话框，如图 10-31 所示。例如选择"public"数据库角色，单击"确定"按钮回到"选择用户或角色"对话框。

（6）在"选择用户或角色"对话框中单击"确定"按钮回到"存储过程属性—DispTab"对话框，如图 10-32 所示。

（7）在"显示权限"列表中单击相应的复选框，以便授予、拒绝或取消该用户或角色对 DispTab 存储过程的访问权限。

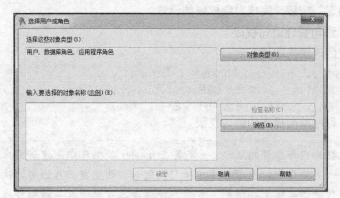

图 10-30 "选择用户或角色"对话框

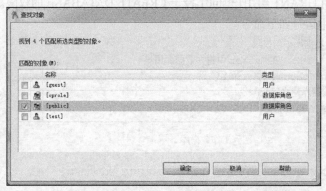

图 10-31 "查找对象"对话框

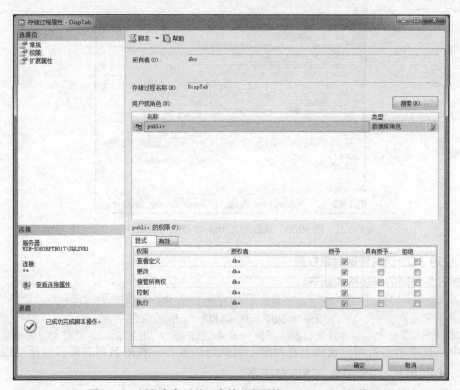

图 10-32 添加角色后的"存储过程属性—DispTab"对话框

（8）单击"确定"按钮，完成对象权限的设置。

5．使用 SQL 语句管理语句权限

管理语句权限的语法格式如下。

```
GRANT {语句名称 [ ,...n ] } TO 用户/角色 [ ,...n ]
DENY {语句名称 [ ,...n ] } TO 用户/角色 [ ,...n ]
REVOKE {语句名称 [ ,...n ] } FROM 用户/角色 [ ,...n ]
```

其中，语句名称指前面提到的语句权限。

 非数据库内部操作的语句，一定要在 master 数据库中先建好用户或角色后才能执行，并且一定要在 master 数据库中执行。例如，创建数据库语句的执行权限。而数据库内部操作的语句则无此限制，另外，授权者本身也要具有能够授权的权限。

例 10-11 使用 GRANT 给用户 stu01 授予 CREATE DATABASE 的权限。

在查询设计器中运行如下命令。

```
- -例 10-11 创建数据库语句权限
USE MASTER              - -在 master 中建立数据库用户
EXECUTE sp_grantdbaccess 'stu01'
- -为该用户授予数据库建立等权限
GRANT CREATE DATABASE, BACKUP DATABASE TO stu01
GO
USE marketing           - -回到工作数据库
- -授予其他语句
GRANT CREATE TABLE, CREATE VIEW, CREATE DEFAULT TO stu01
GO
```

运行后显示如图 10-33 所示。

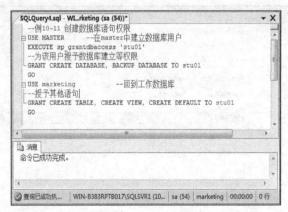

图 10-33　通过 SQL 语句管理语句权限

6．使用 SQL 语句管理对象权限

管理对象权限的语法格式如下。

```
GRANT {权限名 [ ,...n ]} ON {表 | 视图 | 存储过程} TO 用户/角色
DENY {权限名 [ ,...n ]} ON {表 | 视图 | 存储过程} TO 用户/角色
REVOKE {权限名 [ ,...n ]} ON {表 | 视图 | 存储过程} FROM 用户/角色
```

其中，权限名是指用户或角色在对象上可执行的操作。权限名列表可以包括 SELECT、INSERT、DELETE、UPDATE、EXECUTE 等。

例 10-12 使用 GRANT 给 oprole 角色授予对"客户信息"表的 SELECT、UPDATE 权限。

然后，将 SELECT、UPDATE 权限授予用户 stu01。

在查询设计器中运行如下命令。

```
GRANT SELECT, UPDATE ON 客户信息 TO oprole
GO
GRANT SELECT, UPDATE ON 客户信息 TO stu01
GO
```

运行后显示如图 10-34 所示。

同一权限的授予并不是唯一的，例如建立数据库的权限可以在 master 中为登录名建立用户，也可以直接给登录名指定一个建立数据库的固定服务器角色 dbcreator。对于数据库内部对象操作的管理灵活性更大。权限的管理通常是在 SQL Server Management Studio 的图形界面下进行，更多的 SQL 语句操作方式的权限管理，请参见联机帮助文档。

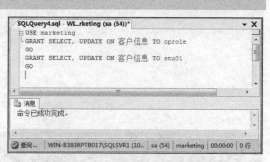

图 10-34　通过 SQL 语句管理对象权限

习题

1. SQL Server 2008 的安全性包括哪两个部分？

2. 说明固定的服务器角色、数据库角色与登录账户、数据库用户的对应关系及其特点。

3. 如果一个 SQL Server 2008 服务器采用仅 Windows 方式进行身份验证，在 Windows 操作系统中没有 sa 用户，是否可以使用 sa 来登录该 SQL Server 服务器？

4. SQL Server 2008 有哪两种安全模式？它有什么区别？

5. 在查询设计器中，使用 SQL 语句为 Windows 身份验证的登录账户...\Test 和 SQL Server 身份验证的登录账户 stu007，指定磁盘管理员的服务器角色 diskadmin。完成指定后再取消该角色。

6. 在查询设计器中，使用 SQL 语句为 Windows 身份验证的登录账户...\Test 和 SQL Server 身份验证的登录账户 stu007，在数据库 marketing 中分别建立用户名 test 和 stu007。

7. 在查询设计器中，使用 SQL 语句删除数据库用户 stu007。

8. 使用系统存储过程 sp_addrole，在数据库 marketing 中添加名为"student"的数据库角色。使用 sp_addrolemember 将一些数据库用户添加为角色成员。

9. 删除数据库角色"student"。注意：要先删除角色中的成员。

10. 使用 GRANT 给用户 stu007 授予 CREATE DATABASE 的权限。

第11章

数据备份与恢复

数据库的备份与恢复是数据库管理中一项十分重要的工作，采用适当的备份策略增强数据备份的效果，能把数据损失控制在最小。本章主要介绍数据库的备份与恢复，同时也讲述了数据导入导出的内容，以实现不同数据系统间的数据交换与共享。通过本章的学习，读者应该掌握以下内容。

- 熟练操作数据库的备份与恢复，包括分离与附加数据库
- 能灵活运用各种数据导入导出的方式

11.1 备份与恢复的基本概念

任何系统都不可避免会出现各种形式的故障，而某些故障可能会导致数据库灾难性的损坏，所以做好数据库的备份工作极其重要。

备份可以创建在磁盘、磁带等备份设备上。与备份对应的是恢复。这里主要介绍数据库到磁盘的备份与恢复。

备份与恢复还有其他的用途。例如，将一个服务器上的数据库备份下来，再把它恢复到其他的服务器上，实现数据库的快捷转移。

11.1.1 备份数据库的时机

数据库备份是对数据库结构、对象和数据进行复制，以便数据库遭受破坏时能够修复数据库。数据库恢复是指将备份的数据库再加载到数据库服务器中。

备份数据库，不但要备份用户数据库，也要备份系统数据库。因为系统数据库中存储了 SQL Server 2008 的服务器配置信息、用户登录信息、用户数据库信息和作业信息等。

通常在下列情况下备份系统数据库。

（1）修改 master 数据库之后。master 数据库中包含了 SQL Server 2008 中全部数据

库的相关信息。在创建用户数据库、创建和修改用户登录账户或执行任何修改 master 数据库的语句后，都应当备份 master 数据库。

（2）修改 msdb 数据库之后。msdb 数据库中包含了 SQL Server 2008 代理程序调度的作业、警报和操作员的信息。在修改 msdb 之后应当备份它。

（3）修改 model 数据库之后。model 数据库是系统中所有数据库的模板，如果用户通过修改 model 数据库来调整所有新用户数据库的默认配置，就必须备份 model 数据库。

通常在下列情况下备份用户数据库。

（1）创建数据库之后。在创建或装载数据库之后，都应当备份数据库。

（2）创建索引之后。创建索引的时候，需要分析以及重新排列数据，这个过程耗费时间和系统资源。在这个过程之后备份数据库，备份文件中包含了索引的结构，一旦数据库出现故障，再恢复数据库后不必重建索引。

（3）清理事务日志之后。使用 BACKUP LOG WITH TRUNCATE_ONLY 或 BACKUP LOG WITH NO_LOG 语句清理事务日志后，应当备份数据库，此时，事务日志将不再包含数据库的活动记录，所以，不能通过事务日志恢复数据。

（4）执行大容量数据操作之后

当执行完大容量数据装载语句或修改语句后，SQL Server 2008 不会将这些大容量的数据处理活动记录到日志中，所以应当进行数据库备份。例如执行完 SELECT INTO、WRITETEXT、UPDATETEXT 语句后都需要备份数据库。

11.1.2　备份与恢复的方式

SQL Server 2008 所支持的备份是和还原模型相关联的，不同的还原模型决定了相应的备份策略。SQL Server 2008 提供了 3 种还原模型，用户可以根据自己数据库应用的特点选择相应的还原模型。图 11-1 所示为数据库还原模型的设置方法。用户在"数据库属性—marketing"对话框的"选项"标签中随时修改数据库的还原模型。默认使用完全还原模型。

1. 故障还原模型

（1）完全模型。默认采用完全还原模型，它使用数据库备份和日志备份，能够较为完全地防范媒体故障。采用该模型，SQL Server 2008 事务日志记录了对数据进行的全部修改，包括大容量数据操作。因此，能够将数据库还原到特定的即时点。

（2）大容量日志模型。该模型和完全模型类似，也是使用数据库备份和日志备份，不同的是，对大容量数据操作的记录，采用提供最佳性能和最少的日志空间方式。这样，事务日志只记录大容量操作的结果，而不记录操作的过程。所以，当出现故障时，虽然能够恢复全部的数据，但是，不能恢复数据库到特定的时间点。

（3）简单模型。使用简单模型可以将数据库恢复到上一次的备份。事务日志不记录数据的修改操作，采用该模型，进行数据库备份时，不能进行"事务日志备份"和"文件/文件组备份"。对于小数据库或数据修改频率不高的数据库，通常采用简单模型。

2. 数据库备份方式

SQL Server 2008 提供了 4 种数据库备份方式，用户可以根据自己的备份策略选择不同的备份方式，如图 11-2 所示。在 SQL Server Management Studio 中可以通过"备份数据库"对话框选择相应的备份方式。

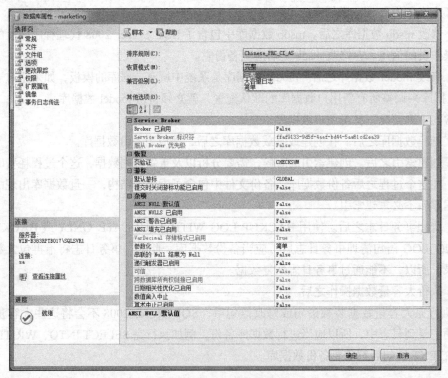

图 11-1　数据库还原模型

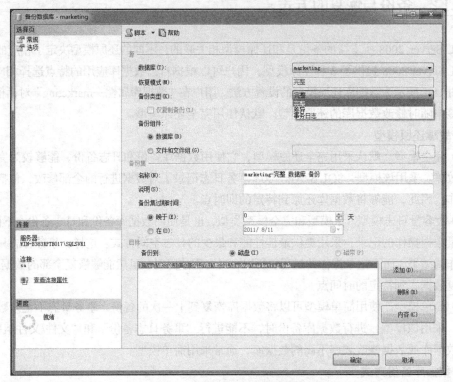

图 11-2　选择数据库的备份方式

（1）完整备份。将备份数据库的所有数据文件、日志文件和在备份过程中发生的任何活动（将这些活动记录在事务日志中，一起写入备份设备）。完整备份是数据库恢复的基线，日志备份、差异备份的恢复完全依赖于在其前面进行的完整备份。

（2）差异备份。差异备份只备份自最近一次完整备份以来被修改的那些数据。当数据修改频繁的时候，用户应当执行差异备份。差异备份的优点在于备份设备的容量小，减少数据损失并且恢复的时间快。数据库恢复时，先恢复最后一次的完整数据库备份，然后再恢复最后一次的差异备份。

（3）事务日志备份。它只备份最后一次日志备份后所有的事务日志记录。备份所用的时间和空间更少。利用事务日志备份恢复时，可以恢复到某个指定的事务（如误操作执行前的那一点）。这是差异备份和完整备份所不能做到的。但是利用事务日志备份进行恢复时，需要重新执行日志记录中的修改命令来恢复数据库中的数据，所以通常恢复的时间较长。通常可以采用这样的备份计划：每周进行一次完整备份，每天进行一次差异备份，每小时进行一次事务日志备份，这样最多只会丢失 1 小时的数据。恢复时，先恢复最后一次的完整备份，再恢复最后一次的差异备份，再顺序恢复最后一次差异备份后的所有事务日志备份。参见表 11-1 的数据库备份与恢复顺序。

表 11-1　　　　　　　　　　　　数据库备份与恢复的顺序表

备份方式	时刻 1	时刻 2	时刻 3	时刻 4	时刻 5 的恢复顺序
完整	完整 1	完整 2	完整 3	完整 4	完整 4
差异	完整 1	差异 1	差异 2	差异 3	完整 1→差异 3
事务日志	完整 1	差异 1	事务日志 1	事务日志 2	完整 1→差异 1→事务日志 1→事务日志 2
文件和文件组	文件 1 事务日志 1	文件 2 事务日志 2	文件 1 事务日志 3	文件 2 事务日志 4	恢复文件 1：时刻 3 的文件 1 备份→事务日志 3→事务日志 4 恢复文件 2：时刻 4 的文件 2 备份→事务日志 4

（4）文件和文件组备份。它备份数据库文件或数据库文件组。该备份方式必须与事务日志备份配合执行才有意义。在执行文件和文件组备份时，SQL Server 2008 会备份某些指定的数据库文件或文件组。为了使恢复文件与数据库中的其余部分保持一致，在执行文件和文件组备份后，必须执行事务日志备份。

11.2　备份数据库

备份数据库的方法有多种，可以在 SQL Server Management Studio 下完成，也可以使用 SQL 语句来实现。由于该过程和通常的数据库操作相比频率较低，所以，使用 SQL Server Management Studio 下的图形界面来操作更方便些。并且 SQL Server Management Studio 的操作环境具有更强的集成性，一个操作步骤能够实现多条 SQL 语句的功能。

11.2.1　使用 SQL Server Management Studio 备份数据库

使用 SQL Server Management Studio 创建 marketing 数据库备份，操作步骤如下。

（1）在对象资源管理器下依次展开文件夹到要备份的数据库 marketing。

（2）右键单击 marketing 数据库，在弹出的快捷菜单中选择"任务"→"备份"命令，出现如图 11-3 所示对话框。

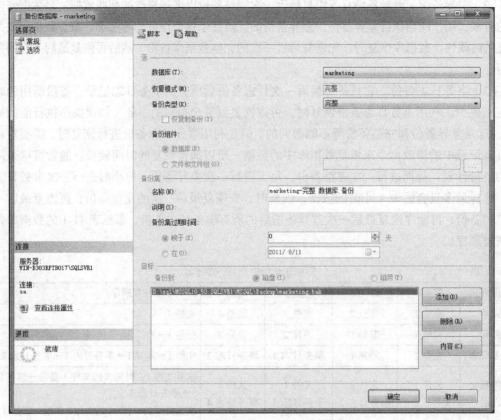

图 11-3 "备份数据库—marketing"对话框

（3）"名称"文本框内默认为"marketing-完整数据库备份"，如果需要，在"说明"文本框中输入对备份集的说明。默认没有任何说明。

（4）在"备份类型"选项下选择备份的方式。其中，"完整"，执行完整的数据库备份；"差异"，仅备份自上次完整备份以后，数据库中新修改的数据；"事务日志"，仅备份事务日志。在"备份组件"选项下选择选择备份内容，可以是备份"数据库"或者"文件和文件组"。

（5）指定备份目标。在"目标"区域中单击"添加"按钮，并在如图 11-4 所示的"选择备份

图 11-4 "选择备份目标"对话框

目标"对话框中，指定一个备份文件名或备份设备。这个指定将出现在图 11-3 所示对话框中"备份到："下面的列表框中。在一次备份操作中，可以指定多个目的设备或文件。这样可以将一个数据库备份到多个文件或设备中。这里指定的文件名是物理备份设备，而备份设备名是逻辑备份设备。如果没有备份设备，新建备份设备。参见 11.2.2 小节。

（6）打开"备份数据库"窗口的"选项"标签，如图 11-5 所示。用户可以对数据库备份操作进行设置，包括覆盖媒体、可靠性、事务日志等。

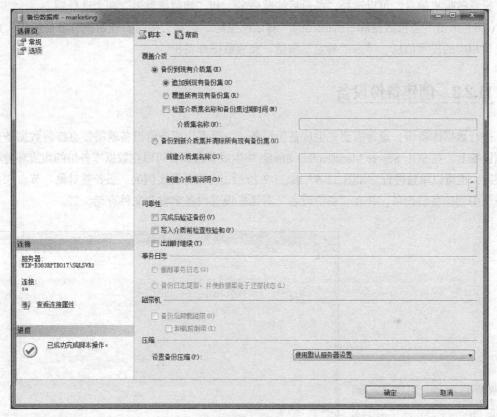

图 11-5　备份数据库窗口的选项标签

（7）在"备份到现有媒体集"里，"追加到现有备份集"或"覆盖所有现有备份集"分别表示将此次备份数据追加到原有备份数据的后面或覆盖原有备份数据。如果需要可以选择"检查媒体集名称和备份集过期时间"复选框来要求备份操作验证备份集的名称和过期时间；在"媒体集名称"文本框里可以输入要验证的媒体集名称。

（8）若选择"备份到新媒体集并清除现有备份集"，则在"新建媒体集名称"文本框输入新媒体集名称，在"新建媒体集说明"文本框输入新媒体集的相关说明。

（9）设置数据库备份的可靠性：选择"完成后验证备份"复选框将会验证备份集是否完整以及所有卷是否都可读；选择"写入媒体前检查校验和"复选框将会在写入备份媒体前验证校验和，如果选中此项，可能会增大工作负荷，并降低备份操作的备份吞吐量。在选中"写入媒体前检查校验和"复选框后会激活"出错时继续"复选框，选中该复选框后，如果备份数据库时发生了错误，还将继续进行。

是否截断事务日志：如果在图 18.3 所示对话框里的"备份类型"下拉列表框里选择的是"事

务日志"，那么在此将激活"事务日志"区域，在该区域中，如果选择"截断事务日志"单选框，则会备份事务日志并将其截断，以便释放更多的日志空间，此时数据库处于在线状态。如果选择"备份日志尾部，并使数据库处于还原状态"单选框，则会备份日志尾部并使数据库处于还原状态，该项创建尾日志备份，用于备份尚未备份的日志，当故障转移到辅助数据库或为了防止在还原操作之前丢失所做工作，该选项很有作用。选择了该项之后，在数据库完全还原之前，用户将无法使用数据库。

设置磁带机信息：可以选择"备份后卸载磁带"和"卸载前倒带"两个选择项。

（10）单击"备份数据库—marketing"对话框里的"确定"按钮，开始执行备份操作，此时会出现相应的提示信息。单击"确定"按钮，完成数据库备份。

11.2.2　创建备份设备

进行数据库备份，通常需要先生成备份设备，如果不生成备份设备就需要直接将数据备份到物理设备上。在 SQL Server Management Studio 中生成备份设备可以在数据库备份的集成环境下同时进行，也可以单独进行。如图 11-6、图 11-7 所示，在服务器实例的"服务器对象"节点"备份设备"中创建备份设备，并在"备份设备"对话框设置设备名称和文件存储位置。

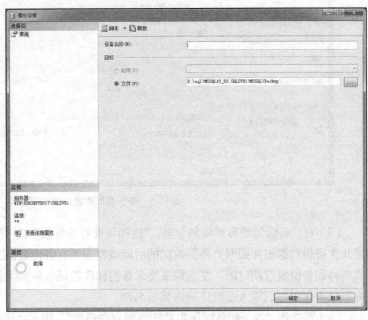

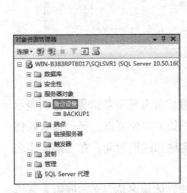

图 11-6　创建备份设备　　　　　图 11-7　备份设备对话框

SQL Server 2008 使用物理设备名或逻辑设备名标识备份设备。物理备份设备指操作系统所标识的磁盘文件、磁带等，如 D:\sql\MSSQL10_50.SQLSVR1\MSSQL\Backup\ BACKUP1.bak。逻辑备份设备名用来标识物理备份设备的别名或公用名称。逻辑设备名存储在 master 数据库的 sysdevices 系统表中。使用逻辑备份设备名的优点是比引用物理设备名简短。

在使用 SQL 语句方式进行数据库备份时，同样可以直接备份到物理设备，或先创建备份设备后再以该设备的逻辑名进行备份。

11.2.3 使用 SQL 语句备份数据库

使用 SQL 语句备份数据库，有两种方式：一种方式是先将一个物理设备创建成一个备份设备，然后将数据库备份到该备份设备上；另一种方式是直接将数据库备份到物理设备上。

在方式一中，先使用 sp_addumpdevice 创建备份设备，然后再使用 BACKUP DATABASE 备份数据库。

创建备份设备的语法格式如下。

```
sp_addumpdevice '设备类型' ,'逻辑名' , '物理名'
```

各参数含义如下。

（1）设备类型。备份设备的类型，如果是以硬盘作为备份设备，则为"disk"。

（2）逻辑名。备份设备的逻辑名称。

（3）物理名。备份设备的物理名称，必须包括完整的路径。

备份数据库的语法格式如下。

```
BACKUP  DATABASE 数据库名 TO 备份设备（逻辑名）
    [WITH [NAME = '备份的名称' ][,INIT|NOINIT]]
```

各参数含义如下。

（1）备份设备。是由 sp_addumpdevice 创建的备份设备的逻辑名称，不要加引号。

（2）备份的名称。是指生成的备份包的名称，例如图 11-3 中的 marketing 备份。

（3）INIT。表示新的备份数据将覆盖备份设备上原来的备份数据。

（4）NOINIT。表示新备份的数据将追加到备份设备上已备份数据的后面。

在方式二中，直接将数据库备份到物理设备上的语法格式如下。

```
BACKUP DATABASE 数据库名 TO 备份设备（物理名）
    [WITH  [NAME = '备份的名称' ][,INIT|NOINIT]]
```

其中，备份设备是物理备份设备的操作系统标识。采用"备份设备类型=操作系统设备标识"的形式。

前面给出的备份数据库的语法是完整备份的格式，对于差异备份则在 WITH 子句中增加限定词 DIFFERENTIAL。

对于事务日志备份采用如下的语法格式。

```
BACKUP LOG 数据库名
    TO 备份设备（逻辑名|物理名）
    [WITH [NAME = '备份的名称' ][,INIT|NOINIT]]
```

对于文件和文件组备份则采用如下的语法格式。

```
BACKUP DATABASE 数据库名
    FILE = '数据库文件的逻辑名' |FILEGROUP = '数据库文件组的逻辑名'
    TO 备份设备（逻辑名|物理名）
    [WITH [NAME= '备份的名称' ][,INIT|NOINIT]]
```

例 11-1 使用 sp_addumpdevice 创建数据库备份设备 MARKETBACK，使用 BACKUP DATABASE 在该备份设备上创建 marketing 数据库的完整备份，备份名为 MarketingBak。

在查询设计器中运行如下命令。

```
- -使用 sp_addumpdevice 创建数据库备份设备
EXEC sp_addumpdevice 'DISK', 'MARKETBACK',
```

```
                'F:\SQL\Backup\MARKET.BAK'
- -EXEC sp_dropdevice 'MARKETBACK'  - -执行删除该设备
BACKUP DATABASE MARKETING TO MARKETBACK WITH INIT, NAME='MarketingBak'
```

运行结果如图 11-8 所示。

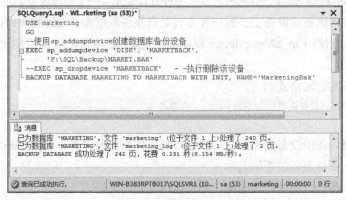

图 11-8　用逻辑名备份数据库

例 11-2　使用 BACKUP DATABASE 直接将数据库 marketing 的差异数据和日志备份到物理文件 F:\SQL\Backup\DIFFER.bak 上，备份名为 differBak。

在查询设计器中运行如下命令。

```
BACKUP DATABASE MARKETING
TO DISK='F:\SQL\Backup\DIFFER.bak'
WITH DIFFERENTIAL, INIT, NAME='differBak'    - -进行差异备份
BACKUP LOG MARKETING                          - -进行事务日志备份
TO DISK='F:\SQL\Backup\DIFFER.bak'
WITH NOINIT, NAME='differBak'
```

运行结果显示如图 11-9 所示。

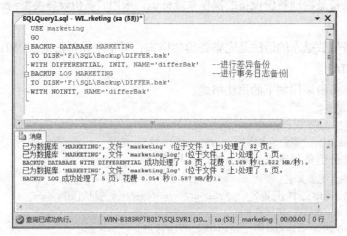

图 11-9　差异备份与事务日志备份

11.3　恢复数据库

恢复数据库就是将原来备份的数据库还原到当前的数据库中，通常是在当前的数据库出现故

障或操作失误时进行。当还原数据库时，SQL Server 2008 会自动将备份文件中的数据库备份全部还原到当前的数据库中，并回滚任何未完成的事务，以保证数据库中数据的一致性。

11.3.1　恢复数据库前的准备

当执行恢复操作之前，应当验证备份文件的有效性，确认备份中是否含有恢复数据库所需要的数据，关闭该数据库上的所有用户，备份事务日志。

1. 验证备份文件的有效性

通过对象资源管理器，可以查看备份设备的属性，如图 11-10 所示。右击相应的备份设备，在弹出的快捷菜单中选择"属性"命令，在"备份设备"属性对话框的"介质内容"标签里，即可查看相应备份设备上备份集的信息，如备份时的备份名称、备份类型、备份的数据库、备份时间、过期时间等。

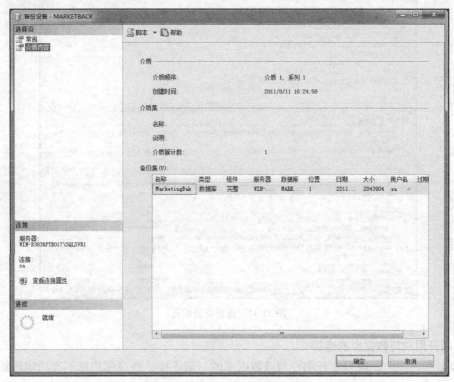

图 11-10　查看备份设备的属性

使用 SQL 语句也可以获得备份媒体上的信息。使用 RESTORE HEADERONLY 语句，获得指定备份文件中所有备份设备的文件首部信息。使用 RESTORE FILELISTONLY 语句，获得指定备份文件中的原数据库或事务日志的有关信息。使用 RESTORE VERIFYONLY 语句，检查备份集是否完整，以及所有卷是否可读。

例 11-3　在查询设计器下，使用 SQL 语句查看并验证备份文件的有效性。

在查询设计器中运行如下命令。

```
--查看头信息
RESTORE HEADERONLY FROM
```

```
DISK= ' F:\SQL\Backup\DIFFER.bak '
RESTORE HEADERONLY FROM MARKETBACK
- -查看文件列表
RESTORE FILELISTONLY FROM
DISK= ' F:\SQL\Backup\DIFFER.bak '
RESTORE FILELISTONLY FROM MARKETBACK
- -验证有效性
RESTORE VERIFYONLY FROM
DISK= ' F:\SQL\Backup\DIFFER.bak '
RESTORE VERIFYONLY FROM MARKETBACK
GO
```

运行结果如图 11-11 所示。

图 11-11　查看备份信息

2．断开用户与数据库的连接

恢复数据库之前，应当断开用户与该数据库的一切连接。所有用户都不准访问该数据库，执行恢复操作的用户也必须将连接的数据库更改到 master 数据库或其他数据库，否则不能启动还原任务。例如，使用 USE master 命令将连接数据库改为 master。

3．备份事务日志

在执行恢复操作之前，如果用户备份事务日志，有助于保证数据的完整性，在数据库还原后可以使用备份的事务日志，进一步恢复数据库的最新操作。

11.3.2　使用 SQL Server Management Studio 恢复数据库

将上一节备份的数据库恢复到当前数据库中，操作步骤如下。

（1）在对象资源管理器中依次展开文件夹到要恢复的当前数据库，例如 marketing。

（2）右击 marketing 数据库，在弹出的快捷菜单中依次选择"任务"→"还原"→"数据库"
命令，如图 11-12 所示。

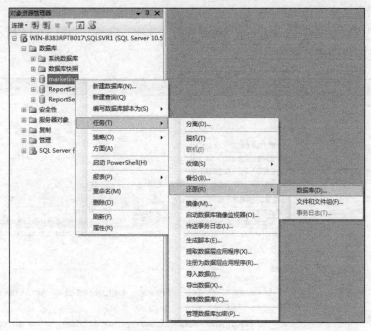

图 11-12　选择还原数据库

（3）出现如图 11-13 所示的"还原数据库—markcting"对话框。在"目标数据库"下拉列表

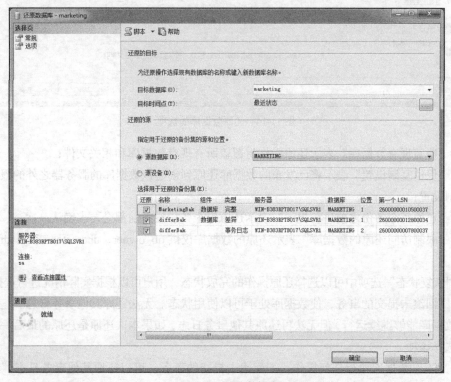

图 11-13　还原数据库

中选择要还原的目标数据库（若要将数据库恢复为一个新的数据库，可输入新的数据库名称）；在"目标时间点"文本框里可以设置还原的时间，对于完全恢复数据库备份，只能恢复到完整备份完成的时间点；在"源数据库"下拉列表中选择已执行备份的数据库；在"选择用于还原的备份集"区域选择该数据库已有的备份集。

（4）单击"还原数据库—marketing"对话框的"选项"标签，如图 11-14 所示。在"还原选项"里可以对还原操作进行设置。

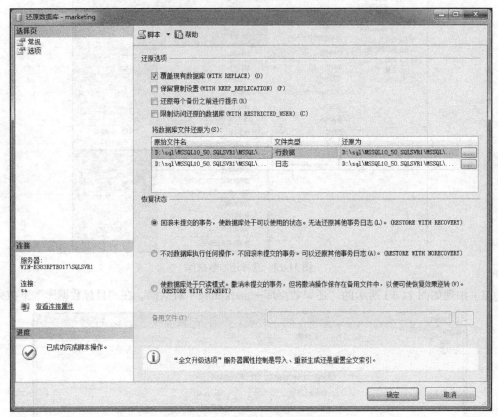

图 11-14　还原数据库的选项

①　"覆盖现有数据库"表示还原操作将覆盖所有现有数据库和相关文件；

②　"保留复制设置"表示将已发布的数据库还原到创建该数据库的服务器之外的服务器时，保留复制设置；

③　"还原每个备份之前进行提示"表示还原每个备份设备前都会要求确认一次；

④　"限制访问还原的数据库"表示还原的数据库仅供 db_owner、dbcreator 或 sysadmin 的成员使用。

在"恢复状态"选项中可以选择还原操作的完成状态，用户可以根据实际情况进行选择。

①　"回滚未提交的事务，使数据库处于可以使用状态。无法还原其他事务日志。"表示恢复完成后数据库能够继续运行，但无法再还原其他事务日志，如果本次还原是还原的最后一次操作，则可以选择该项。

②　"不对数据库执行任何操作，不回滚未提交的事务。可以还原其他事务日志。"表示恢复完成后数据库不能再运行，但是可以继续还原其他事务日志，让数据库能恢复到最接近目前

的状态。

③ "使数据库处于只读模式。撤销未提交的事务，但将撤销操作保存在备用文件中，以便可以恢复效果逆转。"表示恢复完成后数据库自动成为只读方式，不能对其进行修改，但能还原其他事务日志。

（5）单击"确定"按钮，开始还原操作。

11.3.3　使用 SQL 语句恢复数据库

和在 SQL Server Management Studio 下恢复数据库一样，使用 SQL 语句也可以完成对整个数据库、部分数据库和日志文件的还原。

1. 恢复数据库

恢复完整备份数据库和差异备份数据库的语法格式如下。

```
RESTORE DATABASE 数据库名 FROM 备份设备
[WITH [FILE=n] [, NORECOVERY ｜ RECOVERY] [, REPLACE]]
```

和备份数据库时一样，备份设备可以是物理设备或逻辑设备。如果是物理备份设备的操作系统标识，则采用"备份设备类型=操作系统设备标识"的形式。

```
FILE=n 指出从设备上的第几个备份中恢复。
```

RECOVERY 表示在数据库恢复完成后 SQL Server 2008 回滚被恢复的数据库中所有未完成的事务，以保持数据库的一致性。恢复完成后，用户就可以访问数据库了。RECOVERY 选项用于最后一个备份的还原。如果使用 NORECOVERY 选项，那么 SQL Server 2008 不回滚被恢复的数据库中所有未完成的事务，恢复后用户不能访问数据库。所以，进行数据库还原时，前面的还原应使用 NORECOVERY 选项，最有一个还原使用 RECOVERY 选项。

REPLACE 表示要创建一个新的数据库，并将备份还原到这个新的数据库，如果服务器上存在一个同名的数据库，则原来的数据库被删除。

例 11-4　例 11-1 对数据库 marketing 进行了一次完整备份，这里再进行一次差异备份，然后使用 RESTORE DATABASE 语句进行数据库备份的还原。

在查询设计器中运行如下命令。

```
- -进行数据库差异备份
BACKUP DATABASE MARKETING TO MARKETBACK
WITH DIFFERENTIAL, NAME = 'MarketingBak'
- -进行事务日志备份
BACKUP LOG MARKETING TO MARKETBACK
WITH NOINIT, NAME='MarketingBak'
GO
- -确保不再使用 MARKETING 数据库
USE MASTER
- -还原数据库完全备份
RESTORE DATABASE marketing FROM MARKETBACK
WITH FILE=1, NORECOVERY
- -还原数据库差异备份
RESTORE DATABASE marketing FROM MARKETBACK
WITH FILE=2, RECOVERY
GO
```

运行后显示结果如图 11-15 所示。

图 11-15　SQL 语句还原数据库

2. 恢复事务日志

恢复事务日志采用下面的语法格式。

```
RESTORE LOG 数据库名 FROM 备份设备
[WITH [FILE=n] [, NORECOVERY | RECOVERY]]
```

其中各选项的意义与恢复数据库中的相同。

例 11-5　在例 11-4 的基础上再进行一次日志备份，然后使用 RESTORE 语句还原数据库的备份。

在查询设计器下执行如下语句。

```
- -进行数据库日志备份
BACKUP LOG MARKETING TO MARKETBACK
WITH  NAME='MarketingBak'
GO
- -确保不再使用MARKETING 数据库
USE MASTER
- -还原数据库完全备份
RESTORE DATABASE marketing FROM MARKETBACK
WITH FILE=1, NORECOVERY
- -还原数据库差异备份
RESTORE DATABASE marketing FROM MARKETBACK
WITH FILE=2, NORECOVERY
- -还原数据库日志备份
RESTORE LOG marketing FROM MARKETBACK
WITH FILE=3, RECOVERY
GO
```

运行后显示结果如图 11-16 所示。

```
SQLQuery5.sql - WI...1.master (sa (51))*                           ▼ × 
□ USE marketing
  --进行数据库日志备份
  BACKUP LOG MARKETING TO MARKETBACK
  WITH  NAME='MarketingBak'
  GO
  --确保不再使用MARKETING数据库
  USE MASTER
  --还原数据库完全备份
  RESTORE DATABASE marketing FROM MARKETBACK
  WITH FILE=1,  NORECOVERY
  --还原数据库差异备份
  RESTORE DATABASE marketing FROM MARKETBACK
  WITH FILE=2,  NORECOVERY
  --还原数据库日志备份
  RESTORE LOG marketing FROM MARKETBACK
  WITH FILE=3,  RECOVERY
  GO
  ‹                                III                               ›
□ 消息
  已为数据库 'MARKETING', 文件 'marketing_log'(位于文件 16 上)处理了 1 页。
  BACKUP LOG 成功处理了 1 页, 花费 0.046 秒(0.137 MB/秒)。
  已为数据库 'marketing', 文件 'marketing'(位于文件 1 上)处理了 240 页。
  已为数据库 'marketing', 文件 'marketing_log'(位于文件 1 上)处理了 1 页。
  RESTORE DATABASE 成功处理了 241 页, 花费 0.228 秒(8.257 MB/秒)。
  已为数据库 'marketing', 文件 'marketing'(位于文件 2 上)处理了 32 页。
  已为数据库 'marketing', 文件 'marketing_log'(位于文件 2 上)处理了 1 页。
  RESTORE DATABASE 成功处理了 33 页, 花费 0.078 秒(3.217 MB/秒)。
  已为数据库 'marketing', 文件 'marketing'(位于文件 3 上)处理了 0 页。
  已为数据库 'marketing', 文件 'marketing_log'(位于文件 3 上)处理了 1 页。
  RESTORE LOG 成功处理了 1 页, 花费 0.087 秒(0.011 MB/秒)。
  ‹
  ⊘ 查询已成功执行。        WIN-B383RPTB017\SQLSVR1 (10...  sa (51)  master  00:00:02  0 行
```

图 11-16　SQL 语句还原数据库及事务日志

　　前两个还原语句的选项都是使用 NORECOVERY，只有最后一个使用了 RECOVERY。

3．恢复部分数据库

通过从整个数据库的备份中还原指定文件的方法，SQL Server 2008 提供了恢复部分数据库的功能。所用的语法格式如下。

```
RESTORE DATABASE 数据库名 FILE=文件名|FILEGROUP=文件组名 FROM 备份设备
[WITH PARTIAL [, FILE=n] [, NORECOVERY] [, REPLACE]]
```

4．恢复文件或文件组

与文件和文件组备份相对应的，有对指定文件和文件组的还原，其语法格式如下。

```
RESTORE DATABASE 数据库名 FILE=文件名|FILEGROUP=文件组名 FROM 备份设备
[WITH [FILE=n] [, NORECOVERY] [, REPLACE]]
```

11.4　直接复制文件的备份与恢复

SQL Server 2008 允许分离数据库的数据和事务日志文件，然后将其重新附加到另一台服务器。这对快速复制数据库是一个很方便的办法。分离数据库将从 SQL Server 2008 删除数据库，但是保持在组成该数据库的数据和事务日志文件中的数据库完好无损。然后这些数据和事务日志文件可以用来将数据库转移到任何 SQL Server 2008 服务器实例上。

在 SQL Server 2008 中，与一个数据库相对应的数据文件（.mdf 或.ndf）或事务日志文件（.ldf）都是 Windows 系统中普通的磁盘文件，用通常的拷贝就可以进行复制，这样的复制通常是用于数据库的转移。对数据库进行分离，能够使数据库从服务器上脱离出来，如果不想它脱离服务器，只要无人使用，通常采用关闭 SQL Server 2008 服务器的方法，同样可以复制数据库文件，从而达到数据库备份转移的目的。

将数据库文件复制到另一个 SQL Server 2008 服务器的计算机上，并让该服务器来管理它，这个过程叫做附加数据库。附加数据库时，必须指定主数据文件的名称和物理位置。主数据文件包含查找由数据库组成的其他文件所需的信息。如果一个或多个文件已改变了位置，还必须指出其他任何已改变位置的文件。否则，SQL Server 2008 将试图基于存储在主数据文件中的不正确的文件位置信息附加文件。

在 SQL Server Management Studio 下或使用系统存储过程 sp_attach_db 都可以进行数据库的附加，使用 sp_attach_db 附加数据库语法格式如下。

```
[EXECUTE] sp_attach_db '数据库名', '文件名' [,...16]
```

其中文件名为包含路径在内的数据库文件名，可以是主数据文件（.MDF）、辅助数据文件（.NDF）和事务日志文件（.LDF），最多可以指定 16 个文件名。

例 11-6 将 marketing 数据库分离，然后再将其附加到 SQL Server 2008 中。

一般的操作方式为将数据库分离后，将数据文件拷贝至目标计算机，然后再使用附加数据库的方法在目标计算机上附加数据库。这里只是为了训练。

1. 分离 marketing 数据库

（1）在对象资源管理器下依次展开文件夹到要分离的数据库 marketing。分离数据库需要对数据库具有独占访问权限。如果数据库正在使用，则限制为只允许单个用户进行访问。具体操作如下所示。

① 右击数据库名称，在弹出的快捷菜单中选择"属性"；

② 在弹出的"数据库属性 – marketing"对话框中，单击"选项"标签；

③ 在"其他选项"窗格中，向下滚动到"状态"选项；

④ 选择"限制访问"选项，在其下拉列表中，选择"单用户"，单击"确定"按钮完成设置。

（2）右击 marketing 数据库，在弹出的快捷菜单中依次选择"任务""分离"。出现如图 11-17 所示对话框。（该菜单只有 sysadmin 固定服务器角色成员可用，不能分离 master、model 和 tempdb 数据库）

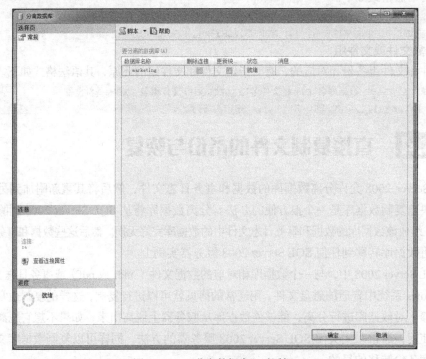

图 11-17　"分离数据库"对话框

（3）检查数据库的状态。状态为"就绪"时才可以分离数据库。如果还有任何的数据库连接，则都不能分离数据库，可选中"删除连接"复选框来断开与所有活动连接的连接。

（4）单击"确定"按钮完成数据库分离。

2. 附加数据库

在进行不同数据库服务器之间数据库转移时，是将分离后的数据库文件拷贝至目标机器上。

考虑实际操作环境，这里仍然在相同的机器上附加数据库。图 11-18 所示为启动"附加数据库"的任务。

（1）在对象资源管理器下依次展开文件夹到要附加数据库的"数据库"文件夹。

（2）右击"数据库"文件夹，在弹出的快捷菜单上选择"附加"，如图 11-18 所示。

（3）弹出"附加数据库"对话框，在"要附加的数据库"列表框下点击"添加"，在弹出的"定为数据库文件"对话框中找到要附加的数据库的.mdf 文件，单击"确定"按钮返回"附加数据库"对话框，如图 11-19 所示。

（4）单击"确定"按钮完成附加数据库操作。

图 11-18　启动附加数据库

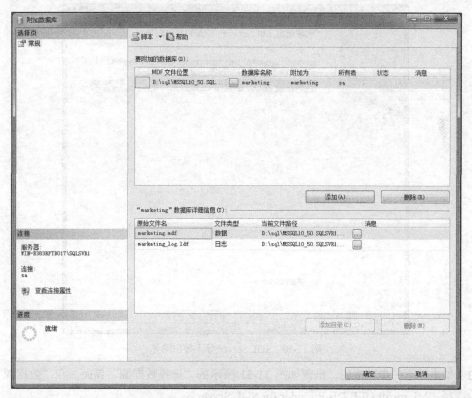

图 11-19　添加要附加数据库的文件

附加数据库的功能经常用于数据库的转移，例如，在这里建的数据库可以通过数据和日志文件的复制，附加到其他的服务器上。当前很多光盘上的数据库系统都是通过这种方法进行附加的。

11.5 数据的导入导出

SQL Server 2000 的数据导入导出是通过 DTS（Data Transformation Services，数据格式转换服务）工具实现的，在 SQL Server 2008 数据库中，数据与其他数据系统进行共享可以通过 SSIS（SQL Server Integration Services）或者 SQL Server 2008 数据库导入导出向导两种方式来实现。这里主要介绍如何利用 SQL Server 2008 数据库导入导出向导实现与 Access 或 Excel 进行数据格式转换。

11.5.1 SQL Server 2008 与 Excel 的数据格式转换

1. 导出数据

例 11-7 将 marketing 数据库中，订单管理系统的主要数据表导出至 Excel 表中。

操作步骤如下所示。

（1）在对象资源管理器下依次展开文件夹到要导出数据的数据库 marketing。

（2）右击 marketing 数据库，在弹出的快捷菜单中依次选择"任务"→"导出数据"。出现如图 11-20 所示对话框。

图 11-20　SQL Server 导入导出向导

（3）单击"下一步"按钮，出现如图 11-21 所示的"选择数据源"界面。在"数据源"下拉列表中选择"Microsoft OLE DB Provider for SQL Server"。

（4）在"服务器名称"文本框中输入或选择 SQL Server 服务器名，并选择服务器的登录方式，如果选择"使用 SQL Server 身份验证"方式则需要输入登录名和密码。

（5）单击"刷新"按钮，使所选服务器上的所有数据库出现在"数据库"下拉列表中，然后选择要导出的数据库，这里的默认数据库就是要导出的数据库 marketing。单击"下一步"按钮，出现"选择目标"界面，如图 11-22 所示。

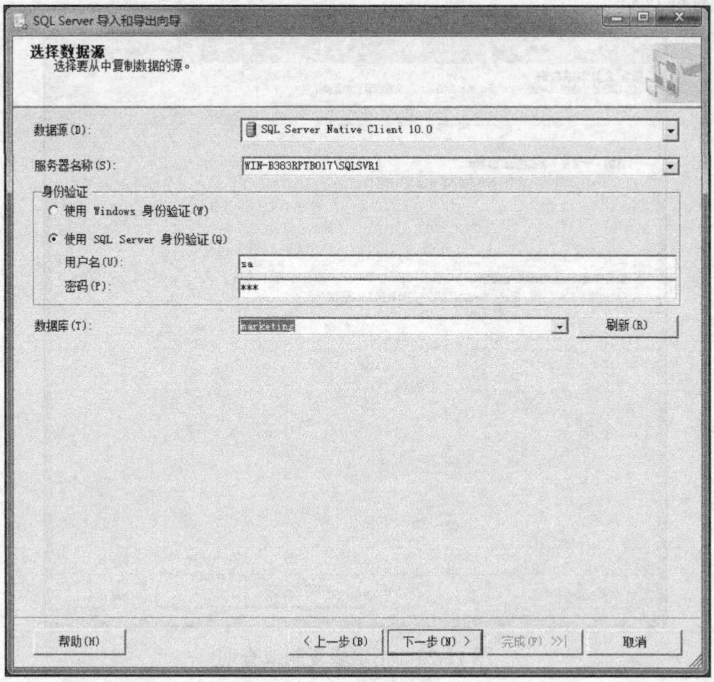

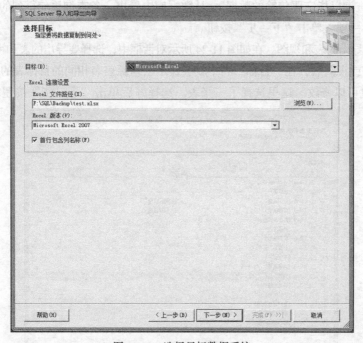

图 11-21 选择数据源

图 11-22 选择目标数据系统

（6）在如图 11-22 所示的"目标"下拉列表中，选择目标数据系统，它们可以是文本文件、Excel 表、Access 数据库、Oracle 数据库等，这里选择 Microsoft Excel，并将"Excel 文件路径"设置为"F:\SQL\Backup\test.xlsx"。

（7）单击"下一步"按钮，出现如图 11-23 所示对话框。该对话框确定从数据库中如何获得数据，可有如下两种选择。

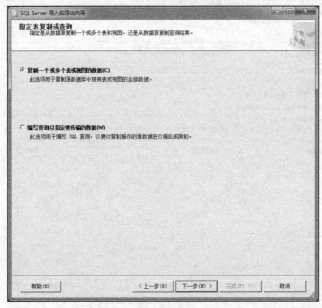

图 11-23　指定表复制或查询

① "复制一个或多个表和视图的数据"：从数据库中导出指定的表和视图。

② "编写查询以指定要传输的数据"：从数据库中导出一条查询语句得到的数据。

这里选择第一项，单击"下一步"按钮。

（8）选择要导出的表和视图。在如图 11-24 所示对话框中，选择要导出的表和视图。当在"源"列中选定一个表或视图后，在"目标"列中就会显示出与源表名相同的目标表的名称，默认时两者相同，当然也可以修改。这里选择了三张表。选择好后单击"下一步"按钮。

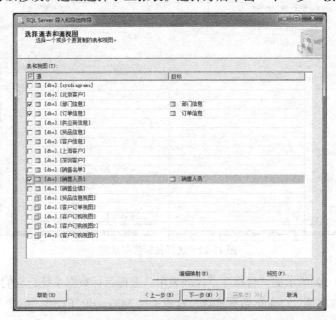

图 11-24　选择源表和视图

（9）选择好源和目标之后，会出现"保存并执行包"界面，如图 11-25 所示。在图中可以选择"立即执行"或"保存 SSIS 包"。选择默认值，使立即运行，然后单击"下一步"按钮，出现"完成该向导"界面，如图 11-26 所示。

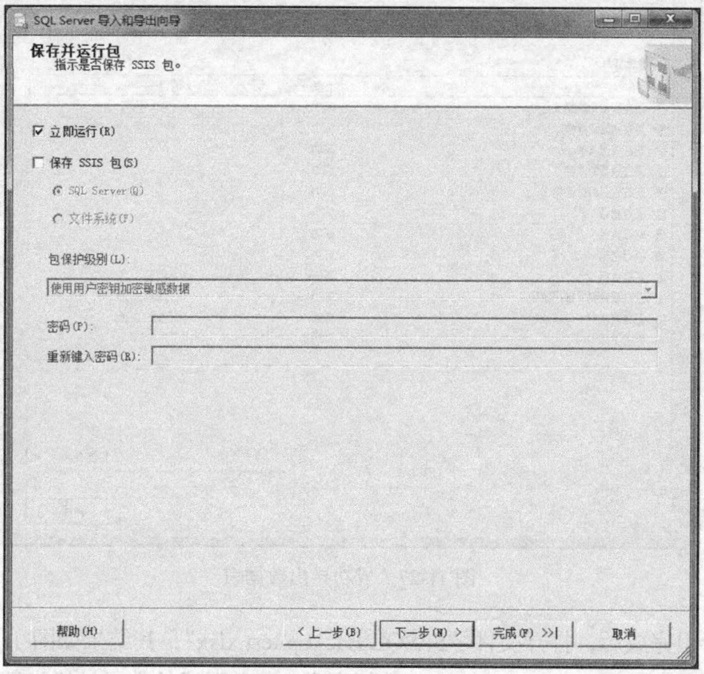

图 11-25　保存并运行包

图 11-26　完成该向导

（10）单击"完成"按钮，系统开始导出指定的表。如图 11-27 所示。

图 11-27　成功导出数据表

（11）数据导出完成后，打开文件"F:\SQL\Backup\test.xlsx"，其结果如图 11-28 所示。类似可以将 Excel 等数据源导入至 SQL Server 2008 数据库中。这种形式的数据转换常用于系统使用初期，往往客户有数据保存在 Excel 或 Access 中，要将这些数据添加到数据库中，则可通过数据库导入导出向导，将数据导入到 SQL Server 2008 数据库中，而无须手工重新录入数据。

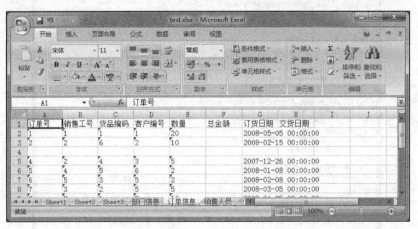

图 11-28　数据表和视图导出后的 Excel 表

2．导入数据

例 11-8　将例 11-7 建立的"test.xlsx"文件中的表，导入到一个新建的数据库 excelDB 中。

操作步骤如下。

（1）在对象资源管理器下依次展开文件夹到"数据库"文件夹，新建数据库 excelDB，新建数据库的过程参考 3.3 节。

（2）右键单击"excelDB"数据库，在弹出的快捷菜单中依次选择"任务"→"导入数据"。
类似于数据导出过程，依次进入到选择数据源的对话框，如图 11-29 所示。这里选择"数据源"
为"Microsoft Excel"，"Excel 文件路径"为"F:\SQL\Backup\test.xlsx"。

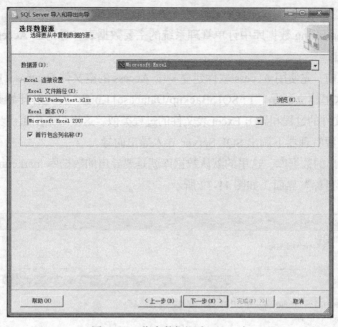

图 11-29 指定数据源为 Excel 表

（3）依次进入到"选择目标"界面时，"数据库"选择新建立的数据库 excelDB，然后将 Excel
文件中的所有表导入到该数据库中。如图 11-30 所示，具体过程可参考数据导出步骤。

（4）然后回到对象资源管理器下依次展开"数据库"文件夹、excelDB 数据库、表文件夹，在数
据表的详细列表中可以看到刚刚从文件"F:\SQL\Backup\test.xlsx"导入的数据表，如图 11-31 所示。

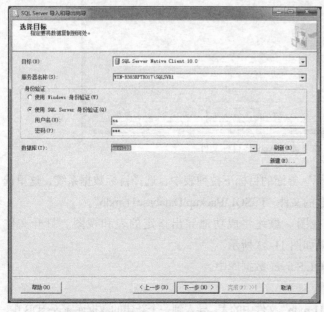

图 11-30 指定目标为新建的数据库 excelDB

图 11-31 导入到 excelDB 的数据表

11.5.2 SQL Server 2008 与 Access 的数据格式转换

1. 导出数据

例 11-9 将 marketing 数据库中订单管理系统的主要数据表，导出至 Access 数据库中，文件名为 Database11.mdb。

在导出数据之前，先使用 Access 软件建立一个 Access 的空文件 Database11.mdb，不需要建立任何表或视图。这里建立的是"F:\SQL\Backup\Database11.mdb"。然后开始数据的导出。导出到 Access 数据库文件的过程和导出 Excel 表文件的过程类似。这里只给出重点步骤。

（1）在对象资源管理器下调出 SQL Server 导入导出向导。

（2）选择要导出的数据库，这里的默认数据库就是要导出的数据库 marketing。单击"下一步"按钮，出现"选择目标"界面，如图 11-32 所示。

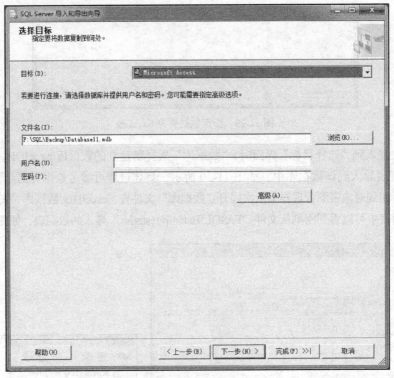

图 11-32　选择 Access 目标文件

（3）在如图 11-32 所示的"选择目标"界面的目标下拉列表中，选择目标数据系统，这里选择"Microsoft Access"。文件名指定为新建的文件"F:\SQL\Backup\Database11.mdb"。

（4）类似地，选择要导出的表和视图。最终将成功地导出指定的表和视图。打开文件"F:\SQL\Backup\Database11.mdb"，其结果如图 11-33 所示。

类似可以将 Access 数据源导入至 SQL Server 数据库中。

2. 导入数据

例 11-10 将例 11-9 建立的"Database11.mdb"文件中的表，导入到一个新建的数据库 accessDB 中。

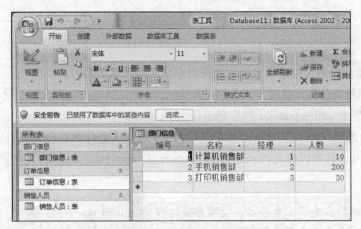

图 11-33　数据表和视图导出后的 Access 表

由 Access 数据库文件导入到 SQL Server 2008 数据库的过程和 Excel 表文件导入的过程类似。这里只给出重点步骤。

（1）在对象资源管理器下依次展开文件夹到"数据库"文件夹，新建数据库 accessDB，新建数据库的过程参考 3.3 节。然后调出 SQL Server 导入导出向导。

（2）依次进入到"选择数据源"界面，如图 11-34 所示。这里选择"数据源"为"Microsoft

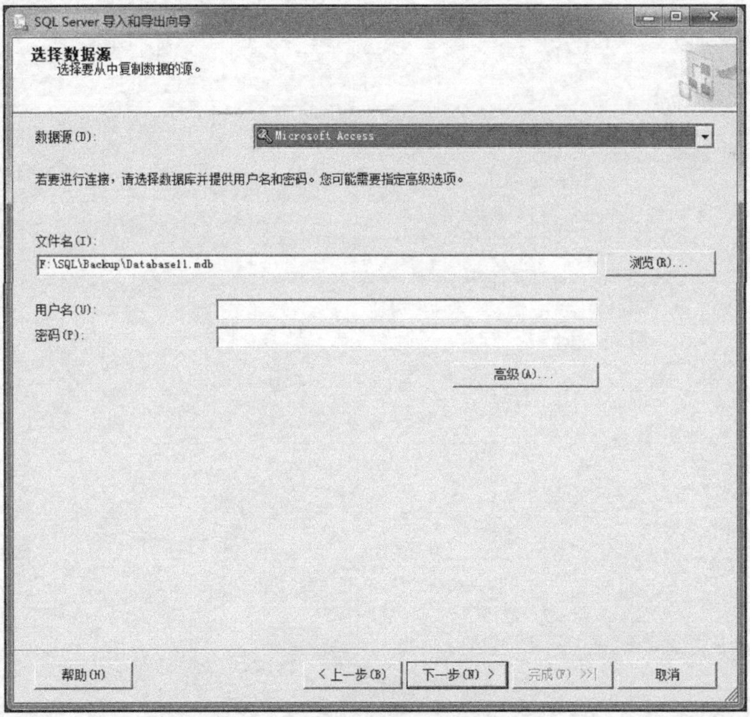

图 11-34　选择数据源界面

Access"。"文件名"指定为刚导出的文件"F:\SQL\Backup\Database11.mdb"。

（3）然后进入到"选择目标"界面，"数据库"选择新建的数据库 accessDB，将 Database11.mdb 文件中的所有表导入到该数据库中。具体过程可参考数据导出 Excel 文件的导入。

习题

1. 什么是备份设备？物理设备标识和逻辑名之间有什么关系？

2. 4 种数据库备份和恢复的方式分别是什么？

3. 存储过程 sp_addumpdevice 的作用是什么？

4. 数据库中选项 NORECOVERY 和 RECOVERY 的含义是什么？分别在什么情况下使用？

5. 将 marketing 的数据库文件 marketing_Data.mdf、marketing_Log.ldf 复制到另一目录，例如 e:\marketadd\上。

复制时要先停止服务器。使用存储过程 sp_attach_db，将它附加到 SQL Server 服务器上，成为一个新的数据库 marketadd。

6. 通过 SQL Server 2008 数据库导入导出向导将 marketing 数据库中的主要数据表或视图转换成 Excel 表。

第12章

订单管理系统开发

随着计算机网络技术的迅速发展，出现越来越多以订单管理系统为核心的电子商务网站。本章主要介绍使用 ASP.NET2.0 技术结合 SQL Server 2008，基于 B/S 模式开发订单管理系统的具体方法，让读者体验 SQL Server2008 在订单管理系统开发过程中的应用。通过本章的学习，读者应该掌握以下内容。

- ASP.NET 2.0 与 SQL Server 2008 的连接
- 基于 SQL Server 2008 的 B/S 模式应用系统开发

12.1 ADO.NET 组件

Microsoft 提供的 ASP.NET 2.0 是以 Visual Studio 2008 为主要开发平台，通过 ADO.NET 实现与 SQL Server 2008 数据库的连接。ADO.NET 对象模型中包含有 5 个主要的组件，分别是 Connection 对象、Command 对象、DataSetCommand 对象、DataSet 对象以及 DataReader 对象。这些组件中负责建立联机和数据操作的部分我们称为数据操作组件（Managed Providers），分别由 Connection 对象、Command 对象、DataSetCommand 对象以及 DataReader 对象所组成。数据操作组件负责将数据源中的数据取出后加载到 DataSet 对象中，以及将数据回传到数据源，实现 DataSet 对象和数据源之间的数据互传。

12.1.1 Connection 对象

ASP.NET 2.0 使用 Connection 对象连接数据库，与数据库的所有通信最终都是通过 Connection 对象来完成的。对于不同的数据库，ADO.NET 采用不同的 Connection 对象进行连接。Connection 包含 SqlConnection、OleDbConnection、OdbcConnection 和 OracleConnection 4 个对象类，每个对象类的具体功能如表 12-1 所示。

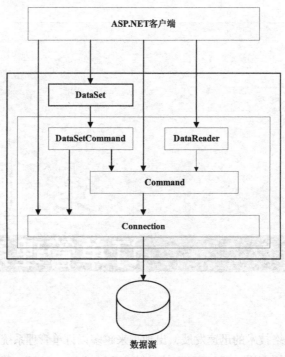

图 12-1　ADO.NET 对象模型

表 12-1	Connection 各个对象类功能
SqlConnection	连接 SQL Server 数据库，如 SQL Server 2005 和 SQL Server 2008
OleDbConnection	连接支持 OLE DB 的数据库，如 Access
OdbcConnection	连接任何支持 ODBC 的数据库，如 MySQL 数据库
OracleConnection	连接 Oracle 数据库，如 Oracle 10g

　　Connection 4 个类里许多属性、方法与事件基本相似。这里将重点讲解 SqlConnection 类的属性与方法，其他的 Connection 类读者可以参考相应的帮助文档。

　　表 12-2 列出了各个 SqlConnection 的属性。

表 12-2	SqlConnection 的属性
属　　性	说　　明
ConnectionString	返回类型为 string，获取或设置用于打开 SQL Server 数据库的字符串
ConnectionTimeOut	返回类型为 int，获取在尝试建立连接时终止尝试并生成错误之前所等待的时间
Database	返回类型为 string，获取当前数据库或连接打开后要使用的数据库的名称
DataSource	返回类型为 string，获取要连接的 SQL Server 服务器实例的名称
State	返回类型为 ConnectionState，取得当前的连接状态：Broken、Closed、Connecting、Fetching 或 Open
ServerVersion	返回类型为 string，获取包含客户端连接的 SQL Server 服务器实例的版本的字符串
PacketSize	获取用来与 SQL Server 服务器实例通信的网络数据包的大小，该属性只适用于 SqlConnection 类

　　表 12-3 列出了各个 SqlConnection 的方法。

表 12-3　　　　　　　　　　　　　　　　SqlConnection 的方法

方　法	说　明
Close()	返回类型为 void，关闭与数据库的连接
CreateCommand()	返回类型为 int，获取在尝试建立连接时终止尝试并生成错误之前所等待的时间
Open()	返回类型为 void，用连接字符串属性指定的属性打开数据库连接

表 12-4 列出了各个 SqlConnection 的事件。

表 12-4　　　　　　　　　　　　　　　　SqlConnection 的事件

事　件	说　明
StateChange	状态发生更改时触发事件
InfoMessage	当 SQL Server 返回一个警告或信息性消息时触发事件

使用 SqlConnection 对象连接 SQL Server 数据库具体步骤如下：

1．首先定义一个新的 SqlConnection 对象

```
SqlConnection mySqlConnection = new SqlConnection();
```

2．设置一个针对 Sql Server 数据库的连接字符串

```
string connectionString = "server=localhost; database=Marketing; uid=sa; pwd=sa";
```

3．将数据库连接字符串传入 SqlConnection()构造函数

```
mySqlConnection = new SqlConnection(connectionString);
```

4．打开数据库

```
mySqlConnection.Open();
```

5．关闭数据库

```
mySqlConnection.Close();
```

12.1.2　Command 对象

Command 对象主要可以用来对数据库发出一些指令，例如可以对数据库传递查询、新增、修改、删除数据等指令，以及呼叫存在数据库中的预存程序等。这个对象是架构在 Connection 对象上，也就是说 Command 对象是透过连接到数据源的 Connection 对象来传递命令的；所以 Connection 连结到哪个数据库，Command 对象的命令就传递到哪里。

表 12-5 列出了各个 Command 的属性。

表 12-5　　　　　　　　　　　　　　　　Command 的属性

属　性	说　明
ActiveConnection	设定要透过哪个连接对象传递命令
CommandBehavior	设定 Command 对象的动作模式
CommandType (Text\TableDirect\StoredProcedure)	命令形态（SQL 陈述、数据表名称、预存程序）
CommandText	要下达至数据源的命令
CommandTimeout	指令逾时时间
Parameters	参数集合
RecordsAffected	受影响的记录笔数

表 12-6 列出了各个 Command 的方法。

表 12-6   Command 的方法

方　　法	说　　明
Execute()	透过 Connection 对象下达命令至数据源
Cancel()	放弃命令的执行
ExecuteNonQuery()	使用本方法表示所下达的命令不会传回任何记录
Prepare()	将命令以预存程序储存于数据源，以加快后续执行效率

12.1.3　DataSetCommand 对象

DataSetCommand 对象主要是在数据源以及 DataSet 之间执行数据传输的工作，它可以透过 Command 对象传递命令后，将取得的数据放入 DataSet 对象。这个对象是架构在 Command 对象上，并提供了许多配合 DataSet 使用的功能。在 Beta 2 版本中 DataSetCommand 对象被更名为 DataAdapter。

12.1.4　DataSet 对象

DataSet 对象可以视为一个暂存区（Cache），可以把从数据库中所查询到的数据保留起来，甚至可以将整个数据库显示出来。DataSet 不只是可以储存多个 Table，还可以透过 DataSetCommand 对象取得一些例如主键等的数据表结构，并可以记录数据表之间的关联。DataSet 对象可以说是 ADO.NET 中重量级的对象，这个对象架构在 DataSetCommand 对象上，本身不具备和数据源沟通的能力。

12.1.5　DataReader 对象

当需要循序的读取数据而不需要其他操作时，可以使用 DataReader 对象。DataReader 对象只是一次一笔向下循序地读取数据源中的数据，不作其他的操作。因为 DataReader 在读取数据的时候限制了每次只读取一笔，而且只能只读，所以使用起来不但节省资源而且效率很高。此外，DataReader 不用把数据全部传回，通过 DataReader 对象可以降低网络的负载。

12.2　订单管理系统的设计

12.2.1　订单管理系统架构设计

本章采用两层架构比较简单的方式来构建订单管理系统模型。页面通过 Web 展示层直接对数据库访问，不使用中间业务逻辑以及与数据库连接的接口。数据库是系统的最底层，数据访问层建立在 SQL Server 2008 数据库上，Web 展示层通过数据访问层来访问数据库。数据访问层封装数据库中的选择、添加、更新、删除操作，同时还为 Web 展示层提供访问数据库的接口和函数。ASP.NET 2.0 应用程序两层架构模式结构如图 12-2 所示。

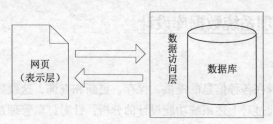

图 12-2 两层架构模式图

12.2.2 订单管理系统功能设计

1. 管理员系统功能管理模块，如图 12-3 所示

在本订单系统中，销售人员承担对订单管理系统的管理职责。销售人员可以进行一般用户，即客户的管理，包括查看用户、查找用户、编辑用户信息及删除用户的权限。

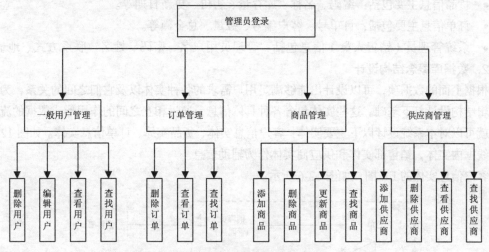

图 12-3 管理员系统功能管理模块

2. 一般用户系统功能管理模块，如图 12-4 所示

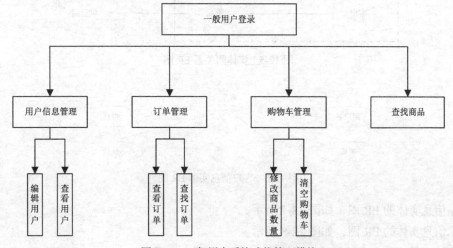

图 12-4 一般用户系统功能管理模块

12.2.3 订单管理系统数据库设计

1. 数据库需求分析

用户的具体需求体现在各种信息的提供、保存、更新和查询，这就要求数据库能充分满足各种数据的输入和输出。通过对上述系统功能设计的分析，针对订单管理系统的需求，总结出如下需求信息：

- 用户分为管理员用户（销售人员）和一般用户（客户）。
- 一个用户可以有多个订单。
- 一个订单可以有多种货品，一种货品可以被多个订单定。
- 一个销售人员可以处理多个订单。

经过对上述系统功能的分析和需求总结，初步可以设计如下面所示的数据项：

- 一般用户（客户）信息主要包括：编码、用户名、密码、姓名、地址、电话等。
- 货品信息主要包括：编码、名称、库存量、售价、更新日期等。
- 订单信息主要包括：订单号、客户编号、数量、总金额等。
- 系统管理员（销售人员）信息包括：管理员用户名、密码、姓名、联系方式、地址等。

2. 数据库概念结构设计

根据上面的数据项，可以设计出能够满足用户需求的各种实体以及它们之间的关系，为后面的逻辑结构设计打下基础。这些实体包含各种具体信息，通过相互之间的作用形成数据的流动，这样就可以对本系统设计以下主要实体：客户信息实体、货品实体、订单信息实体。如图 12-5 中的虚线框内实体，销售部实体和供应商实体作为辅助信息。

客户信息实体的 ER 图，如图 12-6 所示。

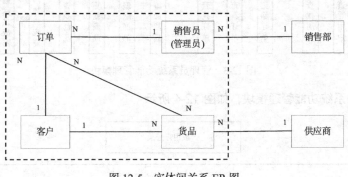

图 12-5　实体间关系 ER 图

图 12-6　客户信息实体 ER 图

货品信息实体的 ER 图，如图 12-7 所示。

订单信息实体的 ER 图，如图 12-8 所示。

系统管理员（销售人员）信息实体的 ER 图，如图 12-9 所示。

图 12-7　货品信息实体 ER 图

图 12-8　订单信息实体 ER 图

图 12-9　系统管理员（销售人员）信息实体 ER 图

3．数据表设计

根据上面的需求分析，订单管理系统中各个表的设计结果如下所示。

图 12-10 为一般用户（客户）信息表，记录客户的登录信息。

图 12-11 为货品信息表，记录货品的信息。

列名	数据类型	允许 Null 值
编号	int	
姓名	varchar(10)	
地址	varchar(50)	☑
电话	varchar(13)	☑
用户名	varchar(50)	
密码	varchar(50)	

图 12-10　一般用户（客户）信息表

列名	数据类型	允许 Null 值
编码	int	
名称	varchar(20)	
库存量	int	☑
供应商编码	int	☑
状态	bit	☑
售价	money	☑
成本价	money	☑
图片	nvarchar(50)	☑
添加时间	datetime	☑
更新时间	datetime	☑

图 12-11　货品信息表

图 12-12 为订单信息表，记录订单的信息。

图 12-13 为订单详细信息表。其作用是保证一个订单可以包含多种货品。

列名	数据类型	允许 Null 值
订单号	int	
销售工号	int	☑
客户编号	int	☑
数量	int	☑
总金额	money	☑
订货日期	datetime	☑
交货日期	datetime	☑

图 12-12　订单信息表

列名	数据类型	允许 Null 值
编码	int	
货品编码	int	
数量	int	☑
总金额	float	☑
客户编码	int	☑

图 12-13　订单详细信息表

图 12-14 为系统管理员（销售人员）信息表。

图 12-15 为购物车表。其作用是实现客户选购商品。

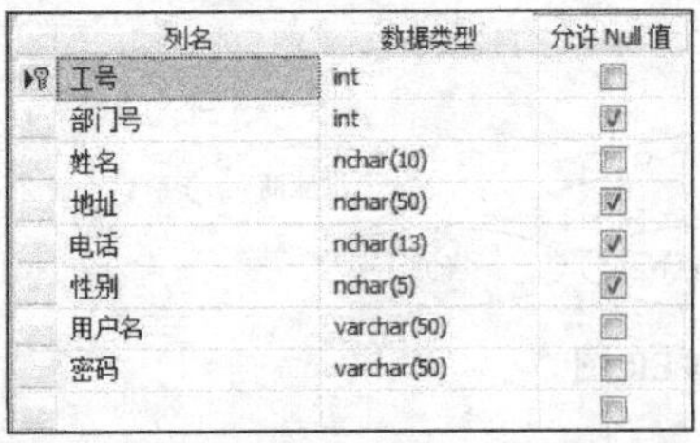

图 12-14　系统管理员（销售人员）信息表 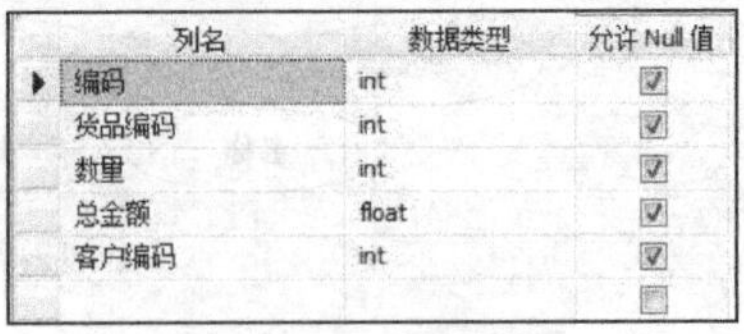　　　　　　　图 12-15　购物车表

4．数据库的表间关系

订单管理系统数据表之间的关系如图 12-16 所示。

5．存储过程的创建

由于存储过程的创建有利于提高数据库数据查询、更新、删除等操作的效率，在本章订单管理系统的模型创建中，广泛使用了存储过程。通过本章的学习，初学者能够加深巩固第 8 章的存储过程的应用。在这里简要介绍几个系统使用过程中用到的存储过程。

（1）Proc_GetUserInfo 存储过程在客户登录的时候用户获取客户的信息。

```
CREATE PROCEDURE Proc_GetUserInfo
@Name VARCHAR(50),
@Password VARCHAR(50)
AS
```

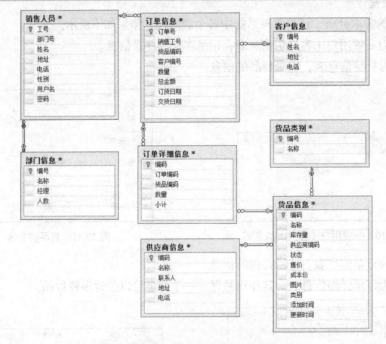

图 12-16　订单管理系统数据表之间的关系图

```
    if exists(select * from 客户信息 where 用户名=@Name and 密码=@Password)
begin
    select * from 客户信息 where 用户名=@Name and 密码=@Password
end
```

（2）Proc_InsertShopCart 存储过程用于实现客户添加商品到购物车。

```
CREATE PROCEDURE Proc_InsertShopCart
@GoodsID int,
```

```
@Price float,
@MemberID int
AS
if exists(select * from 购物车 where 货品编码=@GoodsID and 客户编码=@MemberID)
 begin
    update 购物车
    set 数量=(数量+1),总金额=(总金额+@Price)
        where 货品编码=@GoodsID and 客户编码=@MemberID
 end
else
 begin
    Insert into 购物车(货品编码,数量,总金额,客户编码)
    values(@GoodsID,1,@Price,@MemberID)
 end
```

（3）Proc_GetCartInfo 存储过程在客户查看购物车里的商品信息时，从购物车提取购物车内的商品信息。

```
CREATE PROCEDURE Proc_GetCartInfo
@UserId INT
AS
begin
  select a.编码,b.名称,b.售价,a.数量,a.总金额 from 购物车 as a,货品信息 as b
where a.货品编码=b.编码 AND a.客户编码=@UserId
end
```

（4）Proc_DeleteCartInfo 存储过程实现客户清空购物车的功能。

```
CREATE PROCEDURE Proc_DeleteCartInfo
@UserId INT
AS
begin
  delete from 购物车 where 客户编码=@UserId
end
```

（5）Proc_UpdateCartInfo 存储过程实现客户更新购物车里商品的信息。

```
CREATE PROCEDURE Proc_UpdateCartInfo
@UserId INT,@CartId INT, @Num INT
AS
begin
  update 购物车 set
    数量=@Num,
    总金额=(@Num*(
            Select 售价 from 货品信息
            where 编码=
            (
            select 货品编码
            from 购物车
            where 编码=@CartId
            )
        ))
where 客户编码=@UserId and 编码=@CartId
end
```

（6）Proc_InsertOrderInfo 存储过程用于实现客户在挑选完商品后提交订单，并返回客户订单的订单号。

```
CREATE PROCEDURE Proc_InsertOrderInfo
@UserId int,
@Num int,
@Sum float,
@OrderId int output
AS
Insert into 订单信息(客户编号,数量,总金额) values (@UserId,@Num,@Sum)
select @OrderId=@@identity
```

（7）**Proc_GetCartCount** 存储过程用于实现统计客户购物车内商品的种类数量。

```
CREATE PROCEDURE Proc_GetCartCount
@UserId INT,
@Count INT output
AS
select * from 购物车 where 客户编码=@UserId
select @Count = @@rowcount
```

（8）**Proc_GetOrderInfo** 存储过程用于实现客户查看已经提交的订单信息。

```
CREATE PROCEDURE Proc_GetOrderInfo
@UserId INT
AS
begin
  select a.订单号,c.名称,b.数量,b.小计,a.总金额,a.订货日期
  from 订单信息 as a,订单详细信息 as b,货品信息 as c
  where a.客户编号=@UserId AND b.订单号=a.订单号 AND b.货品编码=c.编码
end
```

12.3 B/S 模式下系统的实现

12.3.1 数据库公用模块的编写

ASP.NET 2.0 中可以在项目的应用程序配置文件（Web.Config）中轻松设置数据库连接信息。可以添加如下语句：

```
    <configuration>
      <appSettings>
      <add key="ConnectionString" value="server= LEIQIYAN\SQLSRV1; database=marketing;
UId=sa; password=vivid168"/>
      </appSettings>
      …… ……
      </system.web>
      </configuration>
```

其中 UId 和 password 为用户在 SQL Server 2008 登录时的用户名和密码。

12.3.2 系统功能模块实现

作为一个应用模型，这里仅考虑开发过程的关键技术。实现网上订单的管理主要有以下几项功能。

1. 网上客户注册

客户在网上填写自己的姓名、地址、电话，系统将给客户设定一个编号，它是应用系统中该

用户的唯一标识，用户可以通过自己的姓名、地址、电话等信息查询自己的编号。这里没有对客户编号的安全性做过多的要求。注册页面如图 12-17 所示。

图 12-17　注册页面展示

保存客户信息的具体代码如下：

```
protected void SaveBt_Click(object sender, EventArgs e)
{
    //判断注册名是不是存在
    int P_Custom_IsExists = uiObj.CustomerNameExists(this.txtUser.Text.Trim());
    if (P_Custom_IsExists == 500)
    {
        Response.Write("<script>alert('用户名已经存在,请换其他用户名!'); location='javascript:
history.go(-1)'; </script>");
    }
    //可以注册，添加用户信息
    else
    {
        int CustomerId = uiObj.InsertCustomerInfo(txtUser.Text.Trim(),txtNew1.Text.Trim(),
NameTextBox.Text.Trim(),AddressTextBox.Text.Trim(),PhoneTextBox.Text.Trim());
        Session["UID"] = CustomerId;
        Session["Username"] = txtUser.Text.Trim();
        Response.Redirect("Index.aspx");
    }
}
```

2. 系统根据登录用户角色定义导航菜单

订单管理系统根据登录用户的角色，在用户登录后的页面中显示不同的导航菜单，具体如图 12-18 和图 12-19 所示。

图 12-18　客户登录菜单　　　　　图 12-19　管理员登录菜单

导航菜单的动态显示主要是通过 TreeView 控件加载 XmlDataSource 数据源来实现。通过对登录用户的信息进行判断，如果是管理员登录，XmlDataSource 控件就读取 AdminMenu.xml；如果是客户登录，XmlDataSource 控件就读取 UserMenu.xml。AdminMenu.xml 定义如下：

```xml
<?xml version="1.0" encoding="utf-8" ?>
<首页  url="../Index.aspx"  title="首页">
  <笔记本 url="../NoteBook.aspx" title="笔记本" />
  <台式电脑 url="../Computer.aspx" title="台式电脑" />
  <打印机 url="../Print.aspx" title="打印机" />
  <扫描仪 url="../Scan.aspx" title="扫描仪" />
  <显示器 url="../Display.aspx" title="显示器" />
  <复印机 url="../Copy.aspx" title="复印机" />
  <投影仪 url="../Tyy.aspx" title="投影仪" />
  <软件 url="../Soft.aspx" title="软件" />
  <客户管理 url="UserAdmin.aspx" title="客户管理" />
  <订单管理 url="OrderAdmin.aspx" title="订单管理" />
  <货品管理 url="GoodsAdmin.aspx" title="货品管理" />
  <个人信息 url="AdminInfo.aspx" title="个人信息" />
  <供应商管理 url="SupplierAdmin.aspx" title="供应商管理" />
</首页>
```

UserMenu.xml 定义如下：

```xml
<?xml version="1.0" encoding="utf-8" ?>
<首页  url="../Index.aspx"  title="首页">
  <笔记本 url="../NoteBook.aspx" title="笔记本" />
  <台式电脑 url="../Computer.aspx" title="台式电脑" />
  <打印机 url="../Print.aspx" title="打印机" />
  <扫描仪 url="../Scan.aspx" title="扫描仪" />
  <显示器 url="../Display.aspx" title="显示器" />
  <复印机 url="../Copy.aspx" title="复印机" />
  <投影仪 url="../Tyy.aspx" title="投影仪" />
  <软件 url="../Soft.aspx" title="软件" />
  <我的购物车 url="MyCart.aspx" title="我的购物车" />
  <我的订单 url="MyOrder.aspx" title="我的订单" />
  <个人信息 url="MyInfo.aspx" title="个人信息" />
  <商品查询 url="../Search.aspx" title="商品查询" />
</首页>
```

3. 用户登录

本模型的实现采用了 ASP.NET 2.0 提供的 Master Page 技术以及应用程序主题技术，将订单管理系统的页面风格统一起来。模型中客户和销售人员的登录被封装到了自定义的一个控件，该控件设置在母版页面 MasterPage.master 里。首先在 MasterPage.master 页面上声明一个用户自定义控件，代码实现如下：

```
<%@   Register   Src="UserControl/LoadingControl.ascx"   TagName="LoadingControl"
TagPrefix="uc1" %>
```

然后在 MasterPage.master 页面的用户登录区域添加控件调用代码：

```
<div id="divLogin">
  <uc1:LoadingControl ID="LoadingControl1" runat="server" />
</div>
```

自定义的登录控件代码运行后如图 12-20 和图 12-21 所示。

图 12-20　登录控件示意图

图 12-21　登录后显示图

4．客户网上查询货品

客户可以在网上查询公司提供的所有商品，查询条件可以多样化，例如通过商品的名称、类型等。客户查询商品信息的页面如图 12-22 所示。

图 12-22　商品信息查询页面

客户查询商品信息主要的实现代码如下：

```
protected void btnSearch_Click(object scnder, EventArgs e)
{
    string SearchStr = this.SearchDropDownList.SelectedValue.Trim();
    //按名称查询
    if (SearchStr.Equals("name"))
    {
        this.GoodsSqlDataSource.SelectCommand = "SELECT [编码], [名称], [图片], [售价], [库
存量] FROM [货品信息] WHERE [名称] = '"+this.txtSearch.Text.Trim()+"'";
    }
    //按类别查询
    if (SearchStr.Equals("type"))
    {
        this.GoodsSqlDataSource.SelectCommand = "SELECT A.[编码], A.[名称], A.[图片], A.[售
价], A.[库存量] FROM [货品信息] AS A, [货品类别] AS B WHERE A.[类别] =B.[编号] AND B.[名称] =
'" + this.txtSearch.Text.Trim() + "'";
    }
}
```

5．客户购物车管理

客户可以根据查询的结果选择将商品放入购物车，也可以清空、取消购物车里的商品或者也可以编辑购物车商品的数量。购物车管理主要是通过 GridView 控件实现的，页面如图 12-23 所示。

将购物车里的商品信息绑定到 GridView 控件，通过 GridView 控件显示出来，代码实现如下：

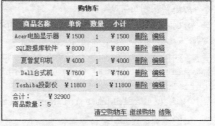

图 12-23　我的购物车页面

```
public void SCIBind(string P_Str_srcTable, GridView gvName, int P_Int_MemberID)
   {
       SqlConnection myConn = dbObj.GetConnection();
       SqlCommand myCmd = new SqlCommand("Proc_GetCartInfo", myConn);
       myCmd.CommandType = CommandType.StoredProcedure;
       //添加参数
       SqlParameter UserId = new SqlParameter("@UserId", SqlDbType.Int, 8);
       UserId.Value = P_Int_MemberID;
       myCmd.Parameters.Add(UserId);
       //执行过程
       myConn.Open();
       try
       {
           myCmd.ExecuteNonQuery();
       }
       catch (Exception ex)
       {
           throw (ex);
       }
       finally
       {
           myCmd.Dispose();
           myConn.Close();
       }
       SqlDataAdapter da = new SqlDataAdapter(myCmd);
       DataSet ds = new DataSet();
       da.Fill(ds, P_Str_srcTable);
       gvName.DataSource = ds.Tables[P_Str_srcTable].DefaultView;
       gvName.DataBind();
   }
```

客户编辑购物车商品数量信息的代码实现如下：

```
//进入编辑状态
protected void gvShopCart_RowEditing(object sender, GridViewEditEventArgs e)
{
   gvShopCart.EditIndex = e.NewEditIndex;
   ShopCartBind();
   TotalDs();
}
//判断输入的商品数量数据是否为有效的数据的函数
public bool IsValidNum(string num)
{
   return Regex.IsMatch(num, @"^\+?[1-9][0-9]*$");
}
//更新购物车信息
protected void gvShopCart_RowUpdating(object sender, GridViewUpdateEventArgs e)
{
   int P_Int_CartID = Convert.ToInt32(gvShopCart.DataKeys[e.RowIndex].Value.ToString());
   int P_Int_Num = Convert.ToInt32 (((TextBox) (gvShopCart.Rows[e.RowIndex].Cells[2].
Controls[0])). Text.ToString());
   if (IsValidNum(P_Int_Num.ToString()) == true)
   {
   ucObj.UpdateSCI(Convert.ToInt32(Session["UID"].ToString()), P_Int_CartID, P_Int_Num);
     gvShopCart.EditIndex = -1;
```

```
    ShopCartBind();
    TotalDs();
    }
    else
    {
      gvShopCart.EditIndex = -1;
      ShopCartBind();
      TotalDs();

    }
}
```

客户删除购物车中的商品数量信息的代码实现如下：

```
protected void gvShopCart_RowDeleting(object sender, GridViewDeleteEventArgs e)
{
    //获取要删除的商品的 ID
    int P_Int_CartID = Convert.ToInt32(gvShopCart.DataKeys[e.RowIndex].Value.ToString());
    //删除商品信息
    ucObj.DeleteShopCartByID(Convert.ToInt32(Session["UID"].ToString()),
P_Int_CartID);
    ShopCartBind();
    TotalDs();
}
```

客户清空购物车中的商品数量信息的代码实现如下：

```
protected void lnkbtnClear_Click(object sender, EventArgs e)
{
    //将购物车里的商品信息一次性删除
    ucObj.DeleteShopCart(Convert.ToInt32(Session["UID"].ToString()));
    ShopCartBind();
    TotalDs();
    lbLag.Visible = true;
}
```

显示购物车中的商品合计金额和商品数量的代码实现如下：

```
public void TotalDs()
{
    //获取总商品数量以及总金额
DataSet ds = ucObj.ReturnTotalDs(Convert.ToInt32(Session["UID"].ToString()), "TotalInfo");
    lbSumPrice.Text = ucObj.VarStr(ds.Tables["TotalInfo"].Rows[0][0].ToString(), 1);
    lbSumNum.Text = ucObj.VarStr(ds.Tables["TotalInfo"].Rows[0][1].ToString(), 1);
}
```

客户核对完购物车里的商品信息后提交订单，代码实现如下：

```
protected void lnkbtnCheck_Click(object sender, EventArgs e)
    {
DataSet ds = ucObj.ReturnTotalDs(Convert.ToInt32(Session["UID"].ToString()), "TotalInfo");
    int Sum = Convert.ToInt32(ds.Tables["TotalInfo"].Rows[0][0].ToString());
    int Num = Convert.ToInt32(ds.Tables["TotalInfo"].Rows[0][1].ToString());
    //添加订单信息到订单信息表并获取新添加的订单的订单号
int OrderId = ucObj.InsertOrder(Sum,Num,Convert.ToInt32(Session["UID"].ToString()));
    //获取购物车的货品共有几条
    int CartCount = ucObj.GetCartCount(Convert.ToInt32(Session["UID"].ToString()));
    //提取购物车的部分信息，包括货品编码和数量
    DataSet ds2 = ucObj.ReturnCartPartInfo(Convert.ToInt32(Session["UID"].ToString()),
```

```
"PartInfo");
    for (int i = 0; i < CartCount; i++)
    {
      int GoodsId = Convert.ToInt32(ds2.Tables["PartInfo"].Rows[i][0].ToString());
      int GoodsNum = Convert.ToInt32(ds2.Tables["PartInfo"].Rows[i][1].ToString());
      int GoodsSum = Convert.ToInt32(ds2.Tables["PartInfo"].Rows[i][2].ToString());
      ucObj.InsertOrderDetail(OrderId, GoodsId, GoodsNum, GoodsSum);
    }
    Response.Redirect("CheckOut.aspx");
```

6. 销售订单处理

管理员可以对客户下的订单进行管理，定期对客户的订单进行清理，删除已经处理完成的订单。订单管理的页面如图 12-24 所示。

订单号	姓名	地址	电话	订货日期	
1	李红	重庆电子学院	25152454	2008-1-5 0:00:00	删除
2	赵英	上海大众	85475825	2008-2-15 0:00:00	删除
3	李华	深圳信息学院软件4班	3567288	2008-2-16 0:00:00	删除
4	壬兰	重庆长安厂	95865241	2008-2-26 0:00:00	删除
5	李晓娟	北京机车厂	80256716	2008-2-28 0:00:00	删除
6	欣明	深圳信息学院软件3班	4567282	2008-3-8 0:00:00	删除
7	欣明	深圳信息学院软件3班	4567282	2008-3-15 0:00:00	删除
8	赵英	上海大众	85475825	2008-4-5 0:00:00	删除
12	李红	重庆电子学院	25152454	2008-6-7 21:38:11	删除
13	李红	重庆电子学院	25152454	2008-6-7 21:41:19	删除
14	李红	重庆电子学院	25152454	2008-7-6 21:43:07	删除
15	李红	重庆电子学院	25152454	2008-7-6 22:57:59	删除

图 12-24　订单管理页面

删除处理完的订单信息代码实现如下：

```
protected void GridView1_RowDeleting(object sender, GridViewDeleteEventArgs e)
{
  int Orderid = Convert.ToInt32(GridView1.DataKeys[e.RowIndex].Value.ToString());
  ucObj.DeleteOrderByID(Orderid);
  GridView1.EditIndex = -1;
  OrderInfoBind();
}
```

在模型的实现中还会涉及到其他细节的实现，这里就不一一介绍了。

由于篇幅的限制，该项目开发的其他内容不再介绍，读者可以在此基础上展开自己的应用项目。如果需要支持，请发邮件到 xusx@sziit.com.cn 联系。

习题

1. 使用 GridViw 控件和 SqlDataSource 数据对象，连接 marketing 数据库中的"客户信息"表，显示客户信息，并实现数据信息的编辑、删除和更新功能。

2. 利用 XmlDataSource 读取 XML 文件的信息。

3. 编写一个自定义控件，并在 MasterPage 页面中加载该控件。

第13章

实训

13.1 实训 1 安装并配置 SQL Server 2008

1. 实训目的

（1）掌握 SQL Server 2008 的安装过程。

（2）掌握 SQL Server 2008 登录账户的操作。

（3）掌握 SQL Server Management Studio 的基本操作方法。

2. 实训环境

Windows XP 和 SQL Server 2008 的安装环境。

3. 实训内容

（1）在 Windows 7 的环境下完成一个 SQL Server 2008 服务器实例的安装全过程。

（2）在安装的 SQL Server 2008 服务器实例上建立一个登录账户 stu02，密码也是 stu02；设置该账户的服务器角色，使其具有创建数据库的权限。

（3）设置该用户能够以 public 的角色访问 master 数据库。

4. 操作步骤

参见书中第 2 章的安装步骤。

5. 实训小结

给出实训的安装配置总结。

13.2 实训 2 通过 SQL 语句建立数据库

1. 实训目的

（1）掌握数据库与物理文件的结构关系，理解数据文件分组的作用。

（2）灵活运用 SQL 语句建立数据库。

（3）使用 SQL Server Management Studio 界面，全面管理数据库。

2．实训环境

SQL Server 2008 的运行、管理环境。

3．实训内容

在查询设计器中，通过 SQL 语句创建具有多个数据文件组的数据库。具体要求如下。

（1）数据库名称为 TestGroup。

（2）主数据文件：逻辑文件名为 TestGroupdat1，物理文件名为 TestGroupdat1.mdf，初始容量为 2MB，最大容量为 10MB，递增量为 1MB；该文件属于基本文件组。

（3）辅助数据文件：逻辑文件名为 TestGroupdat2，物理文件名为 TestGroupdat2.ndf，初始容量为 2MB，最大容量为 10MB，递增量为 10%；该文件属于文件组 SecondGroup。

（4）事务日志文件：逻辑文件名为 TestGrouplog，物理文件名为 TestGrouplog.ldf，初始容量为 1MB，最大容量为 5MB，递增量为 512KB。

4．操作步骤

（1）给出数据库的规划。

（2）提前建好数据文件存放的目录。

（3）给出创建数据库的 SQL 文档，加好说明和注解。

（4）执行所有的 SQL 语句，使用 SQL Server Management Studio 检查建立的情况。

5．实训小结

总结数据文件分组的主要作用，理解数据库的存储结构。熟练使用 SQL 语句和 SQL Server Management Studio 建立、修改和查看数据库。

13.3　实训 3　通过两个表的建立验证数据完整性

1．实训目的

（1）掌握数据表建立的各种方法，理解表的约束与业务逻辑的关系。

（2）熟练将业务规则转化为表的约束。

（3）重点理解参照完整性的作用和意义。

2．实训环境

SQL Server 2008 的运行、管理环境。

3．实训内容

创建"学生管理"数据库，在该数据库中建立"学生信息"和"学生成绩"数据表。学生信息表中至少包含以下字段：学号、姓名、性别。学生成绩表中包含学号和成绩字段。这两个表要满足以下要求。

（1）"学生信息"表的学号为主键，并且从 5001 开始自动递增，增量为 1。

（2）"学生成绩"表的学号为主键，同时也作为参照"学生信息"表中学号字段的外键。

（3）成绩字段建立<=100 并且>=0 的检查约束，性别字段缺省值为"男"。

4．操作步骤

（1）完成数据库和数据表的建立，并输入数据，查看数据录入时的情况。

（2）重点注意主键、外键、检查约束和默认值的情况。

（3）验证外键约束和级联删除的使用，这里有两种方式进行验证：一是通过在外键表中插入主键表中不存在的记录；二是删除主键表中的记录，但是该记录在外键表中有参照记录存在。

5．实训小结

总结在保证数据完整性和企业规则中约束的作用、主键和唯一键的区别，理解使用标识字段的优缺点。

13.4　实训 4　销售业绩的统计

1．实训目的

（1）掌握查询语句的统计功能。

（2）掌握子查询的综合应用。

2．实训环境

SQL Server 2008 的运行、管理环境。

3．实训内容

根据每个销售的销售额和客户数量进行销售业绩统计，对每个部门根据销售额和客户数量进行销售业绩统计。

4．操作步骤

（1）设计查询条件，验证查询功能。

（2）分别进行销售人员和销售部门的业绩统计。

5．实训小结

总结外连接的作用，说明企业中对查询的实际应用。

13.5　实训 5　通过外键和自定义数据类型保证完整性

1．实训目的

（1）理解主外键关系、规则、自定义数据类型在保证数据完整性中的作用。

（2）掌握保证数据完整性的各种方法。

2．实训环境

SQL Server 2008 的运行、管理环境。

3．实训内容

在"货品信息"表上，建立一个参照"供应商信息"表相应字段的外键。对供应商添加网址字段，该字段的数据类型为第 4 章习题 8 建立的 mywww。建立一个默认值对象 ahoo，其值为 www.ahoo.com，将该默认值绑定到该网址字段。

4．操作步骤

（1）完成主外键的设置，完成规则、默认值和自定义数据类型的建立。

（2）录入数据，验证各种保证完整性的限制功能。

（3）删除各种限制功能。

5．实训小结

总结主外键、规则、默认值和自定义数据类型在保证数据完整性和企业规则的作用。总结规则、默认值和自定义数据类型的使用步骤。

13.6 实训 6 视图对保证数据安全性和完整性的作用

1．实训目的

（1）理解视图对满足"一事一地"原则的表提供灵活的查询功能的作用。

（2）掌握如何通过视图提供数据安全性的控制。

2．实训环境

SQL Server 2008 的运行、管理环境。

3．实训内容

建立"客户订购"视图，针对客户的订购量给出客户订购数量、货品、相关销售。建立畅销"货品视图"，根据订单信息给出当前最畅销的 10 种货品的名称、供应商、订货量和客户。

4．操作步骤

（1）围绕订单信息表和第 6 章习题中生成的视图，规划新视图的产生方法。

（2）验证视图的实际应用。

（3）通过视图进行销售信息的统计。

5．实训小结

总结视图对编码信息的连接作用，同时说明采用"一事一地"原则进行表设计的好处。总结视图实现数据安全性的主要方法。

13.7 实训 7 掌握索引的应用

1．实训目的

（1）掌握建立索引的各种方法，理解系统自动建立索引的删除。

（2）了解索引的作用，知道如何查看执行计划。

（3）知道如何使用统计信息的更新。

2．实训环境

SQL Server 2008 的运行、管理环境。

3．实训内容

在查询设计器中，使用 CREATE INDEX 语句，在"订单信息"表上创建名为"IX_订单信息_客户货品"的非聚集、复合索引，该索引基于"客户编号"列和"货品编码"列创建。在查询分析器下执行客户订单信息的查询，并显示执行计划和数据 I/O 统计。进行统计信息的更新。

4．操作步骤

（1）建立索引。

（2）显示执行计划。

（3）更新统计信息。

5．实训小结

总结索引在执行计划中的作用，总结索引使用情况的方法。理解有些索引的自动建立和自动删除。

13.8　实训 8　自定义函数和游标的结合

1．实训目的

（1）掌握批处理的基本语法结构，掌握各种自定义函数的编写方法，掌握游标的操作过程。

（2）理解函数和游标的灵活性，掌握通过批处理将两者结合的方法。

2．实训环境

SQL Server 2008 的运行、管理环境。

3．实训内容

在 marketing 数据库中，创建一个多语句表值函数，它可以查询指定部门每个销售人员的订单数。该函数接收输入的部门号，通过查询"订单信息"表返回销售的订单数。使用该多语句表值函数的返回表建立一个游标，通过该游标统计指定部门的销售订单数。

4．操作步骤

（1）建立多语句表值函数。

（2）通过为该函数指定部门号，建立一个表值函数结果的游标。

（3）建立使用游标进行统计运算的批处理。

5．实训小结

总结批处理的语句结构，总结各种自定义函数的编写特点，总结游标使用的主要步骤。

13.9　实训 9　建立存储过程查看供应商的产品

1．实训目的

（1）结合游标的使用，综合掌握存储过程的应用。

（2）理解存储过程返回结果集的不同方式：直接返回和以游标方式返回。

（3）掌握标量输出参数与结果集输出参数的使用方法。

2．实训环境

SQL Server 2008 的运行、管理环境。

3．实训内容

在数据库 marketing 中编写一个名为 sp_FindGoods 的存储过程，由"货品信息"表中，查找指定供应商的货品信息。如果有货品存在，则以游标返回和直接返回方式给出货品信息，并且通过 RETURN 语句返回 1；如果没有货品，则 RETURN 语句返回 0。

4．操作步骤

（1）给出该项目的分析步骤。

（2）定义两个输入参数，分别表示供应商编码和货品名称，确定输出参数游标的定义方法。

（3）确定是否找到货品的方法。注意通常得到记录的方法。

5．实训小结

说明存储过程的输出结果的方式。总结输入参数、输出参数和 RETURN 语句的使用方法。

13.10 实训 10 通过触发器实现级联修改

1．实训目的

（1）理解主外键关系的级联修改与触发器级联修改的区别。

（2）掌握删除、修改触发器的主要实现步骤和过程。

（3）掌握如何应用触发器。

2．实训环境

SQL Server 2008 的运行、管理环境。

3．实训内容

在"销售人员"表上，建立一个 DELETE 后触发器，当删除一个销售人员时，同时修改"订单信息"表中的"销售工号"，新的销售工号是目前"订单信息"表中拥有客户数量最少的"销售工号"。从实际来讲，一旦一个销售离开，则该销售的工作暂时由当前工作量最少的销售来承担。

4．操作步骤

（1）给出该项目的分析步骤。

（2）确定对"订单信息"表的处理方法。

（3）给出销售任务转移的信息。

5．实训小结

总结触发器和约束的功能特点，理解触发器在保证数据完整性和企业规则时的作用。

13.11 实训 11 使用 SQL Server Management Studio 管理安全性

1．实训目的

（1）理解登录账户、数据库用户和数据库权限的作用。

（2）掌握服务器安全管理的主要方法。

（3）掌握数据库角色的管理思想和应用。

2．实训环境

SQL Server 2008 的运行、管理环境。

3．实训内容

在数据库 marketing 所在的服务器上建立一个登录账户和数据库用户，名称均为 stuApp。该登录账户具有建立数据库的权限，数据库用户具有读写数据库中各种表、视图的权限。建立一个名为 stuGroup 的数据库角色，为其分配权限，并将 stuApp 等数据库用户添加到这个角色中。

4．操作步骤

（1）将该服务器设置为混合身份验证模式。

（2）建立登录账户和数据库用户，指定相应的服务器角色和数据库角色。

（3）建立数据库角色，完成后为该角色分配权限并添加成员。

5. 实训小结

理解 SQL Server 2008 的安全管理结构，理解登录账户、数据库用户、数据库角色在安全管理中的作用，掌握权限分配的各种途径。

13.12　实训 12　建立一个数据库的日常备份方案

1. 实训目的

（1）掌握 SQL Server 2008 数据库备份的典型方案。

（2）熟练运用数据库各种备份方式和还原方式。

（3）充分理解备份时刻与还原顺序的关系，该备份方案要包含多种备份方式。

2. 实训环境

SQL Server 2008 的运行、管理环境。

3. 实训内容

（1）规划一个典型的 SQL Server 2008 数据库备份方案，形成文档，并说明方案的理由。

（2）在 SQL Server 2008 上实现该方案。可以采用自动备份、手工还原的方式。

4. 操作步骤

（1）完成规划方案的文档。

（2）按文档建立自动备份的计划，如图 13-1 所示。

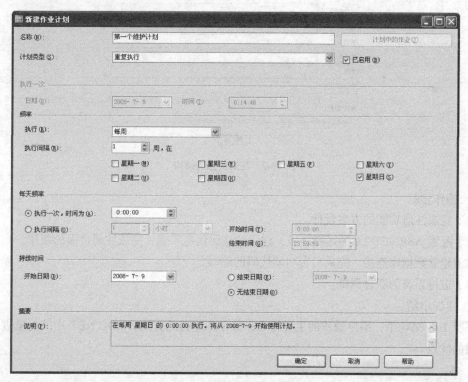

图 13-1　数据库备份的调度

（3）由于实训的时间限制，建议手工执行方案的备份。

（4）手工进行数据库的还原。

5．实训小结

说明典型的备份方案通常考虑哪些因素。对不同的可靠性要求，如何进行备份方案的调整？

13.13 实训 13 为网上订单管理建立一个客户注册功能

1．实训目的

（1）掌握 ADO.NET 中的对象与数据库的连接、DataSet 对象的数据操作功能。

（2）熟练运用 ASP.NET 2.0 的运行环境，理解动态网页的设计技术。

（3）掌握系统需求的总结，熟练运用 B/S 结构的开发方式。

2．实训环境

Windows XP Professional SP2、Microsoft Visual Studio 2008 和 SQL Server 2008 的开发环境。

3．实训内容

（1）通过 ASP.NET 2.0 的 ADO.NET 组件访问数据库。

（2）建立与 SQL Server 2008 数据库 marketing 的连接及数据表"客户信息"的使用。

（3）根据用户注册的需要，可以在数据库中新建一个"注册信息"表，实现上注册信息表可以代替"客户信息"表。注册界面及注册信息的结构可参考图 13-2。

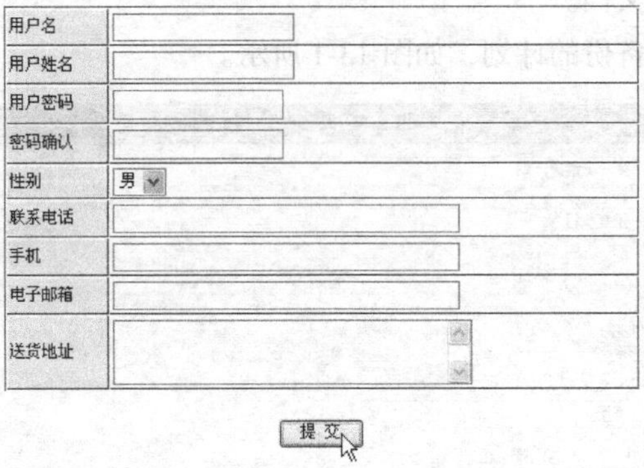

图 13-2　注册信息的结构

4．操作步骤

（1）完成注册功能的方案设计。

（2）配置 ASP.NET 2.0 的运行环境，建立"注册信息"表，完成注册页面的制作。

（3）建立数据库连接，完成后台功能代码的编写。

（4）进行系统的联合调试。

5．实训小结

说明 B/S 结构中，网络编程的主要特点；数据库连接的方法；ADO.NET 中的对象进行数据访问时的优点。